深智數位
股份有限公司

深智數位
股份有限公司

序

簡介 ChatGPT

GPT 是 Generative Pre-trained Transformer 的簡寫，中文目前翻譯為「生成型預訓練變換模型」，那簡單來說就是一種處理自然語言的人工智慧框架。

而 ChatGPT 是由一間叫做 OpenAI 的公司使用這樣的框架技術，在 2022 年 11 月 30 日所推出的聊天機器人。以白話來說，這個機器人可以讓你像在和人類對話一樣，輸入文字與電腦進行對話。ChatGPT 會根據上下文去生成文字內容，能夠回答問題或是提供建議等等，而且會記得你前幾句所說過的話，記得整個聊天的情境，並根據你的要求來做回答。

在剛推出的時候，許多人會基於好玩、新奇的心態，很認真的和 ChatGPT 進行「聊天」，故意問各種問題，考驗他的知識量與能耐，或是在聊天過程中進行誘導或是誤導，讓他回答出奇怪或錯誤的答案，挑戰模型的道德限制，並嘗試讓他說出反社會人格、評論政治等話語。

確實，ChatGPT 會有「人工智慧幻覺」這個現象。

人工智慧幻覺

要簡單解釋什麼是「人工智慧幻覺」的話，就是人工智慧們在回答問題時，有可能會有「一本正經說幹話」、「參雜錯誤資訊話唬爛」的狀況。

目前研究推測的發生主因是，這些人工智慧在訓練模型時，傾向順著使用者的話語說下去，讓你和他聊天覺得「愉快」，或是在訓練的資料上有錯誤的資料混雜，或數個正確的資料在 ChatGPT 回答時互相參雜，變成了一個錯誤的資訊。

總之，AI 的回答有可能是錯的，這個對錯的驗證仍然需要人類的判斷。而去誤導 ChatGPT 回答出好笑的對話內容，說實在對我們的生活或是工作可能幫助不大。

本書的主旨是在使用 ChatGPT 來幫助工作、幫助學習。有關「AI 的回答可能有錯」這件事情，大多時候其實 ChatGPT 並不會刻意的背叛你，使用時避免去刻意誤導他、使用明顯錯誤的答案去糾正 AI。

使用得當，ChatGPT 就是你身旁最 Carry 的同事或助手。

ChatGPT 會取代工程師嗎？

關於這個問題，也許是很多人心中的疑惑或是焦慮來源。因為聽聞 ChatGPT 會寫程式，就開始擔憂工程師這個職業是否在未來會被取代掉。

目前的 ChatGPT，我認為是沒有辦法取代工程師的。現行的 ChatGPT，就好比是牙醫師身邊的助手，會幫忙遞上想要的工具或是較簡單的操作。但實際上，整個工作的流程、順序、執行等，還是必須由醫師本人來執行。

ChatGPT 可以幫你完成小部份的工作，但你若要他完成一整份專案是做不到的。

例如：一個包含後台管理的購物網站。

目前的 ChatGPT 是沒有辦法讓一個完全不會程式的普通人，就靠著詠唱變出完整的一份專案。而 ChatGPT 帶來最大的影響，是會讓「成為工程師」的門檻降低。

再稍微打個比方，在很多語言中有提供 sort() 這一類的函式可以使用。

當一個語言中提供了這樣的函式，也許造就了一些完全不知道「排序演算法」的工程師，也有辦法進行陣列的排序。工程師不一定需要知道「若沒有提供 sort() 的話應該要怎麼完成排序」。但是，他可以使用 sort() 這個好用的函式來完成他的工作，sort() 只是他整份程式碼中的一小個部分，其他還是有很多邏輯需要由他來完成，才是一份完整的程式碼。

ChatGPT 也是一樣的道理。

也許，在一些小功能的實現上，不再需要由工程師自己去撰寫內部邏輯，就可以靠著指揮 ChatGPT，讓它提供相對應的程式碼片段。但要完成一個完整的需求或是功能，仍然需要有程式概念、基礎程式相關知識的工程師來完成。

若運用得當，ChatGPT 可以成為你的老師、可以幫助你成為更好、更厲害的工程師，這個部分也是這本書想做的。

在後續的篇章中，將會示範如何讓 ChatGPT 引領我們學習一項全新的技術，踏入網頁開發的領域，從程式與前端基礎開始學習，到學習使用 React 框架，再包含更進階的狀態管理、單元測試等內容進行全面的學習。讓 ChatGPT 幫助我們建立完整、強大的技能樹。

參考資料

1. 維基百科 - ChatGPT

2. 維基百科 - 人工智慧幻覺

目錄

1　ChatGPT 基礎使用、設定

2　ChatGPT 請教教我：JavaScript & TypeScript 基礎

3   ChatGPT 請教教我：React 基礎

4   ChatGPT 請教教我：React 進階

5 ChatGPT 請教教我：自動測試

6 結語

1

ChatGPT 基礎使用、設定

1-1 # ChatGPT 註冊

　　要開始使用的第一步，首先進入到 ChatGPT 的頁面：https：//chat.openai.com/
如果沒有註冊過或是登入，就會被導到這個頁面來。

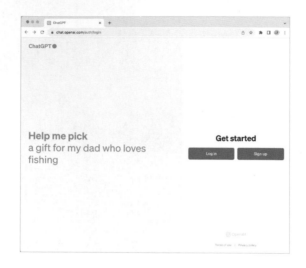

　　按右方的 Log in（登入）或是 Sing up（註冊）都可以。若直接按下登入按
鈕，但沒有註冊過的話，網頁也會自然地把你導向註冊頁面。

　　註冊畫面像下圖這樣，按「Continue with Google」就可以使用 google 帳號
無痛註冊登入。

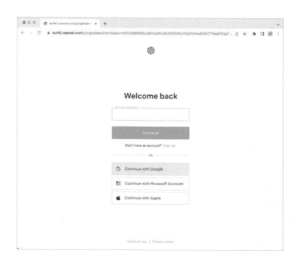

第一次註冊的時候，填入 First name（姓氏）、 Last name（名字）與 Birthday（生日）。

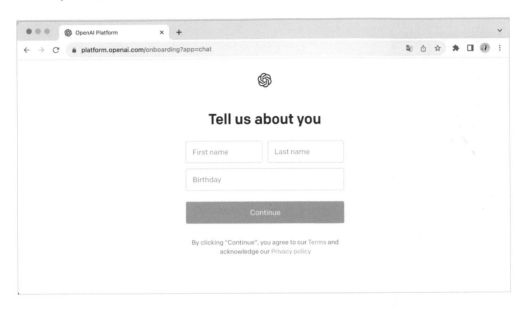

接著會要驗證電話號碼，會傳送一則帶有 6 碼驗證碼的簡訊到你的手機。

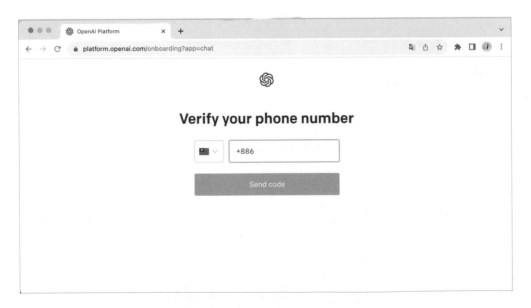

簡單完成以上註冊步驟之後，就會來到這個頁面。

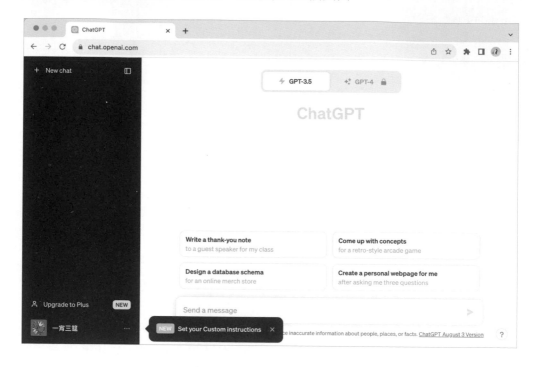

雖然介面看起來是英文的，但是在對話框直接輸入中文並發送，是沒有任何問題的。只要輸入中文的問題，ChatGPT 就會回答中文。

介面改成中文的方式

那整個介面沒有改成中文的方式嗎？答案是有的！在畫面的左下角，有一個自己名字的地方，並且有三個點點，點擊後會跳出一個選單：

點擊「Settings」，就會跳出以下介面，然後選擇「zh-TW」。

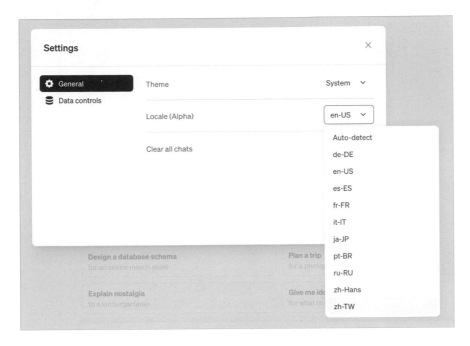

Do Re Mi So～突然之間整個介面都變成中文的了。

在 2023/9 月之前，原本介面都還是英文的，後來更新成有中文介面，相當友善。

免費版本與付費版本

在對話左上角，可以看到有一個「ChatGPT3.5」的按鈕，點開後可以看到分成預設的免費版 GPT-3.5 與付費版 GPT-4。預設的 GPT-3.5 版本的模型可以免費的做使用。

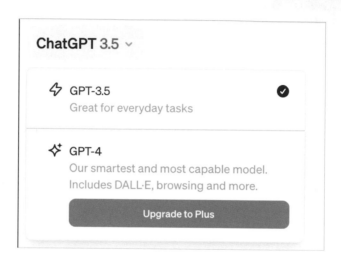

不過免費版本的 GPT-3.5 在問答上有幾個限制：

1. 訓練資料內容截止到 2022 的 1 月：也就是有關 2022/01 後才發生的事情他並不知道。

2. 不能連接現成網路資料：GPT-3.5 並不會到網路上搜尋最新的資料來回答你，因此你也無法問他「現在天氣幾度」、「明天會不會下雨」、「未來誰會當總統」這類的問題，更不能丟一串網址就請他解析網址的內文。

3. 無法輸入圖片：GPT-3.5 只能輸入文字，而無法解析圖片。

而下方的 GPT-4 的模型，是月費制的，每個月 20 塊美金，隨時可退訂。

GPT-4 可以連接網路資料，也可以輸入圖片之外，知識或文字處理起來更強大、回答更準確。但是目前有每三個小時只能發送 50 則訊息的限制。

當然，付費解鎖 GPT-4 後，仍然可以根據問題與需求，選擇使用原本免費版本的 GPT-3.5 來提問。

免費版 ChatGPT 無法處理的問題

就如前述所言，免費版的 GPT-3.5 無法連網、訓練資料只到 2022 年 01 月，同時他也會有一些道德政策，會避開敏感議題、牽涉暴力色情等話題。基於以上理由，下面幾點問題是我不推薦拿來問 ChatGPT，或是會得不到答案的問題：

- 2022 年 01 月後的資料。
- 時事、政治問題。
- 預測未來的問題、占卜未來。
- 搜尋店家資訊。
- 推薦旅遊景點、安排行程等。

如果真的希望使用 ChatGPT 來完成時事議題分析，那麼我會建議到網路上先搜尋相關文章，再拿文章的內容給 ChatGPT，請他幫你總結文章重點，可能會是比較好的替代方式。

還有，無論使用免費版或是付費版，都不建議讓 ChatGPT「幫你決定人生重大的決定」。可以給他資料請他分析利弊、方案的優缺點，然後從中去釐清思緒，但是不建議把 ChatGPT 直接當作人生導師或是醫師問診，這一點有在使用條款中被提及。

向 ChatGPT 對話的提問技巧

本書使用的 GPT 會是免費版的 GTP-3.5 版，旨意在於希望推廣、讓大家了解使用基本免費版的 GPT 可以有多大的幫助。

接下來談談 ChatGPT 的提問方式與限制，這邊總結常見的方式大概是幾個：

- 追問法：從一個大範圍的問題，根據 ChatGPT 回答進行追問，以縮小問題範圍。
- 角色扮演：請 ChatGPT 擔任該議題的專家，請他為你講解。
- 條列法：詢問一個問題，請 ChatGPT 進行條列舉例或條列說明，可以一口氣請他提供很多項，再自行根據 ChatGPT 的回答去做選擇或發想。

在解決與程式相關的問題上，最基本做到「提供完整明確的問句」、「不要把 ChatGPT 當作搜尋引擎」這兩個原則，以目前 GPT-3.5 的模型來說，就十分足夠了。

我們習慣在搜尋引擎中，只輸入最核心的關鍵字、輸入零散的單字即可。

但是在和 ChatGPT 對話的時候，必須要有明確的指示與疑問。我們直接來以這個議題，結合「條列法」來請教 ChatGPT，就像以下結果：

請以「該怎麼問 ChatGPT」為題目，條列幾點重點出來

當然可以！以下是以「該怎麼問 ChatGPT」為題的重點：

1. 清晰明瞭的提問：確保你的問題清晰明瞭，避免模糊或含糊不清的描述，這樣 ChatGPT 才能更好地理解並給予合適的回答。

2. 使用簡單語言：盡量使用簡單、清晰的語言表達你的問題，避免使用過於複雜的詞彙或專業術語。

3. 明確的上下文：在提問時，最好附上相關的上下文資訊，這樣 ChatGPT 可以更準確地理解你的意思。

4. 避免多重問題：盡量避免在一個問題中包含太多的子問題，這樣能讓 ChatGPT 更專注地回答你的主要問題。

5. 具體化你的需求：如果你有特定的需求或目的，例如想獲得一段程式碼、解釋一個概念等，請明確地表達出來。

6. 禮貌和尊重：與 ChatGPT 互動時，請保持禮貌和尊重，這樣能營造一個良好的溝通氛圍。

7. 澄清不確定的地方：如果 ChatGPT 的回答讓你感到困惑或不確定，請不要猶豫，向它要求進一步的解釋或澄清。

希望這些重點能幫助你更有效地和 ChatGPT 進行互動！如果你還有其他問題或需要進一步的協助，請隨時告訴我。

把握這樣的原則之後，如果希望 ChatGPT 能夠給予教學，命令上最好是動作＋名詞，就像是「請提供」＋名詞。舉個例子：「請提供 react 的教學」。

另外根據經驗，與其問「要怎麼入門 ｘｘｘ」，不如問「請提供 ｘｘｘ的教學」，稍微帶有一點命令的口吻，且明確請 ChatGPT 直接給答案，得到的回答會更具有實用性。

後續的有關前後端程式的入門教學，我也會用這樣的句子當作起手式。

1-2　示範：ChatGPT 與算術問題

還有一類問題，也不太建議拿來詢問免費版 ChatGPT 的，那就是：算術問題。因為 ChatGPT 是一個文本生成工具，他不含運算功能。目前實測下，如果要他計算一些數字，很有可能會得到一個錯的答案。

如果你的問題是簡單的算術問題，例如：

2+4+7+9+23+1+5+7+2+5+74+2+7953+34+356 ＝ ？

像是這一類的問題，會建議直接丟 google 搜尋就好，或是丟計算機：

拿來詢問 ChatGPT 真的有很高機率得到錯誤的答案，像這樣：

 2+4+7+9+23+1+5+7+2+5+74+2+7953+34+356

這個數學運算的答案是 8402。

ChatGPT 免費版 GTP-3.5 版本的純算術能力真的很差。

那麼問題來了，如果你要的算術問題偏複雜，沒辦法直接丟計算機算的呢？

例如，我前陣子看到一篇文章，大意是說：如果將英文字母一對一的轉換成數字，也就是 a = 1, b = 2, c = 3, … z = 26，若單字之間的空格不算數字，哪個句子或單字總和可以是 100 呢？

Knowledge = 96、Hardwork = 98，什麼是 100 呢？ 你以為我要回答 Attitude 嗎？不，是 IMPOTENCE（陽痿）。

這個題目如果直接丟到 ChatGPT，請他幫忙找更多符合此規則的單字，瞎忙半天的結果是：他不會找，他會給予錯誤的答案。

因為 GPT-3.5 在運算上的能力非常薄弱，他不會算術、不會運算。那這個問題該怎麼解才好呢？

方式大致上可以有兩種，以下是示範：

方式一：直接和 ChatGPT 完整敘述題目

 請幫我寫一個 Javascript 的 function
情境與說明如下
如果將字串英文字母一對一的轉換成數字，也就是
a = 1, b = 2, c = 3, … z = 26
若空格當作 0 來計算
程式 input 為 一個 string 的陣列

return 同為 string 的陣列，但只回傳數字總和為 100 的字串

並考慮單字有可能會有大小寫問題

 好的，我可以幫你寫一個符合你需求的 Javascript 函數。以下是程式碼：

```javascript
function calculateStringValues(inputArray) {
    const charCodeA = 'A'.charCodeAt(0) - 1;
     // 取得大寫 A 的 unicode 碼 - 1
    const charCodea = 'a'.charCodeAt(0) - 1;
     // 取得小寫 a 的 unicode 碼 - 1
    const resultArray = [];

    for (let str of inputArray) {
        let sum = 0;
        for (let i = 0; i < str.length; i++) {
            let charCode = str.charCodeAt(i);

            if (charCode >= 65 && charCode <= 90) {
                // 大寫字母
                sum += charCode - charCodeA;
            } else if (charCode >= 97 && charCode <= 122)
            { // 小寫字母
                sum += charCode - charCodea;
            } else if (charCode === 32) { // 空格
                sum += 0;
            }
        }
        if (sum === 100) {
            resultArray.push(str);
        }
    }

    return resultArray;
}
```

這個函數接受一個字串的陣列作為輸入，並返回一個符合條件的字串陣列，條件是字母轉換成數字後總和為 100。

使用範例：

```
const inputArray = ['Hello', 'world', 'A', 'b', 'C', 'd'];
const result = calculateStringValues(inputArray);
console.log(result);
```

希望這樣符合你的需求，如果有任何問題或需要進一步說明，請隨時告訴我！

若是問題夠簡單，或是敘述的方式夠清楚，能讓 ChatGPT 明白任務內容和可能需要進行的防呆措施，那麼 ChatGPT 就能夠直接吐出一個可以執行的 function。

但若問題太複雜，或是 ChatGPT 吐出的答案執行起來都是錯的呢？

那麼你可以嘗試第二種方式！

方式二：拆分成細小問題，拆分問題之後再發問

這個方式就比較需要有程式的邏輯思維了。那一樣用相同題目當作範例，我自己對於問題的拆解步驟是：

- 寫一個 function 來判斷讀進來的單字總和為多少。
- 再設計一個 function，搭配第一個 function，用來找出輸入陣列中有哪些總和為 100。

實際詢問起來的步驟與效果接下來會一一演示。

1. 寫一個 function 來判斷讀進來的單字總和為多少。

請幫我寫一個 Javascript 的 function

如果將字串英文字母一對一的轉換成數字，也就是

a = 1, b = 2, c = 3, … z = 26

若空格當作 0 來計算

請提供一個 input 為 string

> return 為 輸入的字串轉換成數字的總和
>
> 並考慮單字有可能會有大小寫問題

 當然可以幫你寫一個這樣的 JavaScript 函數。以下是範例程式碼：

```javascript
function calculateStringSum(input) {
    // 先將字串轉換為小寫以處理大小寫問題
    input = input.toLowerCase();
    let sum = 0;
    for (let i = 0; i < input.length; i++) {
        let charCode = input.charCodeAt(i);
        if (charCode >= 97 && charCode <= 122) {
          // 檢查是否為英文字母
            sum += charCode - 96;
            // 97 - 1 = 96, 98 - 1 = 97, ...
        } else if (charCode === 32) { // 空格當作 0
            sum += 0;
        }
    }
    return sum;
}
```

這個函數會先將輸入的字串轉換成小寫，以避免大小寫問題。然後它會迭代字串中的每個字元，使用 'charCodeAt()' 取得字元的 Unicode 編碼，再依照題目要求進行轉換。最後，將轉換後的數字進行累加，並返回總和。

2. 再設計一個 function，用來找出有哪些總和為 100。

 搭配使用上述的 calculateStringSum

撰寫一個 function：讀進一個字串陣列，逐一將該輸入的字串陣列拿去 calculateStringSum 做驗證，如果結果是 100 的話就放入 result 中

最終回傳該 result array

好 的 ， 我 們 可 以 撰 寫 一 個 新 的 函 數 ， 以 及 搭 配 你 提 供 的 calculateStringSum 函數來達成這個目的。以下是相應的程式碼：

```
function validateStringArray(arr) {
    let result = [];

    for (let i = 0; i < arr.length; i++) {
        let sum = calculateStringSum(arr[i]);
        if (sum === 100) {
            result.push(arr[i]);
        }
    }

    return result;
}
```

這個新的函數 'validateStringArray' 會接受一個字串陣列 arr 作為輸入，然後逐一將每個字串傳遞給 'calculateStringSum' 函數進行驗證。如果計算結果為 100，就將該字串放入 result 陣列中。最後，返回 result 陣列。

最後一步：請 ChatGPT 提供大量的單字讓你當作程式的輸入，用來找尋是否還有其他單字組合，是數字總和為 100 的。

請提供大量單字，這些單字請盡可能是被丟入 calculateStringSum 之後總和為 100 的單字，並依照以下範例格式：

```
['first', 'second']
```

好的，以下是一些可能符合你要求的單字：

```
[
    'achiever',
    'blissful',
    'compassion',
    'dedication',
    'effervescent',
    'felicity',
```

```
                'gratitude',
                'happiness',
                'imagination',
                'jubilation',
                'kindness',
                'luminous',
                'magnificent',
                'nurturing',
                'optimistic',
                'passionate',
                'quintessential',
                'resilient',
                'serendipity',
                'tranquil',
                'uplifting',
                'vivacious',
                'wonderful',
                'xenial',
                'youthful',
                'zealous'
                // ... 更多單字
    ]
```

這些單字的字母總和符合你的要求，你可以使用這個清單進行測試。
如果你需要更多單字，你可以類似地擴展這個清單。

實際使用 & 操作

程式碼的右上角都有 Copy code 的按鈕，可以輕易地複製 ChatGPT 提供的
程式碼

只要在瀏覽器中，按下 F12 開啟 DevTools，就可以直接在上面的 console 中貼上程式碼

然後把 ChatGPT 提供的內容放進去 function 的參數中。

```
> validateStringArray([
    'achiever','blissful','compassion','dedication','effervescent',
    'felicity','gratitude','happiness','imagination','jubilation',
    'kindness','luminous','magnificent','nurturing','optimistic',
    'passionate','quintessential','resilient','serendipity',
    'tranquil','uplifting','vivacious','wonderful','xenial',
    'youthful','zealous' // ... 更多單字
  ])
<· ▶ ['blissful']
```

居然找到了！我也很意外有找到，而且是 blissful（極樂的、極幸福的）呢！

如果這個問題，直接丟 ChatGPT，他給你的單字有高機率是唬爛的，或是已經被找出來的。將問題拆解成程式問題，然後用程式的方式去解決，再請 ChatGPT 提供協助，會是最好的！

　　因此，從這個範例上可以看出，並不是在 ChatGPT 出現後工程師的基底能力變得不重要，而是會有其他的能力逐漸變得重要，像是「敘述問題的能力」這一類的軟實力，在未來的 AI 世代中，將會變成一項重要的能力指標。

1-3　利用 Custom instructions（自訂指令）來打造工程師的專屬助手

　　使用一段時間 ChatGPT 後，可能會發現使用上有幾個問題，或是很麻煩的地方。以下是我自己會遇到的問題：

- 問題 1：ChatGPT 的回答出現簡體字或是中國用語

　　ChatGPT 因為是倚賴文本資料來訓練的模型，因此難免在中文的資料中，會有大量的簡體字資料去影響到 ChatGPT 的回答內容。

- 問題 2：敘述問題之前，會需要進行前情提要

　　每次開頭都需要給很多的指示，例如告知 ChatGPT 自己目前使用什麼語言、自己的職業，或是目前問題的情境等。

- 問題 3：程式碼有時只顯示 sudo code

　　有時候請 ChatGPT 進行程式碼的提供，部分邏輯可能他會直接用註解寫：

```
// 處理數字的邏輯
```

　　導致 ChatGPT 提供的程式碼無法直接使用。

　　除了上述的舉例之外，使用的時候可能還有其他問題。簡而言之就是在使用的時候，總是必須很明確和 ChatGPT 去說明前情提要，或是重述自己的標準要求，他回答的答案才能夠貼近需求。

　　也許是發現了這樣的問題存在，因此 ChatGPT 推出了一項功能。

　　── Custom instructions （自訂指令）

他能夠讓使用者事先進行設定，也就是將這些「前情提要」儲存起來，讓 ChatGPT 認識你、知道你問題的情境、你目前使用的語言與技術。

如此一來，就不需要每次都從頭開始描述自己是工程師、要用繁體中文回答、回答格式要如何如何。ChatGPT 就會像是原本就認識你，並使用你喜歡的方式、熟悉的方式來回答。不需要解釋太多，他就知道該做些什麼，就像你的專屬助手。

開始設定 Custom instructions（自訂指令）

開啟 ChatGPT 的畫面之後，畫面的左下角會有自己的名字 & 頭像，紅色框選處有三個點點的按鈕，點擊一下就會跳出選單。

接著點擊黃色框中的 Custom instructions（自訂指令）按鈕來開啟設定視窗。

設定視窗長這個樣子，總共有上下兩格，下圖是我填入的樣子：

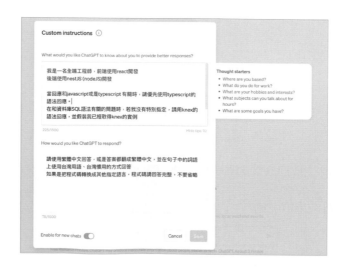

　　上格的話，接近介紹你自己是誰、職業內容、使用技術、問題的目標、內容取向，以及一些習慣要求等。

　　下格的話，比較像是要求 ChatGPT 回傳格式、回傳長度、風格、口吻語氣等等。

　　輸入之後按右下角的 save 按鈕，就可以進行儲存。設定的效果將會在儲存後的下一個新對話中生效（原本的對話並不會套用效果，是獨立的）。

　　我個人在閱讀簡體字的時候，理解速度會慢很多，不太喜歡看到 ChatGPT 的回答都是簡體字，會增加我閱讀與理解的困難程度，所以就在這裡進行要求，就不需要每次提問時強調要繁體中文。

　　並且把常用的程式語言、常用的問題習慣都放上去之後，我在進行提問時幾乎不需要說明太多 就可以直接把程式碼貼上去，或直搗我的問題核心，ChatGPT 都能明白我問題的意思，並提供我最想要看的資訊與資料格式！

　　就好像電視劇中的老爺只需要說：「茶。」

　　身後的管家就會遞上老爺平常最喜歡喝的「梨山烏龍茶」一樣。

　　另外，在之後部分的文章中，我在個人背景的欄位將會是套用這個設定：

我是一名前端工程師 由於我的程式語言能力並不強，所以希望教學步驟可以詳細且易於跟著操作
請使用繁體中文回答，或是答案都翻成繁體中文，並在句子中的詞語上使用台灣用語、台灣慣用的方式回答。如果是把程式碼轉換成其他指定語言，程式碼請回答完整，不要省略

　　主要是希望假定自己不熟悉特定技術，希望 ChatGPT 可以提供最詳細、可以跟著執行便能完成的教學，並且實測 ChatGPT 在進行新技術教學的時候，是否能夠真的簡易上手、提供足夠詳細的教學。

在特定對話中關閉設定

在設定了「自訂指令」之後，有時候，當你問出與設定的背景資料沒有任何相關的問題，反而會導致結果失準，或 ChatGPT 拒絕回答，例如以下範例：

奇怪了，工程師不能吃好吃的餅乾嗎！

這時候有兩種做法可以做：

方式一：強調自己的需求，反駁他並請他提供你要的資訊或請求

再度強調自己的需求，或是告知目前的問題情境和先前不同，請 ChatGPT 提供你想要的資訊。

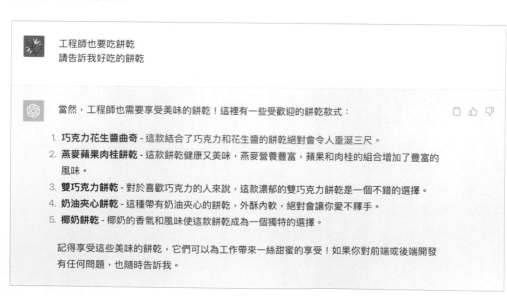

方式二：將 Custom instructions（自訂指令）的功能暫時關閉

設定視窗的左下角有一個「Enable for new chats（啟用新的對話）」的開關，將開關設為關閉後，輸入框會變成反白的狀態，接著按下右下角的 save（儲存）。

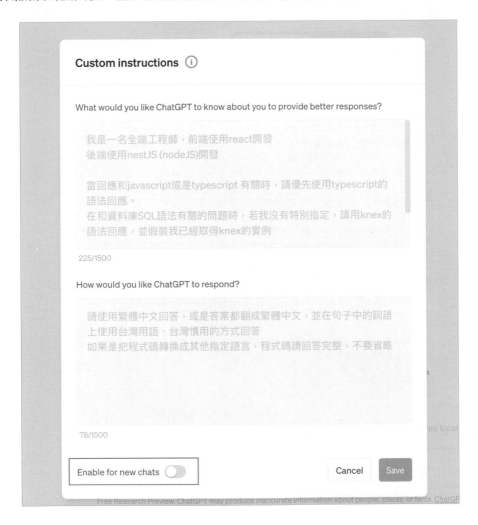

這時候再和 ChatGPT 開啟新對話

當然，這時候我的設定已經被關閉，所以可能出現一些非台灣慣用的用詞，這是正常現象。

總結來說，ChatGPT 所推出的這個功能，能夠讓 ChatGPT 的回答更貼近你想要得到的答案。牛頭不對馬嘴的情況大大的降低之外，在下達命令時也能事半功倍。

接下來的使用示範，也都會套用著 Custom instructions 的設定來進行，所以自行嘗試使用 ChatGPT 前，記得要先套用設定再來詢問 ChatGPT，所得到的結果才不會和示範的結果品質落差過大。

1-4　讓 ChatGPT 成為程式碼的開發 / 運維好夥伴

接下來要講解幾個和使用何種語言和技術沒有太大關聯，只要需要與「程式碼」接觸，就能請 ChatGPT 來協助的幾個方式。無論是開發還是要閱讀其他人的程式碼，或是想要學習新語言，都有讓 ChatGPT 來協助自己的機會！

以下是在程式碼方面常使用的幾種情況：

- 提供程式碼範例

- 解釋程式碼

- 註解程式碼

- 翻譯、改寫程式碼

- 優化程式碼

- 提供單元測試

這些用法與技巧也都會在後續的內容中大量出現。

另外，在和程式碼有關的使用上，會建議要清楚指示 ChatGPT 要提供完整的程式碼，將「要提供完整程式碼」的指令放在 Custom instructions（自訂指令）中。

接下來就一一的舉例示範，以及展示 ChatGPT 的回答狀況。以下內容會簡單涵蓋 JavaScript、PHP、Jest 等網頁前後端語言，但不熟悉的話也沒關係，因為這些語言的熟悉目前還不是本篇的重點。

提供程式碼範例

「請提供 XXX 的範例」。

當在學習一個新的語言、或是新的語法、不熟悉的語法時，可以直接對著 ChatGPT 下達的一個命令，請他提供示範。從示範中學習使用的方式，或是再從中去替換成自己的情況。

假設，我今天要第一次來學習如何撰寫單元測試，但也沒有實際的情境或程式碼需要進行測試，因此直接提出一個很廣泛的「請提供一段 Jest 單元測試的範例」。

 請提供一段 Jest 單元測試的範例

 當然可以！以下是一個簡單的 Jest 單元測試範例，假設你要測試一個名為 'sum' 的函數，這個函數接受兩個數字並回傳它們的總和。

首先，確保你已經安裝了 Jest。如果還未安裝，可以使用以下指令：

```
npm install --save-dev jest
```

接著，在你的專案中建立一個檔案，例如 'sum.js'，裡面包含以下函數：

```
function sum(a, b) {
  return a + b;
}
module.exports = sum;
```

然後，建立一個對應的單元測試檔案，例如 'sum.test.js'：

```
const sum = require('./sum');

test('adds 1 + 2 to equal 3', () => {
  expect(sum(1, 2)).toBe(3);
});
```

這個測試碼會測試 'sum' 函數是否正確地計算兩個數字的總和。

最後，你可以在終端機中執行以下指令來執行測試：

```
npx jest
```

Jest 將會執行你的測試並且提供相應的結果。

希望這個範例對你有所幫助！如果你有任何問題或需要進一步的說明，請隨時告訴我。

這個用法我自己很常使用，逐步的跟著指示就能完成第一個新技術的 hello world，途中有不明白的地方還能進一步地做詢問。

```
expect(sum(1, 2)).toBe(3);
```

請解釋這邊的語法

這段程式碼是一個 Jest 單元測試的斷言（Assertion）。讓我來解釋其中的每個部分：

1. expect(sum(1, 2))：

- 'expect' 是 Jest 提供的一個函式，它用來指示你要進行一個斷言，也就是確認某個條件是否為真。

- 'sum(1, 2)' 則是呼叫你先前在 'sum.js' 中定義的 'sum' 函式，並傳入參數 1 和 2。這會返回 3。

2. .toBe(3):

- '.toBe()' 是一個匹配器（Matcher），它是 Jest 斷言的一部分，用來檢查實際值是否等於期望值。

- 在這個例子中，它用來檢查 'sum(1, 2)' 的結果是否等於 3。

總結來說，這個測試的意思是：我期待 'sum(1, 2)' 的結果應該等於 3。如果這個條件成立，測試就會通過；如果不成立，則測試會失敗，並顯示相關的錯誤訊息。

這樣的斷言可以讓你驗證你的程式是否按照預期的方式運作，這在測試中是非常重要的一環。

一邊思考一邊做詢問，是我認為很有效率的學習方法之一。

解釋程式碼

當需要閱讀他人的程式碼時，若程式碼中有不清楚作用的內容，就可以請 ChatGPT 來進行解說。

接下來，我拿上一小節 ChatGPT 提供給我們的程式碼當作範例。我這邊特別把 function 名稱與註解給替換掉，避免他從名字或註解去進行判斷，也就是防止他作弊。

 請解釋以下程式碼

```javascript
function f(inputArray) {
    const charCodeA = 'A'.charCodeAt(0) - 1;
    const charCodea = 'a'.charCodeAt(0) - 1;
    const resultArray = [];
    for (let str of inputArray) {
        let sum = 0;
        for (let i = 0; i < str.length; i++) {
            let charCode = str.charCodeAt(i);
            if (charCode >= 65 && charCode <= 90) {
                sum += charCode - charCodeA;
            } else if (charCode >= 97 && charCode <= 122) {
                sum += charCode - charCodea;
            } else if (charCode === 32) {
                sum += 0;
            }
        }
        if (sum === 100) {
            resultArray.push(str);
        }
    }
    return resultArray;
}
```

 這段程式碼是一個 JavaScript 函式，命名為 'f'。讓我們來逐步解釋：

1. function f(inputArray) {：這行定義了一個函式 'f'，接受一個叫做 'inputArray' 的參數。

2. const charCodeA ='A'.charCodeAt(0) - 1;：這行宣告了一個常數 'charCodeA'，其值為大寫字母 'A' 的 Unicode 編碼減去 1，這樣 'charCodeA' 的值就是 65 - 1 = 64。

3. const charCodea ='a'.charCodeAt(0) - 1;：這行宣告了另一個常數 'charCodea'，其值為小寫字母 'a' 的 Unicode 編碼減去 1，這樣 'charCodea' 的值就是 97 - 1 = 96。

4. const resultArray = [];：這行宣告了一個空陣列 'resultArray'，用來存放符合特定條件的字串。

5. for (let str of inputArray) {：這是一個迴圈，它會遍歷 'inputArray' 中的每一個元素，並將其暫時命名為 'str'。

6. let sum = 0;：這行宣告了一個變數 'sum'，並初始化為 0，用來累加字母的編碼值。

7. for (let i = 0; i < str.length; i++) {：這是另一個迴圈，它會遍歷字串 'str' 中的每一個字符。

8. let charCode = str.charCodeAt(i);：這行取得字串 'str' 中第 'i' 個字符的 Unicode 編碼，並將其儲存在變數 'charCode' 中。

9. 接下來的 if-else if-else 條件式是在檢查 'charCode' 的範圍，並依照字母的大小寫分別處理：

   - 如果 'charCode' 在大寫字母範圍 (65 到 90 之間)，則 'sum' 會加上 'charCode' 減去 'charCodeA'，這樣就能得到該字母在字母表中的位置。

   - 如果 'charCode' 在小寫字母範圍 (97 到 122 之間)，則 'sum' 會加上 'charCode' 減去 'charCodea'，同樣得到該字母在字母表中的位置。

   - 如果 'charCode' 為空格 (32)，則不進行任何操作。

10. if (sum === 100) {：這行檢查變數 'sum' 是否等於 100。

11. resultArray.push(str);：如果 'sum' 等於 100，則將目前的字串 'str' 加入到 'resultArray' 陣列中。

12. }：結束內層迴圈。

13. }：結束外層迴圈。

14. return resultArray;：這行回傳最終的結果陣列 'resultArray'。

總括來說，這段程式碼的功能是接受一個包含多個字串的陣列 'inputArray'，然後對於每個字串進行處理，計算字母在字母表中的位置總和，如果總和等於 100，則將該字串存入一個結果陣列中，最終返回這個結果陣列。

到這個程度我覺得可以了。逐行解析作用與邏輯。

註解程式碼

這個和上面一個「解釋」的用法有一點類似，但也可以用在自己開發的程式碼需要撰寫註解的時候。可以是因為懶得寫註解，然後請 ChatGPT 來協助撰寫。

 請幫我將上述的程式碼加上註解

 好的，以下是已為程式碼加上詳細註解：

```javascript
// 定義一個名為 f 的函式，接受一個名為 inputArray 的陣列作為參數
function f(inputArray) {
    // 取得大寫字母 A 的 Unicode 編碼值並減去 1，存入 charCodeA 變數
    const charCodeA = 'A'.charCodeAt(0) - 1;
    // 取得小寫字母 a 的 Unicode 編碼值並減去 1，存入 charCodea 變數
    const charCodea = 'a'.charCodeAt(0) - 1;
    // 建立一個空陣列，用來儲存符合條件的字串
    const resultArray = [];
    // 開始迴圈，逐一處理 inputArray 中的字串
    for (let str of inputArray) {
        // 初始化一個變數 sum 用來累加字元的值
        let sum = 0;
        // 開始內部迴圈，逐一處理字串中的字元
        for (let i = 0; i < str.length; i++) {
            // 取得字元的 Unicode 編碼值
```

```
            let charCode = str.charCodeAt(i);
            // 檢查字元是否為大寫英文字母
            if (charCode >= 65 && charCode <= 90) {
                // 若是大寫字母，將其值轉換為 1 到 26 之間的數字，並加到 sum 上
                sum += charCode - charCodeA;
            } else if (charCode >= 97 && charCode <= 122)
            {
                // 檢查字元是否為小寫英文字母
                // 若是小寫字母，同樣將其值轉換為 1 到 26 之間的數字，並加到
sum 上

                sum += charCode - charCodea;
            } else if (charCode === 32) {
                // 檢查字元是否為空格，若是則不影響 sum 的值
                sum += 0;
            }
        }
        // 檢查 sum 是否等於 100，若是則將字串加入 resultArray 中
        if (sum === 100) {
            resultArray.push(str);
        }
    }
    // 回傳最終的結果陣列
    return resultArray;
}
```

這樣就為你的程式碼添加了詳細的註解，讓你更容易理解每一部分的功能和邏輯。如果你對任何部分有疑問，請隨時提問。

風格、格式可以根據喜好指定。由於我指定為詳細、清楚的註解，所以註解的風格與結果結果就會變成這樣。

翻譯、改寫程式碼

當一段程式碼需要進行語言的轉換，例如公司內要翻新系統、翻新語言的時候，就可以請 ChatGPT 來提供改寫、轉換。只要向 ChatGPT 說明清楚要從什麼語言轉換到什麼語言、可以用哪些套件或是技術來進行，ChatGPT 翻出來的東西基本上就是再順過一次就可以使用了。

一樣拿上面的程式碼來進行舉例：

 請再將一開始的程式碼，轉成 php

以下是將你提供的 JavaScript 程式碼轉換成 PHP：

```php
function f($inputArray) {
    $charCodeA = ord('A') - 1;
    $charCodea = ord('a') - 1;
    $resultArray = array();
    foreach ($inputArray as $str) {
        $sum = 0;
        for ($i = 0; $i < strlen($str); $i++) {
            $charCode = ord($str[$i]);
            if ($charCode >= 65 && $charCode <= 90) {
                $sum += $charCode - $charCodeA;
            } elseif ($charCode >= 97 && $charCode <= 122)
            {
                $sum += $charCode - $charCodea;
            } elseif ($charCode === 32) {
                $sum += 0;
            }
        }
        if ($sum === 100) {
            array_push($resultArray, $str);
        }
    }
    return $resultArray;
}
```

這段 PHP 程式碼的功能與你提供的 JavaScript 程式碼相同，可以接受一個字串陣列作為輸入，並返回一個符合特定條件的字串陣列。如果有任何問題或需要進一步的說明，請隨時告訴我。

由於我個人在工作中，有需要進行 PHP+PDO 轉 NodeJS + NextJS + Knex + Swagger 的翻新。這時候逐一將 Function 丟給 ChatGPT，我原本可能要進行一整天的工作，就能在短時間內完成！

我需要做的只有順一次流程，確認邏輯沒有漏寫，把時間放在實際測試功能，或處理單元測試等。

優化程式碼

程式碼除了講究能夠執行與其結果的正確性之外，也講求可讀性、效能優化等等。在這個時候，ChatGPT 可以協助我們進行程式碼的優化。以 JavaScript 來說，他可能會推薦我們使用 async await 的語法，以及高階函數 .map 的使用。

除了提供優化版本的程式碼外，ChatGPT 還會向我們解釋他優化了哪個部分，可以從中去決定是不是要採用他的方式，以及學習優化的內容。那麼自己再下一次寫出來的程式，也許就能照著這樣的方式或風格來撰寫。

另外，延續前一個「翻譯、改寫程式碼」的用法，由於不同語言間可能有不一樣的邏輯思維或是用法、習慣，在進行翻譯改寫的時候，通常是功能上的直接做翻譯，但是結構或是效能優化等等，不一定會做得最好。

因此我個人在使用上，也很常在請 ChatGPT 進行程式碼的翻譯改寫之後，再請他直接針對該程式碼進行優化。得到的程式碼就會接近「本來就是用這個語言」寫出來的風格與邏輯，也確保了程式碼的品質。

讓我們繼續用上面的 JS 範例來進行示範！

 請針對一開始提供的 JavaScript 程式碼，進行優化改進

 當然可以幫你優化這段程式碼，以下是改進後的版本：

```javascript
function f(inputArray) {
    const resultArray = [];
    for (let str of inputArray) {
        let sum = 0;
        for (let i = 0; i < str.length; i++) {
            let charCode = str.charCodeAt(i);
            if (charCode >= 65 && charCode <= 90) {
                sum += charCode - 64;
```

```
                // 直接減去 'A' 的 charCode
            } else if (charCode >= 97 && charCode <= 122)
            {
                sum += charCode - 96;
                // 直接減去 'a' 的 charCode
            } else if (charCode === 32) {
                sum += 0;
            }
        }
        if (sum === 100) {
            resultArray.push(str);
        }
    }
    return resultArray;
}
```

這個優化主要在以下幾點：

原本使用 const charCodeA ='A'.charCodeAt(0) - 1; 和 const char Codea ='a'.charCodeAt(0) - 1; 來獲得字元 'A' 和 'a' 的 charCode，現在直接使用 charCode - 64 和 charCode - 96 來計算字元對應的數值。

if (charCode === 32) 的情況下，sum 會加上 0，這部分可以省略。

這樣的修改可以使程式碼更加簡潔和容易理解。如果你有任何疑問或需要進一步的解釋，請隨時告訴我。

提供單元測試

　　目前實測來說，ChatGPT 可以提供簡易的單元測試。當需要測試的情境變得複雜的時候，效果不見得那麼好，但請 ChatGPT 提供單元測試，仍然可以減少去撰寫相關格式的時間。我們繼續用一樣的 function 來請 ChatGPT 提供單元測試看看：

請幫我提供上面那段 JS 的 Jest 單元測試

 當然可以幫你撰寫 Jest 單元測試！以下是對應的單元測試：

Jest 單元測試：

```
// main.test.js

const f = require('./main');

test(' 檢查函式是否正確運作 ', () => {
    const inputArray = ['abc', 'def', 'ghi'];
    const expectedOutput = ['def'];
    const result = f(inputArray);
    expect(result).toEqual(expectedOutput);
});

test(' 檢查空陣列時是否回傳空陣列 ', () => {
    const inputArray = [];
    const expectedOutput = [];
    const result = f(inputArray);
    expect(result).toEqual(expectedOutput);
});

test(' 檢查含有特殊字元的情況 ', () => {
    const inputArray = ['abc', 'de f', 'gh i'];
    const expectedOutput = ['de f', 'gh i'];
    const result = f(inputArray);
    expect(result).toEqual(expectedOutput);
});
```

這些測試涵蓋了幾個不同的情境，可以幫助你確保你的函式正確運作。如果你有任何其他問題或需要進一步協助，請隨時告訴我！

OK，從這個例子中我們也能明白，ChatGPT 真的很不擅長運算。這個與運算相關的功能，他並不知道正確答案應該要是什麼。

　　但是他提供了我們格式、範例，也提醒我們要去處理與測試「空陣列的時候」、「有特殊字元的情況」。只要自己去把輸入與預期答案給填上去，這個單元測試基本上就完成了。舒舒服服、輕輕鬆鬆！

　　稍稍總結一下我自己常用的六個與程式碼相關的用法：

- 提供程式碼範例

- 解釋程式碼

- 註解程式碼

- 翻譯、改寫程式碼

- 優化程式碼

- 提供單元測試

　　這六個用法在我工作上班時，很大幅度的提升了我的效率，不需要把時間大量花在打字、設中斷點追 code 上，就能快速的將工作完成、理解程式碼，甚至是上手一個新語言。

2

ChatGPT 請教教我：
JavaScript & TypeScript 基礎

2-1 網頁基礎入門 - HTML、JavaScript、CSS

接下來的內容，要一連串的讓 ChatGPT 帶我們入門各種網頁前端技能。從最基礎的網頁語言介紹、JavaScript 基本功，到更近一步的框架介紹，包含 React 與相關進階框架、狀態處理、Jest 測試、UI 測試。希望可以藉著 ChatGPT 來把這個前端技能樹給跑完。接下來章節與 ChatGPT 的對話內容會將內容匯出，如果需要複製 ChatGPT 的程式碼或是內容的，可以掃下面這個 QR Code，本章節的內容我也把連結分享在這邊：
https：//chat.openai.com/share/77502627-b31c-41c0-9050-2aab48fb71e0

基礎網頁教學

首先，假設完全不知道一個網頁要怎麼寫出來，請 ChatGPT 提供網頁教學。

 請提供有關如何撰寫一個網頁的教學

當然可以！以下是一個簡單的前端網頁開發教學，讓你可以跟著操作。

步驟一：建立基本的 HTML 結構

首先，我們需要建立一個基本的 HTML 結構，這是一個網頁的骨架。

```
<!DOCTYPE html>
<html lang="zh-TW">
<head>
    <meta charset="UTF-8">
    <meta name="viewport" content="width=device-width, initial-scale=1.0">
    <title> 我的第一個網頁 </title>
</head>
<body>

</body>
</html>
```

步驟二：新增標題和內容

在 '<body>' 標籤中，我們可以加入網頁的標題和一些內容。

```
<body>
    <h1> 歡迎來到我的網頁 </h1>
    <p> 這是我的第一個網頁，我正在學習前端開發。</p>
</body>
```

步驟三：新增圖片

你可以透過 '<img>' 標籤來加入圖片。

```
<img src=" 圖片連結 " alt=" 圖片描述 ">
```

步驟四：新增連結

你可以透過 '<a>' 標籤來建立超連結。

```
<a href=" 目標網址 "> 點我前往目標網頁 </a>
```

步驟五：新增 CSS 樣式

你可以在 '<head>' 標籤中使用 '<style>' 標籤來新增 CSS 樣式，讓你的網頁看起來更漂亮。

```
<head>
    <!-- 其他 meta 標籤略 -->

    <style>
        body {
            font-family: Arial, sans-serif;
        }

        h1 {
            color: #333;
        }

        p {
            font-size: 18px;
        }
```

```
    </style>
  </head>
```

步驟六：保存並打開網頁

將以上的程式碼複製到一個檔案中，並將檔案儲存為 '.html' 檔案，例如 'index.html'。接著，用網頁瀏覽器打開這個檔案，你就會看到你的第一個網頁了！

這只是一個簡單的開始，你可以不斷學習和探索前端開發的更多知識，例如 JavaScript、CSS 框架等，進一步打造更豐富的網頁。祝你學習愉快！如果你有任何問題，隨時問我。

根據以上內容，我們獲得幾個關鍵字：「HTML」、「JavaScript」、「CSS」，也得到了一個 HTML 範例，可以複製然後學習裡面的內容，並且提供了要怎麼使用這些程式碼，如何儲存與看到成果等等。

下一步就可以針對我們拿到的關鍵字，來詢問 ChatGPT 並請他詳細說明。

HTML 教學

首先，拿我們第一個關鍵字「HTML」請 ChatGPT 提供教學。

請針對 HTML 進行更詳細的解說

當然，讓我更詳細地解釋 HTML（超文本標記語言）。

HTML 是什麼？

HTML 是一種標記語言，用於創建網頁的結構和內容。它由一系列的元素（elements）構成，這些元素用標記（例如 '<tag>'）來標識。

每個 HTML 標記都描述了網頁上的一個元素，例如標題、段落、圖片等。HTML 元素可以包含文本內容、其他元素，或者兩者兼而有之。

基本的 HTML 結構

一個基本的 HTML 骨架包含以下元素：

```
<!DOCTYPE html>
<html lang="en">
<head>
    <meta charset="UTF-8">
    <meta name="viewport" content="width=device-width, initial-scale=1.0">
    <title> 標題 </title>
</head>
<body>
    <!-- 這裡放置網頁內容 -->
</body>
</html>
```

- '<!DOCTYPE html>'：宣告這是一個 HTML5 文檔。

- '<html>'：整個 HTML 文檔的根元素。

- '<head>'：包含了文檔的一些設定和元信息，例如字符編碼、標題、引用外部資源等。

- '<meta>'：提供了關於文檔的元信息，比如字符編碼和縮放設定。

- '<title>'：設定瀏覽器標籤的顯示內容。

- '<body>'：包含了實際的網頁內容，比如文字、圖片、連結等。

HTML 元素

HTML 中的每個元素都由一對標籤構成，例如：

```
<tag> 內容 </tag>
```

這裡的 '<tag>' 表示元素的類型，而 '</tag>' 表示結束該元素。有些元素是單獨的，不需要結束標籤（例如 '<img>'）。

常見的 HTML 元素

1. 標題和段落

- '<h1>' 到 '<h6>'：用於標題，1 是最高級別，6 是最低級別。

- '<p>'：用於段落。

2. 鏈接

- '<a>'：用於創建超連結。

3. 圖片

- '<img>'：用於插入圖片。

4. 清單

- '<ul>'：無序列表。

- '<ol>'：有序列表。

- '<li>'：列表中的項目。

5. 表格

- '<table>'：創建表格。

- '<tr>'：表格中的行。

- '<td>'：表格中的單元格。

6. 表單元素

- '<form>'：創建表單。

- '<input>'：用於接受輸入。

- '<button>'：用於按鈕。

7. 分區

- '<div>'：用於創建區塊，可用於組織和樣式化內容。

HTML 屬性

HTML 元素可以包含屬性，它們提供了有關元素的額外信息，例如 'class'、'id'、'src' 等。例如：

```
<a href=" 目標網址 " class=" 連結 "> 點我前往目標網頁 </a>
```

這裡的 'href' 和 'class' 就是元素的屬性。

嵌套

HTML 元素可以嵌套在其他元素中，這種層層相扣的結構是 HTML 的重要特點。

```
<div>
    <h2> 標題 </h2>
    <p> 段落內容 </p>
</div>
```

注釋

在 HTML 中，你可以使用 '<!-- 這是一個註釋 -->' 來添加註釋，這對於在代碼中加入說明非常有用。

這僅僅是 HTML 的基礎，隨著你的學習，你會發現還有許多更複雜的元素和概念，例如表格的進階用法、CSS 樣式的應用、JavaScript 腳本等等。繼續學習，你會在前端開發的世界中有更多的發現和成就感！

基本上，ChatGPT 把常用的標籤都介紹一次了，如果想要深入了解 HTML 的使用，可以針對疑惑的地方去請他教學，例如：「圖片插入要怎麼使用自己電腦的圖片，而不是網路上的圖片」、「要怎麼自己做多個頁面並有按鈕互相連結頁面」等等。

不需要害怕問句很白話，沒有使用專業術語，就直接將遇到的困難或疑惑直接問出即可。以下示範一個，但更多深入的問題，本書不會停留在這邊做過多講解，需自行針對需求來進行詢問，親自手動練習、詢問、學習，然後變得熟練，就是學習的流程。

 圖片要怎麼使用自己電腦的圖片，而不是網路上的圖片

 要在網頁中使用你自己電腦上的圖片，你需要將圖片文件儲存在你的專案目錄中，然後使用相對路徑來引用它。

以下是一個簡單的步驟：

1. 將圖片儲存在專案目錄中：

開啟你的專案目錄，將你的圖片文件（例如 'my_image.jpg'）儲存在其中。確保圖片文件和你的 HTML 檔案在同一個目錄下，或者你知道如何使用相對路徑引用它。

2. 在 HTML 中使用圖片：

使用 '<img>' 標籤來插入圖片。在 'src' 屬性中使用相對路徑指向你的圖片文件。

```
<img src="my_image.jpg" alt="我的圖片">
```

在這個例子中，'my_image.jpg' 是你的圖片文件，它應該位於與你的 HTML 檔案相同的目錄中。

注意：'alt' 屬性提供了一個文字描述，當圖片無法顯示時，這個描述會顯示在頁面上。

3. 保存並在瀏覽器中打開：

將 HTML 文件保存並在瀏覽器中打開。你應該能夠看到你的圖片顯示在網頁中。

請確保你的圖片文件的格式（例如 '.jpg'、'.png' 等）與你在 '<img>' 標籤中指定的檔案名稱相匹配。

這樣就可以在你的網頁中使用你自己電腦上的圖片了！如果你在使用特定的開發工具或框架，有時會有一些特殊的指示，但基本原則是相同的。

　　我認為這個解說詳細程度已經相當仔細。只要不懂就問，無論是多麼基本的問題，ChatGPT 會耐心地提供解釋，也不會像學校老師一樣皺眉拿書敲你的頭。

JavaScript 教學

接下來拿我們第二個關鍵字「JavaScript」來試試看,請他提供教學。

請提供有關 JavaScript 的教學

當然!以下是一個簡單的 JavaScript 教學,讓你可以快速入門。

什麼是 JavaScript ?

JavaScript 是一種高級的、直譯式的程式語言,通常用於網頁開發,用來為網頁增加動態功能。

步驟一:在 HTML 中引入 JavaScript

你可以在 HTML 文件的 '<head>' 或 '<body>' 區塊中引入 JavaScript 代碼,通常我們把它放在 '<head>' 區塊中。

```html
<!DOCTYPE html>
<html lang="en">
<head>
    <meta charset="UTF-8">
    <meta name="viewport" content="width=device-width, initial-scale=1.0">
    <title> 我的第一個 JavaScript 程式 </title>
    <script src="script.js"></script>
</head>
<body>
    <!-- 這裡放置網頁內容 -->
</body>
</html>
```

在這個例子中,我們引入了一個名為 'script.js' 的 JavaScript 文件。

步驟二:建立 JavaScript 文件

在你的專案目錄中,創建一個名為 'script.js' 的檔案,並在裡面撰寫你的 JavaScript 程式碼。

步驟三：編寫簡單的 JavaScript 程式

以下是一個簡單的範例，這個程式會在網頁載入時彈出一個警示框。

```
alert(" 歡迎來到我的網頁！");
```

步驟四：在瀏覽器中打開網頁

將 HTML 文件保存並在瀏覽器中打開，你應該會看到一個彈出視窗顯示了我們在 JavaScript 中設定的訊息。

JavaScript 基礎

這是一些 JavaScript 的基礎知識：

1. 變數和資料型別

使用 'var'、'let' 或 'const' 來定義變數。

```
var name = "John";   // 字串型別
let age = 30;         // 數字型別
const PI = 3.14;      // 常數
```

2. 函式

定義一個函式：

```
function greet(name) {
    console.log("Hello, " + name + "!");
}

greet("John");   // 呼叫函式
```

3. 條件語句

```
if (condition) {
      // 程式碼塊
    } else {
      // 程式碼塊
    }
```

4. 迴圈

```javascript
for (let i = 0; i < 5; i++) {
    console.log(i);
}
```

5. 陣列

```javascript
let fruits = ["蘋果", "香蕉", "橙子"];
console.log(fruits[0]);  // 輸出：蘋果
```

6. 物件

```javascript
let person = {
    name: "John",
    age: 30,
    isStudent: false
};

console.log(person.name);  // 輸出：John
```

學習和練習

繼續學習 JavaScript，探索事件處理、DOM 操作、異步編程等更進階的主題。練習寫一些小型的程式來鞏固你的知識。

希望這份簡單的 JavaScript 教學對你有所幫助！如果你有任何問題，隨時問我。

　　ChatGPT 接續著前面講述 HTML 的話題，提供了 HTML 檔案要怎麼引入 JavaScript 檔案。如果本來就有程式的基礎或底子，看到 ChatGPT 所提供的關鍵字，像是「變數和資料型別」、「函式」、「條件語句」這些，就可以從範例中去觀察、學習，了解要如何從自己原本熟悉的語言轉換成 JavaScript 的語法。

　　如果不熟悉程式基礎的話，那麼這邊需要自行拿這些關鍵字深入的去進行提問、了解，比如說「變數要做什麼用的」、「運算結果要怎麼出現在網頁上」等等，本書不會在基礎的程式迴圈、條件語句等主題停留過久。

接著回來看看 ChatGPT 給予的回答，可以看到他使用了 console.log() 來把結果「輸出」。但這個「輸出」並不等於會出現在網頁上，跟著照做之後看到的 HTML 中並不會有上述這些內容。而是需要在頁面中點擊 F12，開啟 Dev Tools 才能看到。

接下來會示範提問「要怎麼把 JavaScript 上的運算結果顯示在網頁上」。

要怎麼把 JavaScript 上的運算結果顯示在網頁上

要在網頁上顯示 JavaScript 的運算結果，你可以使用 HTML 來創建一個元素（例如段落或標題），然後使用 JavaScript 將計算結果插入到這個元素中。

以下是一個簡單的例子，假設你想將兩個數字相加並在網頁上顯示結果：

步驟一：在 HTML 中創建一個元素

```html
<!DOCTYPE html>
<html lang="en">
<head>
    <meta charset="UTF-8">
    <meta name="viewport" content="width=device-width, initial-scale=1.0">
    <title>JavaScript 計算範例 </title>
    <script src="script.js"></script>
</head>
<body>
    <h1>計算結果：</h1>
    <p id="result"></p>
</body>
</html>
```

在這個例子中，我們創建了一個標題 '<h1>' 以及一個段落 '<p>'，並給段落設定了一個唯一的 ID 為 'result'。

步驟二：在 JavaScript 中進行運算

在你的 'script.js' 檔案中，你可以進行運算，並將結果插入到剛才創建的段落中。

```
let num1 = 10;
let num2 = 5;
let sum = num1 + num2;

document.getElementById("result").innerText = "計算結果是：" + sum;
```

這段 JavaScript 代碼做了以下事情：

- 創建了兩個變數 'num1' 和 'num2'，並賦予它們值。
- 將 'num1' 和 'num2' 相加，並將結果賦予 'sum'。
- 使用 'document.getElementById("result").innerText' 選取了剛才在 HTML 中創建的段落，並將計算結果插入到該段落中。

步驟三：在瀏覽器中打開網頁

保存並在瀏覽器中打開你的 HTML 文件，你應該會看到計算結果顯示在網頁上。

這只是一個簡單的範例，你可以進一步擴展和修改以達到你的需求。當然，也可以使用其他 HTML 元素來顯示運算結果，比如 '<span>'、'<div>' 等，具體取決於你的需求和設計。

好耶，document.getElementById 開始出現了！如此一來我們就學到 JS 和 HTML 要怎麼建立關係。有這些基礎就能讓網頁做更多的事情，能夠將運算的結果動態的顯示在畫面上。

CSS 教學

我們繼續往第三個關鍵字走，來詢問有關 CSS 的教學。

 請提供有關 CSS 的教學

 當然！以下是一個簡單的 CSS 教學，讓你可以快速入門。

什麼是 CSS ？

CSS（層疊樣式表）是一種用於控制網頁外觀和布局的樣式語言。它允許你選擇性地樣式化 HTML 元素，以使其在瀏覽器中顯示為你想要的樣子。

步驟一：將 CSS 樣式添加到 HTML

你可以在 HTML 文件的 '<head>' 部分中使用 '<style>' 標籤或者連結一個外部的 CSS 檔案。

```
<!DOCTYPE html>
<html lang="en">
<head>
    <meta charset="UTF-8">
    <meta name="viewport" content="width=device-width, initial-scale=1.0">
    <title> 我的第一個 CSS 範例 </title>
    <link rel="stylesheet" href="styles.css">
</head>
<body>
    <!-- 這裡放置網頁內容 -->
</body>
</html>
```

在這個例子中，我們使用了 '<link>' 元素將一個名為 'styles.css' 的外部 CSS 檔案連結到 HTML 文件中。

步驟二：創建 CSS 樣式

在你的專案目錄中，創建一個名為 'styles.css' 的檔案，並在裡面撰寫你的 CSS 樣式。

步驟三：編寫簡單的 CSS 樣式

以下是一個簡單的範例，這個 CSS 會設定段落文字的顏色為紅色。

```
p {
    color: red;
}
```

步驟四：在瀏覽器中打開網頁

保存 HTML 和 CSS 文件並在瀏覽器中打開 HTML 文件，你應該會看到段落的文字顏色變成了紅色。

CSS 基礎

這是一些基礎的 CSS 知識：

1. 選擇器

CSS 使用選擇器來選擇要樣式化的 HTML 元素。

- 標籤名選擇器：

```
p {
    /* CSS 樣式 */
}
```

- 類別選擇器：

```
.classname {
    /* CSS 樣式 */
}
```

- ID 選擇器：

```
#idname {
    /* CSS 樣式 */
}
```

2. 屬性和值

CSS 規則由屬性和值組成，例如 'color：red;' 中的 'color' 是屬性，'red' 是值。

3. 背景和邊框

```
background-color: #fff;  /* 設定背景顏色 */
border: 1px solid #000;  /* 設定邊框 */
```

4. 字體和文字

```
font-family: Arial, sans-serif;  /* 設定字體 */
font-size: 16px;                 /* 設定字體大小 */
line-height: 1.5;                /* 設定行高 */
```

5. 盒模型

```
width: 200px;   /* 設定寬度 */
height: 100px;  /* 設定高度 */
padding: 10px;  /* 設定內邊距 */
margin: 20px;   /* 設定外邊距 */
```

6. 浮動和定位

```
float: left;        /* 元素浮動 */
position: relative; /* 相對定位 */
```

學習和練習

繼續學習 CSS，探索更多高級的主題，如彈性盒子佈局、網格佈局等。練習設計各種不同風格的網頁元素，這將幫助你熟練掌握 CSS。

希望這份簡單的 CSS 教學對你有所幫助！如果你有任何問題，隨時問我。

我覺得這份 CSS 的教學算是差強人意，範例不夠完整，他提供的 HTML 裡面沒有他所要示範的樣式結果，且裡面有太多關鍵字是中文的，例如：「段落文字」、「盒模型」等。每個字都看得懂，但整個單字完全看不懂是什麼意思，照著做只會得到一個只有 title 的網頁，也看不到任何內容。

初學的時候舉一反三的能力還沒有這麼強，不知道「<!-- 這裡放置網頁內容 -->」應該要放什麼。因此，我們來繼續追問。

可以提供包含以上效果的範例嗎

 當然可以！以下是一個簡單的範例，它包含了一個 HTML 文件、一個 CSS 文件以及一些基本的 HTML 和 CSS 樣式。

HTML 檔案（index.html）

```
<!DOCTYPE html>
<html lang="en">
<head>
    <meta charset="UTF-8">
    <meta name="viewport" content="width=device-width, initial-scale=1.0">
    <title>HTML 與 CSS 範例 </title>
    <link rel="stylesheet" href="styles.css">
</head>
<body>
    <h1> 歡迎來到我的網頁 </h1>
    <p> 這是一個包含 HTML 和 CSS 的簡單範例。</p>
</body>
</html>
```

CSS 檔案（styles.css）

```
body {
    font-family: Arial, sans-serif;
    text-align: center;
    background-color: #f0f0f0;
    margin: 0;
    padding: 20px;
}

h1 {
    color: #333;
}

p {
    font-size: 18px;
    color: #555;
    line-height: 1.6;
```

```
        margin-top: 10px;
    }
```

如何使用這個範例？

1. 創建一個新的資料夾，並在其中新增兩個檔案：'index.html' 和 'styles.css'。

2. 將上面的 HTML 程式碼複製到 'index.html' 檔案中。

3. 將上面的 CSS 程式碼複製到 'styles.css' 檔案中。

4. 將這個資料夾放在你的本地伺服器（例如使用 VS Code 的 Live Server 擴充功能）或者直接在瀏覽器中打開 'index.html' 檔案。

你應該會看到一個簡單的網頁，其中包含了一個標題和一段文字，並且應用了一些基本的 CSS 樣式。這個範例展示了如何在 HTML 中引入外部的 CSS 檔案並應用樣式。你可以進一步修改這些樣式或者新增更多的 HTML 元素來進行練習。

可以可以，這樣好多了。至少示範了 \<p\> 的效果變化、\<h1\> 的效果變化，也更詳細解析要怎麼跟著範例做。下圖是照著上面的結果，並點擊 F12 可以看到的效果。

提供目前主流技術

　　前面 ChatGPT 提供的都是「最基礎、簡單能跑、剛初學時要會的內容」，假設你原本不會寫網頁，但是要來寫網頁，可能也不熟悉目前該領域還有哪些技術與關鍵字，這時候我會相當推薦讓 ChatGPT 來提供技術關鍵字。

 請問目前用來寫網頁的常用技術有哪些

 目前常用來寫網頁的技術包括前端（client-side）和後端（server-side）技術。以下是一些主要的技術：

前端技術：

1. HTML (HyperText Markup Language)：用於建立網頁的基礎骨架和內容結構。

2. CSS (Cascading Style Sheets)：用於設計和美化網頁的外觀和版面配置。

3. JavaScript：一種用於網頁的動態效果和互動性的程式語言。

4. React, Angular, Vue.js：這些是流行的前端框架或函式庫，用於快速開發交互式的單頁應用程序 (SPA)。

5. TypeScript：一種超集合，提供了靜態類型，可以提高代碼的可靠性和可維護性。

6. Sass, Less：這些是 CSS 的預處理器，提供了變量、嵌套、混入等功能，讓 CSS 的編寫更簡潔和易於維護。

7. Webpack, Parcel：這些是模塊打包工具，用於將多個前端資源（如 JavaScript、CSS、圖片）打包成單一的檔案，以提高性能。

後端技術：

1. Node.js：一個用於在伺服器端運行 JavaScript 的環境，可用於構建高性能的後端應用程序。

2-19

2. Express.js：基於 Node.js 的網絡應用程序框架，用於構建快速和高效的後端服務器。

3. Ruby on Rails, Django, Laravel：這些是流行的後端框架，用於快速開發 Web 應用程序。

4. PHP：一種常用的後端程式語言，特別在共享主機環境中得到廣泛應用。

5. Python, Ruby, Java：除了 Django 和 Ruby on Rails 之外，這些程式語言還可以用於構建各種類型的後端應用程序。

6. Database (SQL, NoSQL)：用於存儲和管理應用程序數據的數據庫技術，如 MySQL、PostgreSQL、MongoDB 等。

其他重要技術：

1. RESTful API：一種設計風格，用於設計簡單、可擴展且易於維護的 Web 服務。

2. GraphQL：一個用於查詢 API 的新型規格，使客戶端可以精確地獲取所需的數據。

3. WebSocket：一種通訊協議，可實現伺服器和客戶端之間的實時雙向通訊。

4. 容器化技術（Docker）：允許在獨立的容器中打包和運行應用程序，提供一致的運行環境。

5. CI/CD (Continuous Integration/Continuous Deployment)：用於自動化測試和部署應用程序的流程。

這些技術通常會根據項目的需求和開發團隊的偏好進行選擇和組合使用。

看完這些，就獲得更多關鍵字，也可以從中去找尋自己想要了解的方向。

編輯器與軟體推薦

除了獲取目前常用技術的關鍵字之外，開發時的軟體與工具也是很重要的。雖然 HTML 號稱只要可以開 txt 文字檔就可以進行開發，但擁有方便的工具與編輯器，能夠讓開發與維護時所需花費的精力大幅的減低。

要開始撰寫網頁，有沒有推薦的軟體來協助我撰寫網頁

當然可以！對於初學者來說，我建議你可以使用一些容易上手且功能豐富的前端開發工具來協助你撰寫網頁。以下是一些建議：

Visual Studio Code：這是一個非常受歡迎且免費的程式碼編輯器，它支援許多程式語言，包括 HTML、CSS 和 JavaScript。它具有豐富的擴充套件生態系統，可以增加各種功能，也有許多用戶友善的功能，適合初學者使用。

Sublime Text：這是另一個輕量且功能豐富的程式碼編輯器，它也支援多種程式語言。它的介面簡潔易用，並且有許多擴充套件可供選擇。

Atom：這 是 一 款 由 GitHub 開 發 的 開 源 程 式 碼 編 輯 器，也 支 援 HTML、CSS 和 JavaScript 等語言。它有許多自訂功能，可以根據自己的需求進行設定。

Brackets：這是一款針對前端開發者設計的程式碼編輯器，它具有許多針對 HTML、CSS 和 JavaScript 的特定功能，並且易於上手。

CodePen：這是一個線上的前端開發環境，可以直接在瀏覽器中編寫 HTML、CSS 和 JavaScript，並即時預覽結果。

以上這些工具都是免費的，你可以根據自己的喜好和需求選擇一個開始進行網頁開發。當然，隨著你的經驗增長，你也可以探索其他更進階的開發環境和工具。希望這些建議對你有所幫助！如果你有任何問題，隨時告訴我。

我個人用 Visual Studio Code ，也簡稱 VS Code 的這套編輯器來進行開發，後續書中的部分截圖也會出現 VS Code 相關的介面。對於初次接觸開發的人，也可以像這樣請 ChatGPT 來推薦好用的編輯器，然後再自己去找喜歡的方式！

小結

這個章節以 ChatGPT 來引領網頁撰寫入門。用 ChatGPT 來學習一項新技術，基本上就是從他回覆的答案中，不斷地去深入詢問相關的關鍵字，逐漸將這個技術所需要的基本知識給建立起來。後續也會持續使用這個模式來建立我們前後端的技能樹。

2-2　進階 JavaScript、ES6 語法 & 語法糖

要在前端領域打滾，JavaScript（以下簡稱為 JS）的基礎必須要打穩。雖然程式最基礎的核心，在不同語言間會有一點大同小異，像是迴圈條件等等。但仍然有一些是存在於 JS 的專用語法，慣用寫法也不太一樣。

且 JS 在經歷一番更新之後，有著許多語法糖以及好用的高階函數，因此來請 ChatGPT 教我們 JS 的進階語法吧！

本章節中，和 ChatGPT 的完整對話，先分享連結在這裡：

https：//chat.openai.com/share/4f338828-c229-4512-9b9f-ad2050f99378

 請提供更進階的 javaScript 的教學

 好的，讓我們來深入了解一些進階的 JavaScript 概念吧！

1. 物件導向程式設計 (Object-Oriented Programming, OOP)

物件導向程式設計是一種以物件為基礎的程式設計範式，它讓你可以將資料和相關的行為封裝在一起。在 JavaScript 中，物件是 key-value 對的集合，可以用來組織和管理程式碼。

範例：

```javascript
// 建立一個物件
let car = {
    make:'Toyota',
    model:'Corolla',
    year: 2022,
    start: function() {
        console.log('引擎啟動！');
    }
};
// 存取物件的屬性
console.log(car.make); // 輸出：Toyota

// 呼叫物件的方法
car.start(); // 輸出：引擎啟動！
```

2. 閉包 (Closures)

閉包是指允許函式保留對其創建時作用域的存取權，即使函式在不同的作用域執行也能保持對這個作用域的引用。

範例：

```javascript
function outerFunction() {
    let message ='Hello';

    function innerFunction() {
        console.log(message);
    }

    return innerFunction;
}

let myFunction = outerFunction();
myFunction(); // 輸出：Hello
```

3. 非同步程式設計 (Asynchronous Programming)

在 JavaScript 中，非同步程式設計是一個重要的概念，可以避免阻塞程式執行。常用的非同步機制包括回呼函式 (Callback Functions)、Promise 和 async/await。

範例：

使用 Promise：

```
function getData() {
    return new Promise((resolve, reject) => {
        setTimeout(() => {
            resolve(' 資料取得成功 ');
        }, 2000);
    });
}

getData()
    .then(data => console.log(data)) // 輸出：資料取得成功
    .catch(error => console.error(error));
```

使用 async/await：

```
async function fetchData() {
    try {
        let data = await getData();
        console.log(data); // 輸出：資料取得成功
    } catch (error) {
        console.error(error);
    }
}

fetchData();
```

4. 事件驅動程式設計 (Event-Driven Programming)

事件驅動程式設計是一種基於事件和事件處理程序的程式設計方式。在網頁開發中，經常會使用事件來處理使用者的互動。

範例：

```
let button = document.getElementById('myButton');

button.addEventListener('click', function() {
    console.log(' 按鈕被點擊了！');
});
```

這些是一些進階的 JavaScript 概念，希望對你有所幫助！如果你對其中任何一個概念有疑問，隨時向我提問。

OK，ChatGPT 拋出了四個主題給我們：「物件」、「閉包」、「非同步 (Callback/ Promise / async / await)」、「事件監聽」。

得到這幾個範例之後，如果有興趣的就能拿這些關鍵字進行深入追問，繼續問看看有沒有其他關鍵字！

 請提供更多有關 javaScript 的進階語法

 當然！以下是更多進階的 JavaScript 語法和概念：

1. 生成器函式 (Generator Functions)

生成器函式可以在執行期間被暫停，並在需要時恢復執行，這使得處理大量資料或非同步任務變得更為有效率。

範例：

```
function* generateSequence() {
    yield 1;
    yield 2;
    yield 3;
}

let generator = generateSequence();

console.log(generator.next().value); // 輸出：1
console.log(generator.next().value); // 輸出：2
console.log(generator.next().value); // 輸出：3
```

2. 模組化程式設計 (Module System)

模組化程式設計讓你可以將程式分割成小的模組，這樣可以更好地組織和維護程式碼。

範例：

```
// 在一個檔案中
// math.js
export function add(a, b) {
    return a + b;
}

export function subtract(a, b) {
    return a - b;
}


// 在另一個檔案中
// main.js
import { add, subtract } from'./math.js';

console.log(add(5, 3)); // 輸出：8
console.log(subtract(5, 3)); // 輸出：2
```

3. 類別 (Classes)

JavaScript 支援 ES6 類別，它提供了更接近傳統物件導向程式設計的語法。

範例：

```
class Person {
    constructor(name, age) {
        this.name = name;
        this.age = age;
    }

    sayHello() {
        console.log('Hello, my name is ${this.name}.');
    }
```

```
    }

    let john = new Person('John Doe', 30);
    john.sayHello(); // 輸出：Hello, my name is John Doe.
```

4. 擴展運算符與剩餘運算符 (Spread and Rest Operators)

擴展運算符（...）可以將陣列或物件展開成單獨的元素，而剩餘運算
符（...）則可以將剩餘的參數收集成一個陣列。

範例：

```
// 擴展運算符
let arr1 = [1, 2, 3];
let arr2 = [...arr1, 4, 5, 6];
console.log(arr2); // 輸出：[1, 2, 3, 4, 5, 6]

// 剩餘運算符
function sum(...numbers) {
    return numbers.reduce((total, num) => total + num, 0);
}

console.log(sum(1, 2, 3, 4)); // 輸出：10
```

這些是一些更進階的 JavaScript 語法和概念，希望對你有所幫助！如
果你有任何疑問或需要進一步解釋，請隨時告訴我。

　　不錯不錯，又提了四個與上方不同的語法與觀念。而且確實先會一開始提
到的物件概念，再來了解 class 與擴展運算符（解構語法），就學習順序上是比
較好的。

　　每個觀念都有提供語法範例，不過他看起來已經摻入了一些語法糖的用法
在裡面，也用到了像是 '.reduce' 這樣的和 Array 有關的 function。看看詢問有關
更進階語法會不會吐給我們跟語法糖或是和 Array 操作有關的內容：

更多 JS 的進階語法

 當然！以下是更多進階的 JavaScript 語法和概念：

1. 異步 / 等待 (Async/Await)

'async' 和 'await' 是用來簡化 Promise 的使用，讓非同步程式碼看起來更像同步程式碼。

範例：

```javascript
function delay(ms) {
    return new Promise(resolve => setTimeout(resolve, ms));
}

async function asyncFunction() {
    console.log(' 開始 ');
    await delay(2000);
    console.log(' 等待了 2 秒 ');
    return' 完成 ';
}

asyncFunction().then(result => console.log(result));
```

2. Map、Filter 與 Reduce

'map'、'filter' 和 'reduce' 是用來操作陣列的高階函式，可以更簡潔地處理數據。

範例：

```javascript
let numbers = [1, 2, 3, 4, 5];

let doubled = numbers.map(num => num * 2); // [2, 4, 6, 8, 10]
let even = numbers.filter(num => num % 2 === 0); // [2, 4]
let sum = numbers.reduce((total, num) => total + num, 0); // 15
```

3. Set 與 Map

'Set' 是一種集合，它只能包含唯一的值，而 'Map' 是一種鍵值對的集合。

範例：

```
let set = new Set([1, 2, 3, 2, 1]);
console.log(set); // Set(3) { 1, 2, 3 }

let map = new Map();
map.set('key1','value1');
map.set('key2','value2');
console.log(map.get('key1')); // value1
```

4. Proxy

'Proxy' 可以在物件上建立一個包裹層，可以在讀取、寫入和其他操作之前或之後進行攔截。

範例：

```
let target = {
    message:'Hello'
};

let handler = {
    get: function(target, prop) {
        return prop in target ? target[prop] :' 無此屬性 ';
    }
};

let proxy = new Proxy(target, handler);

console.log(proxy.message); // Hello
console.log(proxy.color); // 無此屬性
```

5. WebSockets

WebSockets 允許瀏覽器和伺服器之間建立雙向通訊通道，這對於即時應用程序非常重要。

範例：

```
let socket = new WebSocket('ws://example.com');
```

```javascript
socket.addEventListener('open', event => {
    socket.send('Hello, server!');
});

socket.addEventListener('message', event => {
    console.log(' 接收到訊息 :', event.data);
});

socket.addEventListener('close', event => {
    console.log(' 連線已關閉 ');
});
```

這些是一些更進階的 JavaScript 語法和概念，它們可以幫助你更有效地編寫和組織你的程式碼。如果你對其中任何一個概念有疑問，請隨時向我提問。

還不錯、還不錯！雖然 Async/Await 和上方的範例有所重複，但又帶了四個新的主題與方向，也介紹了陣列相關的「高階函式」。打鐵趁熱，針對第二點提到的「操作陣列的高階函式」繼續問下去。

 請介紹更多有關操作陣列的高階函式

 當然！以下是更多用於操作陣列的高階函式：

1. find 與 findIndex

'find' 用於找到符合條件的第一個元素，而 'findIndex' 則是返回符合條件的第一個元素的索引。

範例：

```javascript
let numbers = [10, 20, 30, 40, 50];

let foundNumber = numbers.find(num => num > 25);
console.log(foundNumber); // 30
```

```
let foundIndex = numbers.findIndex(num => num > 25);
console.log(foundIndex); // 2
```

2. every 與 some

'every' 用於檢查所有元素是否符合特定條件,而 'some' 則是檢查是否至少有一個元素符合特定條件。

範例:

```
let numbers = [10, 20, 30, 40, 50];

let allGreaterThan10 = numbers.every(num => num > 10);
console.log(allGreaterThan10); // true

let someGreaterThan30 = numbers.some(num => num > 30);
console.log(someGreaterThan30); // true
```

3. sort

'sort' 用於排序陣列的元素。

範例:

```
let fruits = ['apple','banana','cherry','date'];

fruits.sort();
console.log(fruits); // ["apple", "banana", "cherry", "date"]
```

4. reduceRight

'reduceRight' 與 'reduce' 類似,但是它是從陣列的末尾開始進行操作。

範例:

```
let numbers = [1, 2, 3, 4, 5];

let sum = numbers.reduceRight((acc, num) => acc + num, 0);
console.log(sum); // 15
```

5. flatMap

'flatMap' 是一個組合了 'map' 和 'flat' 的函式，可以將結果平坦化。

範例：

```
let numbers = [1, 2, 3];

let doubledAndFlattened = numbers.flatMap(num => [num * 2]);
console.log(doubledAndFlattened); // [2, 4, 6]
```

6. splice

'splice' 可以用來在陣列中插入、刪除或取代元素。

範例：

```
let numbers = [1, 2, 3, 4, 5];

numbers.splice(2, 1,'a','b'); // 從索引 2 開始刪除 1 個元素，並插入 'a' 和 'b'
console.log(numbers); // [1, 2, "a", "b", 4, 5]
```

這些高階函式能夠幫助你更有效地操作陣列，並使你的程式碼更加簡潔和易於理解。如果你對其中任何一個函式有疑問，請隨時向我提問。

ChatGPT 的回答中，很自然地用了一些箭頭函式或解構的用法，這些都是 JS 特有的語法糖。來問問看「JS 的語法糖有哪些」這個問題好了。

 請問 javascript 的語法糖有哪些

 JavaScript 的「語法糖」通常指的是一些語法上的簡潔、便利的表達方式，它們並不引入新的功能，但讓程式碼更易讀、寫和理解。

以下是一些 JavaScript 中常見的語法糖：

1. 箭頭函式 (Arrow Functions)

箭頭函式提供了一種更簡潔的函式聲明語法。

```
// 傳統函式
function add(a, b) {
    return a + b;
}

// 箭頭函式
let add = (a, b) => a + b;
```

2. 模板字串 (Template Literals)

模板字串允許你在字串中插入變數或執行表達式,並使用反引號 (')
來定義字串。

```
let name ='John';
let greeting ='Hello, ${name}!';
```

3. 解構賦值 (Destructuring Assignment)

解構賦值讓你可以從陣列或物件中快速提取值並賦予給變數。

```
// 陣列解構
let [a, b] = [1, 2];

// 物件解構
let { x, y } = { x: 10, y: 20 };
```

4. 展開運算符 (Spread Operator)

展開運算符 ('...') 可以將陣列或物件展開成獨立的元素。

```
let arr1 = [1, 2, 3];
let arr2 = [...arr1, 4, 5, 6];
```

5. Promise 的 'async/await'

'async/await' 提供了一種簡潔的方式來處理 Promise,使非同步程式
碼看起來像同步程式碼。

```
async function getData() {
    try {
        let response = await fetch('https://api.example.com/data');
        let data = await response.json();
```

```
        return data;
    } catch (error) {
        console.error(' 錯誤：', error);
    }
}
```

6. 類別 (Classes)

ES6 引入了類別的語法，使得定義物件原型變得更加簡潔。

```
class Person {
    constructor(name, age) {
        this.name = name;
        this.age = age;
    }

    sayHello() {
        console.log('Hello, my name is ${this.name}.');
    }
}
```

7. 選擇性鏈接 (Optional Chaining)

選擇性鏈接 ('?.') 讓你可以在物件屬性連鎖中避免 'null' 或 'undefined' 的錯誤。

```
let user = {
    address: {
        street:'123 Main St',
        city:'Exampleville'
    }
};
let city = user?.address?.city;
```

8. 空值合併運算子 (Nullish Coalescing Operator)

空值合併運算子 ('??') 用於處理可能是 'null' 或 'undefined' 的情況。

```
let someValue = null;
let defaultValue ='Default Value';

let result = someValue ?? defaultValue;
```

> 這些都是 JavaScript 中常見的語法糖，它們可以使你的程式碼更簡潔、易讀且易於維護。當然還有其他許多語法糖，視情況而定。如果你對其中任何一個有疑問，請隨時告訴我！

以上都是相當實用與常用的語法，ChatGPT 能一口氣把他整理出來，非常方便。本篇幾個「進階的 JS 語法」的回答中，有許多有關 Class 與物件操作的議題，以及 Promise 與 async/await 的內容不斷重複。

取得了這些關鍵字，接下來的章節，將會逐一針對這些用法進行探討！

2-3　異步程序：Callback、Promise、async/await、Fetch 串接 API

ChatGPT 在探討進階 JavaScript 的語法的時候，不斷提及異步、Promise 等議題與關鍵字，還有使用到 fetch 這個語法。接下來本章節要來深入的了解與學習異步是什麼，Promise、async/await、以及使用 fetch 的方式。

本篇的對話連結：

https://chat.openai.com/share/c0447480-3986-45c0-95bd-c46f0744f8c2

異步（asynchronous）＆同步（Synchronous）

在 javascript 中，異步指的是什麼？和異步相對的是什麼概念？請提供相關教學

異步（Asynchronous）在 JavaScript 中指的是一種非同步的程式執行方式。當程式碼遇到需要等待的操作時（比如從伺服器載入資料、讀取檔案、或是執行一個耗時的任務），JavaScript 不會停止執行其他程式碼，而是會繼續往下執行。當耗時操作完成後，通過 callback 函式、Promise 物件或 async/await 等機制來處理這些非同步操作的結果。

相對於異步的概念，同步（Synchronous）指的是程式碼按照順序一行一行地執行，當遇到一個操作時，必須等待該操作完成後才會繼續往下執行其他程式碼。

以下是一個基本的 JavaScript 異步操作的示範：

1. Callback 函式：

```javascript
function loadData(callback) {
  setTimeout(function() {
    const data ='這是從伺服器載入的資料 ';
    callback(data);
  }, 2000);
}

console.log('開始載入資料 ...');
loadData(function(data) {
  console.log('載入完成 :', data);
});
console.log('其它程式碼 ...');
```

2. Promise：

```javascript
function loadData() {
  return new Promise(function(resolve, reject) {
    setTimeout(function() {
      const data ='這是從伺服器載入的資料 ';
      resolve(data);
    }, 2000);
  });
}

console.log('開始載入資料 ...');
loadData()
  .then(function(data) {
    console.log('載入完成 :', data);
  })
  .catch(function(error) {
    console.error('發生錯誤 :', error);
```

```
  });
  console.log(' 其它程式碼 ...');
```

3. async/await：

```
function loadData() {
  return new Promise(function(resolve, reject) {
    setTimeout(function() {
      const data =' 這是從伺服器載入的資料 ';
      resolve(data);
    }, 2000);
  });
}

async function fetchData() {
  try {
    console.log(' 開始載入資料 ...');
    const data = await loadData();
    console.log(' 載入完成 :', data);
  } catch (error) {
    console.error(' 發生錯誤 :', error);
  }
}

fetchData();
console.log(' 其它程式碼 ...');
```

這些示範展示了如何使用 callback 函式、Promise 和 async/await
來處理異步操作，可以根據實際需求選擇適合的方式來處理非同步任
務。

　　以上這些程式碼都可以直接在瀏覽器中按下 F12，在 Dev Tools 的 Console
中直接貼上，進行實驗與觀察結果。

```
⋮    Console

□  ⊘   top ▼   👁   Filter

> function loadData(callback) {
    setTimeout(function() {
      const data = '這是從伺服器載入的資料';
      callback(data);
    }, 2000);
  }

  console.log('開始載入資料...');
  loadData(function(data) {
    console.log('載入完成:', data);
  });
  console.log('其它程式碼...');

  開始載入資料...

  其它程式碼...

<· undefined

  載入完成：這是從伺服器載入的資料

>
```

　　可以觀察到上述三種異步的寫法，執行順序變成：

　　開始載入→其他程式碼→（等待 2 秒鐘）→載入完成＆顯示資料

　　原本會逐行逐行執行完成的程式，分成了「需要等待」以及「不需等待」
兩種分頭進行。更深入學習之前，和 ChatGPT 探討一下這樣分類的優點和目的
是什麼

使用異步來撰寫的目的與優點是什麼

使用異步程式碼的目的和優點有幾個：

1. 提高效能： 異步程式碼可以在等待耗時操作（如資料載入、網路
   請求、檔案讀取等）的同時，允許其他程式碼繼續執行。這樣可以
   提高應用程式的效能，讓程式在等待完成的同時執行其他任務，充
   分利用系統資源。

2. 改善使用者體驗： 當處理大量資料或是進行較長時間的運算時，使用異步操作可以防止應用程式在等待期間被凍結，從而改善了使用者的體驗。比如，在網頁上使用異步操作載入圖片或資料，使得網頁可以同時呈現其他內容，提供更好的互動體驗。

3. 非阻塞式程式設計： 異步程式碼避免了阻塞式的程式執行，允許多個任務並行運行，提高了程式的彈性和效率。

4. 提高伺服器效能： 在伺服器端，異步程式碼可以有效地處理大量且併發的請求，提高了伺服器的效能和回應速度。

總的來說，使用異步程式碼有助於提高應用程式的效能，改善使用者體驗，並且能夠更有效地處理和管理各種非同步任務，使程式更具有彈性和韌性。

接下來，針對 ChatGPT 提供給我們的三種處理異步的語法，來做更深入的了解。

CallBack

請針對 Callback 提供更詳細的教學

當使用 JavaScript 時，Callback 函式是一種常見的處理異步操作的方式。Callback 是一個函式，它作為參數傳遞給另一個函式，在異步操作完成後被調用以處理結果。以下是使用 Callback 的基本教學：

1. Callback 函式的基本使用

範例：

假設有一個模擬從伺服器獲取資料的函式 'loadData'，在資料載入完成後使用 Callback 函式處理資料。

```
function loadData(callback) {
  setTimeout(function() {
    const data ='這是從伺服器載入的資料 ';
```

```
      callback(data);
    }, 2000);
  }

  function processData(data) {
    console.log('處理資料 :', data);
  }

  console.log('開始載入資料 ...');
  loadData(processData);
  console.log('其它程式碼 ...');
```

在此示例中，'loadData' 函式模擬從伺服器載入資料，並在 2 秒後調用傳遞給它的 'processData'Callback 函式來處理資料。

2. Callback 地獄（Callback Hell）的解決方案

當有多個異步操作需要進行時，Callback 函式可能會造成嵌套過深，導致代碼難以閱讀和維護，這種情況被稱為 Callback 地獄。以下是解決 Callback 地獄的方法之一：使用 Promise 或 async/await。

使用 Promise 重構 Callback 函式

範例：

```
  function loadData() {
    return new Promise(function(resolve, reject) {
      setTimeout(function() {
        const data =' 這是從伺服器載入的資料 ';
        resolve(data);
      }, 2000);
    });
  }

  function processData(data) {
    console.log(' 處理資料 :', data);
  }

  console.log(' 開始載入資料 ...');
  loadData()
```

```
  .then(processData)
  .catch(function(error) {
    console.error(' 發生錯誤 :', error);
  });
console.log(' 其它程式碼 ...');
```

上述示例中，'loadData' 函式返回一個 Promise 物件，在資料載入完成後，使用 '.then' 方法處理資料。這樣可以更清晰地管理異步操作，避免 Callback 地獄。

總結

Callback 函式是處理異步操作的一種基本方式，但容易導致代碼變得難以管理。在實際開發中，可以考慮使用 Promise 或 async/await 來更好地處理異步任務，提高程式碼可讀性和維護性。

ChatGPT 介紹 Callback 方法的同時，也順便介紹了這個方式可能發生的缺點：「Callback 地獄」。讓 ChatGPT 為我們給點範例，看看為什麼這樣是一個不好的寫法。

請解釋 Callback 地獄 並給予一個範例

Callback 地獄指的是在使用 Callback 函式處理多個嵌套的異步操作時所產生的程式碼結構深度和複雜度增加，導致代碼難以閱讀、理解和維護的情況。當需要多個異步操作依賴於前一個異步操作的結果時，常常會產生這種情況。

以下是一個簡單的範例展示 Callback 地獄：

```
function fetchDataFromServer(callback) {
  setTimeout(function() {
    const data =' 資料 1';
    callback(data);
  }, 1000);
}
```

```javascript
function processData1(data, callback) {
  setTimeout(function() {
    const processedData = data +' 處理過的資料 ';
    callback(processedData);
  }, 1000);
}

function processData2(processedData, callback) {
  setTimeout(function() {
    const finalData = processedData +' 最終資料 ';
    callback(finalData);
  }, 1000);
}

console.log(' 開始處理資料 ...');
fetchDataFromServer(function(data1) {
  processData1(data1, function(processedData1) {
    processData2(processedData1, function(finalData) {
      console.log(' 最終結果 :', finalData);
    });
  });
});
console.log(' 其它程式碼 ...');
```

在這個範例中，'fetchDataFromServer' 獲取資料後，將結果傳遞給 'processData1'，然後將處理過的資料傳遞給 'processData2'，最後處理最終資料。這種多層嵌套的 Callback 函式會導致程式碼的垂直增長，變得難以理解和維護。

解決 Callback 地獄的方法之一是使用 Promise 或 async/await，讓程式碼更具可讀性和維護性。以下是同樣功能的程式碼，使用 Promise 重構：

```javascript
function fetchDataFromServer() {
  return new Promise(function(resolve, reject) {
    setTimeout(function() {
      const data =' 資料 1';
      resolve(data);
```

```
    }, 1000);
  });
}

function processData1(data) {
  return new Promise(function(resolve, reject) {
    setTimeout(function() {
      const processedData = data +' 處理過的資料 ';
      resolve(processedData);
    }, 1000);
  });
}

function processData2(processedData) {
  return new Promise(function(resolve, reject) {
    setTimeout(function() {
      const finalData = processedData +' 最終資料 ';
      resolve(finalData);
    }, 1000);
  });
}

console.log(' 開始處理資料 ...');
fetchDataFromServer()
  .then(processData1)
  .then(processData2)
  .then(function(finalData) {
    console.log(' 最終結果 :', finalData);
  })
  .catch(function(error) {
    console.error(' 發生錯誤 :', error);
  });
console.log(' 其它程式碼 ...');
```

這段程式碼使用 Promise 的 'then' 方法串連異步操作，使程式碼結構更清晰，避免了 Callback 地獄的問題。

　　實務開發上，當層數越多，Callback 的缺點也會越來越明顯，而且使用 Callback 來處理異步的話，從程式碼中很難直接看出哪些是異步的部分。也會造成程式碼難以追蹤、了解執行順序，變得像迷宮一樣錯綜複雜。

Promise

　　針對 Callback 造成的缺點，ChatGPT 給的方案是使用 Promise，且給了一些範例。接下來請 ChatGPT 針對 Promise 進行語法教學。

請針對 Promise 提供更詳細的教學

當使用 JavaScript 時，Promise 是一種用於處理異步操作的物件，它代表一個操作的最終完成或失敗的結果。Promise 可以幫助組織和管理異步程式碼，讓其更易於閱讀和維護。以下是 Promise 的詳細教學：

1. Promise 的基本用法

建立一個 Promise

```
const myPromise = new Promise(function(resolve, reject) {
  // 異步操作，例如資料載入、檔案讀取等
  // 當操作完成時調用 resolve，並將結果傳遞給它
  // 當操作失敗時調用 reject，並將錯誤訊息傳遞給它
  setTimeout(function() {
    const isSuccess = true; // 假設操作成功
    if (isSuccess) {
      const data ='這是一個成功的結果 ';
      resolve(data);
    } else {
      const error = new Error(' 操作失敗 ');
      reject(error);
    }
  }, 2000);
});
```

使用 Promise

```
myPromise.then(function(result) {
  console.log('成功:', result);
}).catch(function(error) {
  console.error('失敗:', error);
});
```

在這個範例中，'myPromise' 是一個 Promise 物件。當 Promise 完成（成功或失敗）時，使用 '.then()' 來處理成功的狀態，使用 '.catch()' 來處理失敗的狀態。Promise 的 '.then()' 方法可以被串連使用，以便處理多個異步操作的結果。

2. Promise 的狀態

- Pending（進行中）： Promise 創建後，但還沒有被 resolve 或 reject。

- Fulfilled（已完成）： Promise 被成功解析（resolve）。

- Rejected（已拒絕）： Promise 被拒絕（reject）。

3. Promise 的串連

Promise 的串連可以用來順序執行多個異步操作，每個 '.then()' 返回一個新的 Promise。

```
function loadData() {
  return new Promise(function(resolve, reject) {
    setTimeout(function() {
      const data ='這是一個成功的資料';
      resolve(data);
    }, 2000);
  });
}

function processData(data) {
  return new Promise(function(resolve, reject) {
    setTimeout(function() {
      const processedData = data +'- 處理後的資料';
```

```
        resolve(processedData);
      }, 2000);
    });
  }

  loadData()
    .then(processData)
    .then(function(finalData) {
      console.log(' 最終結果 :', finalData);
    })
    .catch(function(error) {
      console.error(' 錯誤 :', error);
    });
```

在這個範例中 'loadData' 和 'processData' 函式返回 Promise，可以用 '.then()' 來串連這兩個異步操作，並且最終處理最終資料。

Promise 是 JavaScript 中處理異步操作的一種強大機制，有助於清晰地組織程式碼、處理錯誤以及管理異步任務。

async/await

接下來認識第三種寫法：async/await。

請針對 async/await 提供更詳細的教學

當使用 JavaScript 時，'async/await' 是一種更直觀且易於理解的處理異步操作的語法糖，它建立在 Promise 的基礎上。'async' 用於定義一個函式為異步，'await' 用於等待一個 Promise 解析為成功狀態。以下是 'async/await' 的詳細教學：

1. 使用 async 建立異步函式

```
async function myAsyncFunction() {
  return' 這是一個成功的結果 ';
}
```

'async' 關鍵字將函式標記為異步。即使沒有使用 'return'，異步函式也會返回一個 Promise，它的解析值將是函式內的值。

2. 使用 await 等待 Promise 的解析

```
async function getData() {
  const result = await someAsyncOperation();
  return result;
}
```

在 'async' 函式內部，使用 'await' 關鍵字來等待一個返回 Promise 的異步操作。'await' 將會暫停函式的執行，直到 Promise 完成並返回結果（或拋出錯誤）。

3. async/await 的錯誤處理

```
async function getData() {
  try {
    const result = await someAsyncOperation();
    return result;
  } catch (error) {
    console.error(' 發生錯誤 :', error);
    throw error;
  }
}
```

使用 'try/catch' 捕獲 'await' 中的錯誤，能夠更容易地處理和管理異步操作可能產生的錯誤。

4. 串連多個 async/await

```
async function fetchData() {
  try {
    const data1 = await loadData();
    const processedData = await processData(data1);
    const finalData = await finalizeData(processedData);
    return finalData;
  } catch (error) {
    console.error(' 發生錯誤 :', error);
```

```
    throw error;
  }
}
```

在 'async' 函式中，可以使用連續的 'await' 來依序執行多個異步操作，提高程式碼的可讀性，使其看起來像同步程式碼一樣。

5. 使用 async/await 處理 Promise.all

```
async function fetchMultipleData() {
  try {
    const [data1, data2] = await Promise.all([loadData1(), loadData2()]);
    // 這裡可以同時取得 data1 和 data2 的結果
    return { data1, data2 };
  } catch (error) {
    console.error(' 發生錯誤 :', error);
    throw error;
  }
}
```

'async/await' 也可以與 'Promise.all' 一起使用，讓多個異步操作同時進行並等待所有操作完成後再繼續。

'async/await' 讓異步程式碼看起來更像同步程式碼，使其易於閱讀和編寫。這種語法糖有助於提高程式碼的可維護性和可讀性。

ChatGPT 充分的提供了各種用法說明以及範例，async/await 看起來的寫法更為簡潔，不會有一大堆串接的內容。接下來讓 ChatGPT 來幫我們分析總結這三種寫法的優缺點！

請分析 callback、Promise、async/await 三種寫法的優劣

三種異步程式碼寫法（Callback、Promise、async/await）各有其優點和缺點，取決於程式碼的複雜性、可讀性、和維護性。

Callback 函式

優點：

- 簡單易懂，是 JavaScript 最基本的異步處理方式。
- 兼容舊版瀏覽器和舊版程式碼。

缺點：

- 容易產生 Callback 地獄（Callback Hell），導致程式碼難以閱讀和維護。
- 錯誤處理不夠直觀，容易產生錯誤。

Promise

優點：

- 可以有效解決 Callback 地獄的問題，使程式碼結構更清晰。
- 支持錯誤處理（'.catch()' 方法）。
- 可以使用 '.then()' 串連多個異步操作。

缺點：

- 有時會造成 '.then()' 鏈過長，降低程式碼可讀性。
- 需要額外的 '.catch()' 處理錯誤。

async/await

優點：

- 讓異步程式碼看起來更像同步程式碼，可讀性更高。
- 使用 'try/catch' 處理錯誤更直觀。
- 可以使用同步式的程式碼結構，使程式碼簡潔易懂。

缺點：

- 不兼容舊版瀏覽器（需要編譯器或 polyfill）。
- 如果過多的使用 'await' 可能會導致程式碼效能下降。
- 某些情況下可能會失去部分 Promise 鏈的彈性。

如何選擇

- 簡單任務或需要與舊版瀏覽器兼容：Callback 可能是一個選擇，但需注意 Callback 地獄的問題。

- 處理複雜的異步任務：Promise 是個不錯的選擇，它提供了良好的結構和錯誤處理。

- 提高可讀性和維護性：async/await 是個不錯的選擇，它提供了更直觀、易於閱讀的程式碼結構，但需要注意兼容性和效能問題。

最終，選擇使用哪種方式取決於項目的特性、團隊的偏好以及應用的環境。通常來說，Promise 和 async/await 是現代 JavaScript 開發中推薦的異步處理方式，因為它們提供了較佳的可讀性和維護性。

綜合以上簡單來說，目前已經不推薦使用 Callback 的寫法來處理異步的程序。Promise 和 async/await 可以看選擇，但 async/await 會是更好閱讀、維護的方案。

Fetch

在以上的範例裡面，setTimeout 的作用僅是用來模擬「需要等待」的一個操作，通常在實際運用時，會應用於處理與伺服器溝通，也就是串接 API、發送 Requst 來處理資料發送或是獲取的時候。

接著來詢問 ChatGPT 要怎麼做到「從伺服器載入資料」。

最開始有提到異步是為了處理「伺服器載入資料」
請提供如何進行與後端伺服器串接的教學
並給一個直接能夠演示效果、看到獲取資料的完整範例

當與後端伺服器進行串接時，可以使用瀏覽器端的 JavaScript 來發送 HTTP 請求至後端 API 並處理返回的資料。以下是使用瀏覽器端 JavaScript 的例子，利用 Fetch API 進行資料請求與處理。

HTML 檔案

```html
<!DOCTYPE html>
<html lang="en">
<head>
  <meta charset="UTF-8">
  <title>後端串接範例</title>
</head>
<body>
  <button id="getDataBtn">獲取資料</button>
  <div id="dataContainer"></div>

  <script>
    // 獲取按鈕和資料顯示的容器
    const getDataBtn = document.getElementById('getDataBtn');
    const dataContainer = document.getElementById('dataContainer');

    // 綁定點擊事件，當按鈕被點擊時執行資料獲取函式
    getDataBtn.addEventListener('click', fetchData);

    // 定義獲取資料的函式
    async function fetchData() {
      try {
        const response = await fetch('https://jsonplaceholder.typicode.
com/posts/1');
        // 這裡用了 JSONPlaceholder 的範例 API
        const data = await response.json();
        // 解析 JSON 格式的回應
        displayData(data); // 顯示資料到頁面上
      } catch (error) {
        console.error('獲取資料時發生錯誤:', error);
      }
    }

    // 將獲取到的資料顯示在網頁上
    function displayData(data) {
      dataContainer.innerHTML ='
        <h2>獲取到的資料：</h2>
        <p>User ID: ${data.userId}</p>
```

```
          <p>Title: ${data.title}</p>
          <p>Body: ${data.body}</p>
      ';
    }
  </script>
</body>
</html>
```

這個範例中使用了瀏覽器端的 Fetch API，通過點擊按鈕觸發 'fetchData' 函式來獲取資料。此範例使用了 JSONPlaceholder 提供的一個公開的測試 API。

要使用此範例，你可以將上述 HTML 程式碼保存為一個 '.html' 檔案並在瀏覽器中打開。點擊「獲取資料」按鈕，它會發送一個 GET 請求至 JSONPlaceholder 的 API，並將回傳的資料顯示在網頁上。

請注意，實際情況下，你需要使用你自己後端 API 的端點 URL 來取代 fetch 函式中的 URL，並確保後端 API 的 CORS 設定允許瀏覽器端的 JavaScript 進行跨來源資源共享。

因為安全性的關係，JS 的部分不能隨便開一個網站就直接丟 F12 的 console 來跑。於是乎 ChatGPT 就給了我們 HTML + JS 的程式碼！

把這些程式碼貼到 .html 檔並直接打開後，就會有按鈕，點下去會看到真的發送了一個請求，並取得了一個 JSON 格式的資料。ChatGPT 在範例中也幫我們把裡面對應的資料透過 JS 原生語法，顯示到畫面中了。

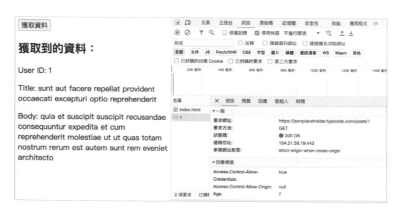

接著請 ChatGPT 為我們講解詳細的 fetch 這個語法的使用介紹。

 請提供 fetch 的詳細介紹，以及詳細的語法教學、注意事項等

 'fetch' 是 JavaScript 提供的一個用於發送 HTTP 請求的 API，它使用簡潔的語法來處理網路請求。'fetch'API 是用於取代舊有的 XMLHttpRequest 的現代化解決方案。以下是 'fetch' 的詳細介紹、語法教學和注意事項：

fetch 的基本用法

發送 GET 請求

```
fetch('https://api.example.com/data')
  .then(response => {
    if (!response.ok) {
      throw new Error(' 網路錯誤 ');
    }
    return response.json(); // 解析 JSON 格式的回應
  })
  .then(data => {
    console.log(' 獲取的資料 :', data);
  })
  .catch(error => {
    console.error(' 發生錯誤 :', error);
  });
```

發送 POST 請求

```
fetch('https://api.example.com/postData', {
  method:'POST',
  headers: {
   'Content-Type':'application/json'
  },
  body: JSON.stringify({ key:'value'})
})
  .then(response => {
    if (!response.ok) {
```

```
      throw new Error(' 網路錯誤 ');
    }
    return response.json(); // 解析 JSON 格式的回應
  })
  .then(data => {
    console.log(' 成功發送 POST 請求 :', data);
  })
  .catch(error => {
    console.error(' 發生錯誤 :', error);
  });
```

fetch 的語法詳解

- fetch(url, options)：發送 HTTP 請 求。第一個參數是請求的 URL，第二個參數是一個物件，可包含諸如請求方法（GET、POST 等）、標頭（headers）、內容（body）等選項。

- response.json()：response 物件的方法，用於解析 JSON 格式的回應。

- .then()：Promise 物件的方法，用於處理成功的回應。

- .catch()：Promise 物件的方法，用於處理錯誤的回應。

注意事項

1. 'fetch' 預設不會處理狀態碼 400 或 500 等錯誤狀態，只有在網路錯誤或請求中斷時才會被拒絕（rejected）。因此，需要手動檢查 'response.ok' 屬性或狀態碼以處理錯誤。

2. 需要注意跨來源資源共享（CORS）問題。如果你的 JavaScript 代碼在網站 A 上運行，嘗試訪問網站 B 的資源，則需要確保網站 B 的伺服器允許跨來源資源共享。

3. 'fetch' 是現代瀏覽器提供的 API，不支援舊版瀏覽器。如果需要在舊版瀏覽器中使用 'fetch'，可以考慮使用 polyfill 或者使用像 Axios、jQuery 等其他庫。

> 4. 在發送 POST 請求時，需要確定後端 API 能夠正確處理並解析發
>   送的資料格式（如 JSON）。
>
> 'fetch'API 是一個功能強大的工具，提供了簡潔而直觀的方法來處理
> 網路請求，但需要注意處理錯誤、跨來源資源共享等方面的問題。

　　所以正常程序上，在取得 response 的時候，還必須確認 'response.ok' 屬性。在傳送的時候也可能會需要設置一些參數，像是 POST 的那個範例一樣。

　　ChatGPT 只有簡單講述可以設置「請求方法（GET、POST 等）、標頭（headers）、內容（body）等選項」，我們請 ChatGPT 詳細的解說一下有哪些內容可以設置：

請針對 fetch 第二個參數物件可以設定的項目進行介紹

'fetch' 函式的第二個參數是一個選項物件（options object），它可以用來設定和控制 HTTP 請求的各種參數和屬性。以下是 'fetch' 第二個參數中可以設定的一些常見項目：

1. method

用途： 指定請求的方法，如 GET、POST、PUT、DELETE 等。

預設值： 預設為 GET 方法。

範例： { method：'POST'}

2. headers

用途： 設定請求的標頭，如 Content-Type、Authorization 等。

預設值： 空的標頭。

範例：{ headers：{'Content-Type'：'application/json'}}

3. body

用途： 設定請求的內容，通常用於 POST 或 PUT 請求中。

預設值： 預設為空。

範例： { body：JSON.stringify({ key：'value'}) }

4. mode

用途： 設定請求的模式，如 cors、no-cors、same-origin 等。

預設值： 預設為 cors，以同源政策為基礎進行跨來源請求。

範例： { mode：'no-cors'}

5. cache

用途： 設定請求的快取模式，如 default、no-cache、reload、force-cache 等。

預設值： 預設為 default。

範例： { cache：'no-cache'}

6. credentials

用途： 設定是否將身份驗證信息（如 cookie 和認證標頭）包含在請求中。

預設值： 預設為 same-origin。

範例：{ credentials：'include'}

7. redirect

用途： 設定請求的重定向模式，如 follow、error、manual 等。

預設值： 預設為 follow，自動遵循重定向。

範例： { redirect：'error'}

8. referrer

用途： 設定引用來源的策略，如 no-referrer、no-referrer-when-downgrade、origin 等。

預設值： 預設為 no-referrer。

範例： { referrer：'origin'}

> 這些選項是用於設定和調整 HTTP 請求行為和屬性的重要參數。透過這些選項，可以更細緻地控制 'fetch' 發送的 HTTP 請求的各個方面，例如請求方法、標頭、內容、快取、模式等。

如果多個要發送的 Request 都有相似的設置需要處理，每個需要呼叫的地方都要設置一次，不但會讓程式碼看起來很複雜，有需要更改的時候還需要多處更改。

趁著這個機會，我們請 ChatGPT 把發送請求的部分包成單獨一個 function，並讓他分別用 Promise 語法，以及使用 async/await 兩種寫法都示範一次！

 請將 fetch 相關發送 Request 的部分獨立包裝成一個 function，裡面設置預設的 options

並分別提供兩個版本：使用 Promise 的版本，以及使用 async/await 的版本

當將 'fetch' 函式包裝成為一個更易於使用的功能時，可以設置預設的 options，讓它更靈活且易於重複使用。以下是使用 Promise 和 async/await 兩種方式分別包裝 'fetch' 的版本：

使用 Promise 的版本

```
function sendRequest(url, options = {}) {
  const defaultOptions = {
    method:'GET',
    headers: {
      'Content-Type':'application/json',
      // 可添加其他預設標頭 ...
    },
    // 可添加其他預設選項 ...
  };

  const requestOptions = { ...defaultOptions, ...options };

  return new Promise((resolve, reject) => {
```

```javascript
    fetch(url, requestOptions)
      .then(response => {
        if (!response.ok) {
          throw new Error(' 網路錯誤 ');
        }
        return response.json();
      })
      .then(data => {
        resolve(data);
      })
      .catch(error => {
        reject(error);
      });
  });
}


// 使用範例：
sendRequest('https://api.example.com/data')
  .then(data => {
    console.log(' 獲取的資料 :', data);
  })
  .catch(error => {
    console.error(' 發生錯誤 :', error);
  });
```

使用 **async/await** 的版本

```javascript
async function sendRequest(url, options = {}) {
  const defaultOptions = {
    method:'GET',
    headers: {
     'Content-Type':'application/json',
      // 可添加其他預設標頭 ...
    },
    // 可添加其他預設選項 ...
  };

  const requestOptions = { ...defaultOptions, ...options };
```

```
    try {
      const response = await fetch(url, requestOptions);
      if (!response.ok) {
        throw new Error(' 網路錯誤 ');
      }
      const data = await response.json();
      return data;
    } catch (error) {
      throw error;
    }
  }

  // 使用範例：
  (async () => {
    try {
      const data = await sendRequest('https://api.example.com/data');
      console.log(' 獲取的資料 :', data);
    } catch (error) {
      console.error(' 發生錯誤 :', error);
    }
  })();
```

這兩個版本的 'sendRequest' 函式都會發送 HTTP 請求並處理回應，其中預設的 options 可根據需求調整。使用 Promise 版本的話，可以使用 '.then()' 和 '.catch()' 來處理回應和錯誤。而使用 async/await 版本，則可以使用 'try/catch' 來獲取回應或捕獲錯誤。

　　到這邊為止，對異步的處理有了更近一步的了解，也學到了如何使用 fetch 來進行 API 串接、並且能夠搭配 Promise 語法或是 async 語法。

2-4　TypeScript！Enum！泛型！

　　一開始入門網頁時，ChatGPT 推薦的目前主流技術中，有提到「TypeScript」。回顧一下他提及 TypeScrip 的時候是這樣說的：「TypeScript：一種超集合，提供了靜態類型，可以提高代碼的可靠性和可維護性。」

TypeScript 是什麼呢？為什麼可以提高可維護性？和 JavaScript 又有什麼不同？直接來問問 ChatGPT 吧！

完整的和 ChatGPT 的對話先放這裡：

https：//chat.openai.com/share/4b2f4cfa-9e87-4e51-878c-88e4ae5a42af

初步認識 TypeScript

 TypeScript 是什麼呢，和 JavaScript 有什麼不同

 對於一位初學者的前端工程師來說，了解 TypeScript 與 JavaScript 的差異是很重要的。

TypeScript 是一種由微軟開發的程式語言，它是 JavaScript 的超集合，這表示你可以在 TypeScript 中編寫符合 JavaScript 語法的程式碼。不過，TypeScript 提供了額外的功能，最主要的是型別系統。

型別系統可以讓你在程式碼中指定變數的型別，這樣可以在開發過程中提早發現潛在的錯誤，有助於提升程式碼的品質和可靠性。

相對於 JavaScript，TypeScript 在開發大型專案時更容易維護，因為它提供了更強大的程式碼靜態分析工具。

然而，初學者也許會發現 TypeScript 的學習曲線稍微陡峭，因為需要理解型別系統的概念。不過，一旦熟悉了這些概念，你會發現 TypeScript 可以幫助你更有效率地開發前端應用程式。

簡單來說，TypeScript 是 JavaScript 的擴充，提供了強大的型別系統，使得開發過程更加穩健和高效。

好像講了很多，但又有點沒解釋清楚。從上述可知，「TypeScript 是 JavaScript 的擴充」、「TypeScript 引入了型別系統」。

也就是 JavaScript 和 TypeScript 的差別只差在「型別」，但是他又不講型別是什麼，所以只好來提問了。

TypeScript 的型別是什麼呢

細節來說，使用型別的好處是什麼

很好，你對於 TypeScript 的型別有興趣，這對於成為一名前端工程師來說是非常重要的一環。

TypeScript 的型別可以視為是一種對變數、函式參數、物件等進行約束的機制。透過型別，你可以告訴編譯器這些值的類型是什麼，這樣在開發過程中就能夠提前發現潛在的錯誤。

舉例來說，如果你宣告了一個變數 'age'，你可以使用型別來明確指定它是一個數字：

```
let age: number = 25;
```

這樣一來，如果你後續嘗試賦值一個字串給 'age'，TypeScript 的編譯器就會發出警告，提醒你這是一個型別不匹配的錯誤。

另一個好處是在函式參數的使用上。你可以明確指定參數的型別，這樣可以避免傳入錯誤型別的參數，提高程式碼的穩健性：

```
function greet(name: string) {
    return'Hello, ${name}!';
}
```

在這個例子中，我們明確指定 'name' 參數的型別為字串。

總結來說，使用型別的好處包括：

1. 提前發現錯誤：型別可以讓你在開發過程中發現並修復潛在的錯誤，這樣可以減少執行時期的錯誤。

2. 提高程式碼可讀性：通過型別可以清楚地知道變數或函式的用途，讓程式碼更易於理解和維護。

3. 提高協作效率：在團隊開發中，型別可以作為文件的一部分，讓其他開發者更容易理解你的程式碼。

> 4. 增進開發工具的支援：現代的程式碼編輯器對於 TypeScript 提供了強大的支援，包括自動完成、錯誤提示等功能。
>
> 因此，學習如何有效地使用型別是成為一名優秀前端工程師的重要一步。

OK，ChatGPT 簡易了示範了像是 'let age：number = 25;' 或是 'name：string' 這樣的語法。

初步了解到「TypeScript 的型別可以視為是一種對變數、函式參數、物件等進行約束的機制」，指定了這個變數必須是數字，那麼他就必須是數字。接下來請他提供更多有關 TypeScript 的教學與語法：

 請詳細介紹 TypeScript 並提供 TypeScript 的語法教學

 當然，我將詳細介紹 TypeScript，並提供一個簡單的 TypeScript 語法教學，以幫助你入門。首先，讓我們開始介紹 TypeScript 的基本特性。

TypeScript 簡介

TypeScript 是一種由微軟開發的程式語言，它是 JavaScript 的超集。這意味著你可以使用大部分 JavaScript 的語法，同時還能夠享受到 TypeScript 提供的額外功能，最主要的就是型別系統。

TypeScript 的優勢：

1. 型別系統：TypeScript 允許你指定變數、函式參數、物件等的型別，有助於提前發現錯誤。

2. 嚴格的編譯檢查：TypeScript 編譯器會在編譯時檢查代碼，並提供錯誤提示，幫助你減少執行時期的錯誤。

3. 類型推斷：雖然你可以明確指定型別，但 TypeScript 也能根據上下文自動推斷型別，減少了繁瑣的型別聲明。

4. 先進的編輯器支援：現代的程式碼編輯器（如 Visual Studio Code）對 TypeScript 提供了強大的支援，包括自動完成、重構、錯誤提示等功能。

5. 大型專案的可維護性：TypeScript 特別適用於大型專案，它讓代碼更易於理解和維護。

現在，讓我們來看一些 TypeScript 的基本語法。

TypeScript 基本語法教學

1. 宣告變數

在 TypeScript 中，你可以使用 'let' 或 'const' 來宣告變數，並可以指定型別。

```
let age: number = 25;
const name: string = "John";
```

2. 函式宣告

你可以宣告函式，同樣可以指定參數和返回值的型別。

```
function add(x: number, y: number): number {
    return x + y;
}
```

3. 型別推斷

TypeScript 能夠自動推斷變數的型別，這減少了型別聲明的需求。

```
let num = 42; // TypeScript 推斷 num 為 number 型別
```

4. 介面（Interfaces）

介面可以用來定義物件的結構，這在與外部資料源互動時很有用。

```
interface Person {
    name: string;
    age: number;
}
```

```
let user: Person = {
    name: "Alice",
    age: 30,
};
```

5. 陣列和泛型

你可以宣告型別安全的陣列，也可以使用泛型。

```
let numbers: number[] = [1, 2, 3];
let names: Array<string> = ["Alice", "Bob"];
```

6. 判斷型別

你可以使用 'typeof' 和 'instanceof' 來判斷變數的型別。

```
let value: string | number;
if (typeof value === "string") {
    // 做字串處理
} else if (typeof value === "number") {
    // 做數字處理
}
```

這只是 TypeScript 的基本語法，還有更多進階的概念，如型別別名、列舉、類別等等。建議你先從這些基礎開始，然後逐漸深入學習，以成為一名熟練的前端工程師。希望這份簡單的介紹對你有所幫助！

　　改為 TypeScript 語法後，變數的處理流程會更改為：在變數要開始處理之前，就必須明定它的型別（Type）是什麼。可以是數字（number）、字串（string）、甚至是物件，TypeScript 為 JavaScript 這個弱型別補上了類型檢查的功能。

　　但上述只看到好像語法變麻煩了，實質好處是什麼似乎沒有舉例說明，因此我們請 ChatGPT 近一步說明和 JavaScript 的差異。

針對以上的語法類型

分別示範並解釋若沒有使用 TypeScript 時容易發生的問題

以及解說 TypeScript 會如何解決或改善這些問題

當然，我會針對每個語法類型示範並解釋在沒有使用 TypeScript 時可能會遇到的問題，以及 TypeScript 如何解決或改善這些問題。

1. 宣告變數

JavaScript（沒有型別）：

```
let age = 25;
age = "25"; // 沒有錯誤，但可能在執行時期產生錯誤
```

在 JavaScript 中，你可以將變數 'age' 重新賦值為字串，這在執行時期可能會導致錯誤。

TypeScript：

```
let age: number = 25;
age = "25"; // 錯誤：型別 'string' 的參數不能指派給型別 'number'
```

在 TypeScript 中，如果你嘗試將字串賦值給一個被指定為 'number' 型別的變數，TypeScript 編譯器會立即提出錯誤，幫助你在編譯時期發現這類錯誤。

2. 函式宣告

JavaScript：

```
function add(x, y) {
    return x + y;
}

add(5, "10"); // 不會產生錯誤，但可能在執行時期產生錯誤
```

在 JavaScript 中，你可以傳入任何型別的參數給 'add' 函式，這可能會導致在執行時期產生錯誤。

TypeScript：

```
function add(x: number, y: number): number {
    return x + y;
}


add(5, "10"); // 錯誤:引數的型別 '(number, string)' 與參數的型別 '(x: number, y:
number)
=> number' 不相容
```

在 TypeScript 中，如果你嘗試傳入不正確型別的參數給 'add' 函式，TypeScript 編譯器會立即提出錯誤，讓你在編譯時期發現這類錯誤。

3. 型別推斷

JavaScript：

```
let num = 42;
num = "42"; // 沒有錯誤，但可能在執行時期產生錯誤
```

在 JavaScript 中，變數 'num' 的型別會在賦值時根據值的型別進行推斷。這可能會導致在執行時期產生錯誤。

TypeScript：

```
let num = 42;
num = "42"; // 錯誤：型別 'string' 的參數不能指派給型別 'number'
```

在 TypeScript 中，即使你沒有明確指定變數 'num' 的型別，TypeScript 也會根據賦值的值進行型別推斷。如果你嘗試賦值一個不相容的型別，TypeScript 會立即提出錯誤。

4. 介面（Interfaces）

JavaScript：

```
let user = {
    name: "Alice",
    age: 30,
    email: "alice@example.com"
};
```

在 JavaScript 中，你可以輕易地添加額外的屬性到物件中，這可能會導致在後續的代碼中產生錯誤。

TypeScript：

```
interface Person {
    name: string;
    age: number;
}

let user: Person = {
    name: "Alice",
    age: 30,
    email: "alice@example.com" // 錯誤：物件文字可以只指派已知屬性，但 'email'
屬性不存在於類型 'Person' 中
};
```

在 TypeScript 中，如果你嘗試添加未在介面中定義的屬性，TypeScript 會在編譯時期提出錯誤。

5. 陣列和泛型

JavaScript：

```
let numbers = [1, 2, 3];
numbers.push("4"); // 沒有錯誤，但可能在執行時期產生錯誤
```

在 JavaScript 中，你可以將不同型別的值添加到陣列中，這可能會導致在執行時期產生錯誤。

TypeScript：

```
let numbers: number[] = [1, 2, 3];
numbers.push("4"); // 錯誤：引數的型別 'string' 不可指派給型別 'number'
```

在 TypeScript 中，如果你嘗試將不相容的型別添加到陣列中，TypeScript 會在編譯時期提出錯誤。

> **總結：**
>
> TypeScript 通過強大的型別系統，提供了在編譯時期發現潛在錯誤的能力，從而增加了代碼的可靠性和可維護性。這些示範展示了在沒有 TypeScript 時可能發生的問題，以及 TypeScript 如何幫助你在開發過程中避免這些問題。透過 TypeScript，你可以開發出更加穩健和可靠的前端應用程式。

綜觀來說，TypeScript 可以讓你在撰寫程式的時候，就先發現問題，就會先跑出錯誤警告，而不是程式上線運行之後，才發生諸如 '5' + '10' = '510' 這種錯誤。

有關型別的類型，上述看到了數字、字串、物件，我們接下來請他介紹 TypeScript 到底有哪些型別，才能了解所謂的「型別」到底包含了哪些類型。

在 TypeScript 中，型別種類有哪些？

請列舉並個別提供範例

在 TypeScript 中，有多種型別供你使用。以下是一些常見的型別種類以及相應的範例：

1. 基本型別 (Primitive Types)

- number：表示數字。

```
let age: number = 30;
```

- string：表示字串。

```
let name: string = "Alice";
```

- boolean：表示布林值（true 或 false）。

```
let isStudent: boolean = true;
```

- null 和 undefined：表示空值或未定義的值。

```
let emptyValue: null = null;
let notDefined: undefined = undefined;
```

- symbol：表示唯一的符號值（ES6 新增）。

```
let uniqueSymbol: symbol = Symbol("unique");
```

2. 陣列 (Array)

- Array< 型別 > 或 型別 []：表示一個具有相同型別元素的陣列。

```
let numbers: number[] = [1, 2, 3];
let names: Array<string> = ["Alice", "Bob"];
```

3. 物件 (Object)

- 使用介面（Interface）或類別（Class）來定義物件的結構。

```
interface Person {
    name: string;
    age: number;
}

let user: Person = {
    name: "Alice",
    age: 30
};
```

4. 函式 (Function)

- () => 型別：表示一個具有特定輸入和輸出型別的函式。

```
let add: (x: number, y: number) => number = (x, y) => x + y;
```

5. 元組 (Tuple)

- 一個固定長度和特定型別的陣列。

```
let person: [string, number] = ["Alice", 30];
```

6. 列舉 (Enum)

- 列舉一組具名的數值。

```
enum Color {
    Red,
```

```
        Green,
        Blue
    }
    let favoriteColor: Color = Color.Blue;
```

7. 聯合型別 (Union Types)

- 使用 '|' 運算符表示多種可能的型別。

```
let value: number | string = 42;
value = "Hello";
```

8. 交叉型別 (Intersection Types)

- 使用 '&' 運算符結合多種型別。

```
interface Person {
    name: string;
}
interface Employee {
    employeeId: number;
}
let worker: Person & Employee = { name: "Alice", employeeId: 123 };
```

9. 任意型別 (Any)

- any 型別表示可以是任何型別，通常用於舊有 JavaScript 代碼或不確定型別的情況，不建議使用。

```
let unknownValue: any = 42;
```

這些是 TypeScript 中常見的型別種類，你可以根據不同的情況選擇適當的型別來聲明變數、函式參數等。型別系統有助於提高代碼的可靠性和可讀性。

　　學習了在 TypeScript 中的型別有哪些之後，可以注意到前面的講解中，有好幾個原本 JavaScript 中沒有出現過的關鍵字或名詞，像是 Enum、Interfaces、泛型。接下來逐一請 ChatGPT 提供這些新關鍵字的介紹。

Enum (列舉)

TypeScript 的 Enum 是什麼呢

可以提供更多有關 Enum 的教學與使用範例嗎

並說明 Enum 的常見用法以及優點

當然可以！TypeScript 的 Enum（列舉）是一種用於定義具名數值的特殊型別，它為一系列相關的常數提供了一個名字。這使得程式碼更具可讀性，並且可以幫助避免使用難以理解的數字或字串。

以下是一些關於 TypeScript Enum 的教學和使用範例：

Enum 的定義

你可以使用 'enum' 關鍵字來定義一個 Enum：

```
enum Direction {
    Up,
    Down,
    Left,
    Right
}
```

在這個範例中，我們定義了一個名為 'Direction' 的 Enum，它包含了四個成員：'Up'、'Down'、'Left' 和 'Right'。這些成員的值將自動分配為從 0 開始的連續整數。

使用 Enum

你可以使用 Enum 成員的名字來引用它們：

```
let userDirection: Direction = Direction.Up;
```

這樣 'userDirection' 將被賦值為 'Direction.Up'，其對應的數值為 0。

Enum 的數字值

Enum 的成員默認是按照連續的整數值分配的，你也可以自定義成員的數值：

```
enum Color {
    Red = 1,
    Green = 2,
    Blue = 4
}
```

在這個範例中，'Red' 的值為 1，'Green' 的值為 2，'Blue' 的值為 4。

取得 Enum 成員的名字或數值

你可以使用 Enum 的名字或數值來取得相對應的成員：

```
let colorName: string = Color[2]; // 取得數值為 2 的成員名稱，此時 colorName
為 "Green"
let colorValue: number = Color.Blue; // 取得名稱為 "Blue" 的成員的數值，此時
colorValue
為 4
```

常見用法與優點

1. 增強程式碼的可讀性：使用 Enum 可以讓程式碼更容易理解，因為你可以使用有意義的名字來表示數值的含義。

2. 避免使用不清晰的數值：Enum 可以幫助你避免在程式碼中使用不清晰的數值，提高程式碼的可維護性。

3. 節省記憶體空間：Enum 的成員在執行時期被視為常數，這意味著它們不會佔用額外的記憶體空間。

4. 保護程式碼免於錯誤：使用 Enum 可以防止意外的賦值，因為只有 Enum 中定義的成員才能被使用。

總的來説，TypeScript 的 Enum 提供了一種有力的方式來管理具名的數值，使得程式碼更加清晰易讀且更容易維護。

已知 Enum 是一個怎麼樣運作和撰寫的型別後，接下來我們要比較有沒有使用的差異。了解差異，才有辦法在自己專案去評估是否要使用，而不是為了用而用。

針對以上四點常見用法與優點，請個別提出有使用 Enum 與沒有的差異

 當然，我會針對每個常見用法與優點，分別提出在使用 Enum 與沒有使用 Enum 的差異。

1. 增強程式碼的可讀性

使用 Enum：

```
enum Direction {
    Up,
    Down,
    Left,
    Right
}

let userDirection: Direction = Direction.Up;
```

沒有使用 Enum：

```
let userDirection: string = "Up";
```

差異：

- 使用 Enum 可以讓程式碼更具有意義和可讀性。在上述範例中，當你看到 'Direction.Up' 時，你立即知道它代表著一個方向。

2. 避免使用不清晰的數值

使用 Enum：

```
enum Color {
    Red,
    Green,
    Blue
}

let favoriteColor: Color = Color.Blue;
```

沒有使用 Enum：

```
let favoriteColor: number = 2; // 或 "Blue"（但不具有相同的清晰性）
```

差異：

- 使用 Enum 可以使程式碼中的數值更清晰和易理解。在上述範例中，'Color.Blue' 代表著藍色，而 '2' 或 '"Blue"' 可能不會那麼明確。

3. 節省記憶體空間

使用 Enum：

```
enum Status {
    Active,
    Inactive,
    Pending
}

let userStatus: Status = Status.Active;
```

沒有使用 Enum：

```
let userStatus: string = "Active";
```

差異：

- 使用 Enum 不會佔用額外的記憶體空間，因為 Enum 的成員在執行時期被視為常數，而直接使用字串可能會佔用較多的記憶體空間。

4. 保護程式碼免於錯誤

使用 Enum：

```
enum DayOfWeek {
    Sunday,
    Monday,
    Tuesday,
    Wednesday,
```

```
        Thursday,
        Friday,
        Saturday
    }

    function getWeekend(day: DayOfWeek): string {
        if (day === DayOfWeek.Saturday || day === DayOfWeek.Sunday) {
            return "It's the weekend!";
        } else {
            return "It's a weekday.";
        }
    }
```

沒有使用 Enum：

```
    function getWeekend(day: string): string {
        if (day === "Saturday" || day === "Sunday") {
            return "It's the weekend!";
        } else {
            return "It's a weekday.";
        }
    }
```

差異：

- 使用 Enum 可以保護程式碼免於錯誤，因為只有 Enum 中定義
  的成員才能被使用。直接使用字串可能會導致輸入錯誤。

總的來説，使用 Enum 可以使程式碼更容易閱讀、理解且更具意義。
同時，它可以幫助避免錯誤並節省記憶體空間。這是一個在開發過程
中非常有用的工具。

加上差異比較之後，可以更清楚了解具體上的優點。在一些固定的選項、
設定值上，使用 Enum 能夠在開發上更容易維護。

接下來我們來問問有關 Interfaces。

Interface（介面）

 請介紹有關 TypeScript 的 Interfaces

 當談到 TypeScript 時，介面（Interfaces）是一個極為重要的概念，它用於定義物件的結構，以確保在程式碼中使用特定的屬性和方法。

以下是有關 TypeScript 的介面的介紹：

1. 介面的定義

在 TypeScript 中，你可以使用 'interface' 關鍵字來定義一個介面。介面描述了一個物件的形狀（屬性和方法）而不提供實際的實現。

```
interface Person {
    name: string;
    age: number;
}
```

在這個例子中，我們定義了一個名為 'Person' 的介面，它要求物件具有 'name' 屬性（字串型別）和 'age' 屬性（數字型別）。

2. 使用介面

一旦你定義了一個介面，你可以將它應用於物件，確保物件符合介面的結構。

```
let user: Person = {
    name: "Alice",
    age: 30
};
```

在這個範例中，我們創建了一個 'name' 物件，它符合 'Person' 介面的結構，即具有 'name' 和 'age' 屬性。

3. 選用屬性

你可以在介面中定義一些屬性為選用的，這表示物件可以包含或不包含這些屬性。使用 '?' 符號來表示選用屬性。

```
interface Person {
    name: string;
    age?: number; // age 為選用屬性
}


let user1: Person = {
    name: "Alice"
};


let user2: Person = {
    name: "Bob",
    age: 25
};
```

在這個例子中，'age' 是選用屬性，所以你可以創建 'user1' 物件只包含 'name'，而 'user2' 物件包含 'name' 和 'age'。

4. 函式型介面

你也可以使用介面來描述函式的形狀，這對於定義回呼函式非常有用。

```
interface Calculator {
    (x: number, y: number): number;
}


let add: Calculator = function(x, y) {
    return x + y;
};


let subtract: Calculator = function(x, y) {
    return x - y;
};
```

在這個例子中，我們定義了一個 'Calculator' 函式型介面，它要求函式接受兩個數字參數並返回一個數字。

5. 繼承介面

你可以使用 'extends' 關鍵字來繼承一個介面的結構，這使你可以構建更複雜的介面。

```
interface Person {
    name: string;
}

interface Employee extends Person {
    employeeId: number;
}
```

在這個範例中，'Employee' 介面繼承了 'Person' 介面的結構，所以它包含了 'name' 屬性並新增了 'employeeId' 屬性。

總結來説，TypeScript 的介面是一個強大的工具，用於定義物件的結構和形狀，以確保程式碼的型別安全性和可讀性。介面在開發大型應用程式和協作開發中非常有用，因為它提供了清晰的規範和約束。

也就是說，'interface' 用於規範一個物件中的屬性或方法有哪些。但使用了一段時間 TypeScript 的人就會知道，規範物件的屬性或方法，還有一個關鍵字叫做 'type'。同樣可以規範物件的型別，'interface' 和 'type' 的差異是什麼呢？

 interface 和 type 有什麼不同呢

 在 TypeScript 中，'interface' 和 'type' 都是用來定義型別的方式，但它們有一些微妙的差異：

使用 Interface：

```
interface Person {
    name: string;
    age: number;
}
```

```
let user: Person = {
    name: "Alice",
    age: 30
};
```

使用 Type：

```
type Person = {
    name: string;
    age: number;
};

let user: Person = {
    name: "Alice",
    age: 30
};
```

主要差異：

1. 語法差異：

- 'interface' 關鍵字用於定義介面，它通常用於描述物件的結構。

- 'type' 關鍵字用於定義型別，它可以描述物件、函式、元組等型別。

2. 擴展（extends）與聯合（union）型別：

- 'interface' 可以透過 'extends' 關鍵字擴展其他介面，以合併屬性。

- 'type' 可以使用聯合（union）或交叉（intersection）型別來創建複雜的型別。

```
type Dog = {
    name: string;
}
type Cat = {
    name: string;
}
```

```typescript
type Pet = Dog | Cat; // Pet 可以是 Dog 或 Cat

interface Dog {
    name: string;
}

interface Cat {
    name: string;
}

interface Pet extends Dog, Cat {} // Pet 同時擁有 Dog 和 Cat 的屬性
```

3. 選用屬性（Optional Properties）：

- 在 'interface' 中，你可以使用？符號來定義選用屬性。

- 在 'type' 中，你可以使用 'Partial<T>' 泛型來使所有屬性變成選用。

```typescript
interface Person {
    name: string;
    age?: number; // age 為選用屬性
}

type PartialPerson = Partial<Person>; // 所有屬性變為選用
```

4. 實現（Implements）與指派（Assignability）：

- 'interface' 可以被類別（class）實現，這意味著類別需要符合介面的結構。

- 'type' 不能被類別實現。

```typescript
interface Printable {
    print: () => void;
}

class Book implements Printable {
    print() {
```

```
            console.log("Printing book...");
    }
 }
```

總的來說，'interface' 主要用於定義物件的結構，而 'type' 更靈活，
可以用於定義任何型別，包括物件、函式、元組等等。在實際使用中，
你可以根據需要選擇使用 'interface' 或 'type' 來定義型別。通常來說，
如果你需要擴展或實現一個類別，較常使用 'interface'。而如果你需
要創建複雜的型別，較常使用 'type'。

基本上語法差異以及擴充性的差異了解後，我們繼續下個問題！

泛型

 泛型是什麼呢？什麼時候會用到泛型？
如果不使用泛型的話會有什麼缺點？
請分別解釋作用以及提供多種範例，以及沒有使用泛型時的對照範例

泛型（Generics）是一種程式設計特性，它允許我們在定義函式、類
別或介面時，能夠使用一個占位符（類似於變數）來代表不確定的型
別。這樣可以使程式碼更具靈活性和重用性。

什麼時候會用到泛型？

1. 函式需要在多種型別下工作：

泛型使得函式可以接受多種型別的參數，並返回相應的型別，從而提
高了函式的通用性。

```
function identity<T>(arg: T): T {
    return arg;
}

let result1 = identity(42); // result1 的型別為 number
let result2 = identity("Hello"); // result2 的型別為 string
```

2. 類別需要操作多種型別的屬性或方法：

泛型也可以應用於類別，以使其能夠操作多種型別的屬性或方法。

```
class Box<T> {
    value: T;
    constructor(value: T) {
        this.value = value;
    }
}

let numberBox = new Box<number>(42);
let stringBox = new Box<string>("Hello");
```

3. 避免程式碼重複：

使用泛型可以減少冗餘的程式碼，因為你可以使用相同的程式邏輯來處理不同型別的數據。

```
function firstElement<T>(arr: T[]): T {
    return arr[0];
}

let firstNum = firstElement([1, 2, 3]); // firstNum 的型別為 number
let firstStr = firstElement(["a", "b", "c"]); // firstStr 的型別為 string
```

不使用泛型的缺點：

1. 程式碼重複：

如果不使用泛型，你可能需要為每種型別編寫類似的程式碼，這會導致程式碼的重複和冗長。

```
function firstElementNumber(arr: number[]): number {
    return arr[0];
}

function firstElementString(arr: string[]): string {
    return arr[0];
}
```

> **2. 型別不靈活：**
>
> 不使用泛型會導致函式或類別僅能處理特定型別的數據，缺乏彈性。
>
> ```
> function firstElement(arr: number[]): number {
>     return arr[0];
> }
> ```
>
> 總的來說，泛型使得程式碼更具彈性，可以應對不同型別的數據，同時也可以減少冗餘的程式碼，提高代碼的重用性和可讀性。在需要靈活應對多種型別的情況下，泛型是一個強大的工具。

綜合以上來說，TypeScript 讓編寫程式的時候，必須嚴格遵守規定的 type。一個函式的輸入必須是 'string[]'，那麼就必定要是 'string[]' 才行。

但是遇到像上面的例子 'firstElement()'，目的只是挑出陣列的第一個元素，理論上應該只要輸入是陣列的輸入，都可以套用這個 function。

在 JS 中確實是如此，JS 中沒有限定類型，彈性最大，但也容易出現型別上的錯誤，而 TS 因為需要事先限定類型，導致必須寫成兩個 function，幾乎沒有彈性。

因此，在 TS 中使用泛型，就能給予程式碼適當的彈性，在活用性與提供規範之間取得平衡。

如何運行 TypeScript 的程式碼內容

經過了以上的語法以及用法學習，實際要開始演練時就會發現：如果副檔名使用 .js，程式碼中使用像是 'let name：string' 這樣的型別標注時，編譯器就會顯示「型別註解只可用於 TypeScript 檔案中」的錯誤訊息。

但如果直接把檔案的副檔名改為 '.ts'，又會發現這樣的副檔名，沒辦法直接在 HTML 中引入做使用。因此接下來問 ChatGPT 吧！

typeScript 的程式要怎麼運行，要怎麼跟 HTML 結合

 TypeScript 是一種超集合（Superset）的 JavaScript，這表示它包含了所有 JavaScript 的功能，同時還提供了一些額外的功能。但是，由於瀏覽器只能執行 JavaScript，所以在將 TypeScript 程式運行於瀏覽器之前，需要將其轉換為相應的 JavaScript。

以下是在 TypeScript 中開發並將程式運行在瀏覽器中的步驟：

步驟 1：安裝 TypeScript 環境

首先，你需要在你的電腦上安裝 TypeScript 環境：

1. 使用 npm 安裝 TypeScript：

```
npm install -g typescript
```

2. 確認 TypeScript 安裝成功：

```
tsc -v
```

步驟 2：開發 TypeScript 程式

創建一個 TypeScript 檔案（例如 'app.ts'）並開始編寫你的 TypeScript 程式碼。

```
function greet(name: string) {
    return'Hello, ${name}!';
}

let message = greet("Alice");
console.log(message);
```

步驟 3：編譯 TypeScript 程式

在終端機中，將 TypeScript 檔案編譯成 JavaScript：

```
tsc app.ts
```

這將會在相同的目錄下生成一個 'app.js' 檔案，它包含了編譯後的 JavaScript 代碼。

步驟 4：建立 HTML 檔案

創建一個 HTML 檔案（例如 'index.html'）來載入你的 JavaScript 檔案。

```
<!DOCTYPE html>
<html lang="en">
<head>
    <meta charset="UTF-8">
    <meta name="viewport" content="width=device-width, initial-scale=1.0">
    <title>My TypeScript App</title>
</head>
<body>
    <script src="app.js"></script>
</body>
</html>
```

步驟 5：運行在瀏覽器中

將 HTML 檔案在瀏覽器中打開（雙擊即可），你將會在開發者工具的控制台中看到 Hello, Alice!。

現在你已經成功地將 TypeScript 程式與 HTML 結合並在瀏覽器中運行了。如果你對 TypeScript 進行了更多的編輯，只需再次運行 'tsc' 命令以重新編譯即可。

也就是說，TypeScript 其實瀏覽器沒有辦法閱讀和運行，如果要執行，就必須將其編譯成 JavaScript，瀏覽器才看得懂。

編譯這一步雖然看似很麻煩，但其實目前的網頁前後端框架，前端諸如 React、Vue、Angular，後端像是 Express、NestJS，這些都有支援 TypeScript，在編譯打包或執行的時候，就結合 webpack 將 TypeScript 給進行轉換。所以未來要使用各大框架的時候，使用 TypeScript 一點都不麻煩，甚至有些框架預設就是使用 TypeScript。

　　總而言之，JavaScript 是一個弱型別的語言，並沒有強制規範型別，很容易要等到程式執行下去才發現錯誤；而 TypeScript 有助於提早發現錯誤，且在維護上會更容易，更容易閱讀與理解。本書後續都會持續的帶到與 TypeScript 的內容，在後續的章節中，向 ChatGPT 提問的自定指示中，也會改成這樣：

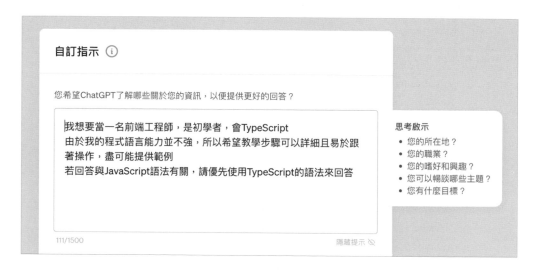

　　期望 ChatGPT 可以為我們後續的內容，適時地補上 TypeScript 的寫法。

2-5　Class（類別）！Object（物件）！物件導向 OOP ！

　　從之前介紹 JS 進階語法的章節開始，到上個章節為止，ChatGPT 都有提到 class（類別）這個東西，也有提到一些「繼承」相關的概念。接下來就來介紹與 class、物件導向相關的內容！

　　本章的對話紀錄內容在這邊：

https：//chat.openai.com/share/ef51f0a2-014c-483d-999c-6a90baff7cae

Class 是什麼

讓我們看看 ChatGPT 是如何介紹 Class 的。

請介紹 class 是什麼

並提供與 class 有關的知識教學

當然可以！我會用簡單易懂的方式來介紹什麼是 class。

什麼是 Class ？

在程式設計中，class（類別）是一種用來創建物件（object）的藍圖或模板。它定義了一個物件的特性（屬性）和行為（方法），可以看作是封裝了資料和相關操作的容器。

舉例來說，假設我們要描述一個狗的類型，它會有一些特性，如名字、品種、年齡等，同時也會有一些行為，比如吠叫、奔跑等。這些特性和行為可以被封裝在一個狗的類別中。

Class 的基本結構

以下是一個 TypeScript 中的 class 的基本結構範例：

```
class Dog {
  // 屬性
  name: string;
  breed: string;
  age: number;

  // 建構子
  constructor(name: string, breed: string, age: number) {
    this.name = name;
    this.breed = breed;
    this.age = age;
  }

  // 方法
  bark() {
    console.log('${this.name}在叫！');
```

```
  }

  run() {
    console.log('${this.name} 在奔跑！');
  }
}
```

如何使用 Class ？

要使用這個狗的類別，你可以這樣做：

```
// 創建一個狗的物件
const myDog = new Dog("旺財", "柴犬", 3);

// 存取屬性或呼叫方法
console.log(' 我家狗狗的品種是 ${myDog.breed}');
myDog.bark();
myDog.run();
```

這樣，你就可以使用這個狗的類別來創建不同的狗物件，並且存取它們的特性和行為。

這只是 class 的基本概念，還有許多進階的用法和概念，但希望這個簡單的介紹對你有幫助！如果你有任何問題或需要進一步的解釋，請隨時告訴我。

ChatGPT 提供了 Javascript 中 Class 的相關語法，但卻沒有特別解釋什麼時候會需要用到 class，或是常見使用情境是什麼。所以接著來問問看 ChatGPT：

class 的作用與常見用途是什麼

Class 在程式設計中有著重要的作用，它的常見用途包括以下幾個方面：

1. 物件導向程式設計（Object-Oriented Programming, OOP）：
   Class 是物件導向程式設計的基礎。它可以幫助程式設計師將資料和相關操作封裝在一個單元中，使得程式碼更具結構性和模組化。

2. 模組化開發：透過 class，可以將相關的資料和功能組織成一個模組，這樣可以方便管理和維護程式碼。

3. 程式碼重複使用：你可以根據 class 創建多個物件，這些物件會共享相同的特性和行為，從而節省了重複編寫相似程式碼的工作量。

4. 抽象化和封裝：Class 允許你將特定的實現細節隱藏起來，只向外部提供必要的接口，這樣可以降低程式的複雜度，提高代碼的可讀性。

5. 繼承：Class 可以透過繼承機制，讓一個 class 繼承另一個 class 的特性和行為，進一步提高程式碼的重用性。

6. 多型：Class 的繼承和多型機制讓你可以針對不同類型的物件，使用相同的介面進行操作，這樣可以撰寫更通用和靈活的程式碼。

總的來說，Class 是一個強大的程式設計工具，它可以幫助你組織和管理程式碼，使得程式更容易理解、維護和擴展。在前端開發中，Class 常被用來建構 UI 元件、管理狀態、定義資料模型等等。因此，對於你作為一名前端工程師的目標來說，熟練掌握 Class 將是非常重要的一環。

ChatGPT 講了很多新的專有名詞，講了許多好處，但沒有範例的話可能還是有點難懂。我們從他所提供的新關鍵字，直接讓 ChatGPT 針對各點再解釋並給予範例吧！

請針對以上各點提供範例與詳細解釋

好的，我會針對以上提到的各點，提供相應的範例和詳細解釋。

1. 物件導向程式設計（OOP）

物件導向程式設計是一種程式設計範式，它將程式中的資料和相關操作封裝在一個物件中。

範例：

```
class Person {
  name: string;
  age: number;

  constructor(name: string, age: number) {
    this.name = name;
    this.age = age;
  }

  introduce() {
    console.log(' 我叫 ${this.name}，今年 ${this.age} 歲。');
  }
}

const john = new Person("John", 30);
john.introduce(); // 輸出：我叫 John，今年 30 歲。
```

這裡我們定義了一個 'Person' 的 class，它有 'name' 和 'age' 兩個屬性，以及一個 'introduce' 方法，用來介紹自己。通過 'new Person(...)' 我們可以創建一個 'Person' 的物件。

2. 模組化開發

Class 可以幫助我們將相關的資料和功能組織成一個模組，使得程式碼更易於管理。

範例：

```
// person.ts
class Person {
  name: string;
  age: number;

  constructor(name: string, age: number) {
    this.name = name;
    this.age = age;
  }
```

```
  introduce() {
    console.log(' 我叫 ${this.name}，今年 ${this.age} 歲。');
  }
}

export default Person;

// main.ts
import Person from'./person';

const john = new Person("John", 30);
john.introduce(); // 輸出：我叫 John，今年 30 歲。
```

這裡我們將 'Person' 的 class 定義在 'person.ts' 檔案中，然後在 'main.ts' 中引入並使用它。這樣可以使得程式碼更模組化，方便維護。

3. 程式碼重複使用

透過 class，我們可以創建多個物件，這些物件共享相同的特性和行為。

範例：

```
class Circle {
  radius: number;

  constructor(radius: number) {
    this.radius = radius;
  }

  getArea() {
    return Math.PI * this.radius  2;
  }
}

const circle1 = new Circle(5);
const circle2 = new Circle(8);

console.log(circle1.getArea()); // 輸出：78.54
console.log(circle2.getArea()); // 輸出：201.06
```

在這個例子中，我們創建了兩個不同半徑的圓形物件 'circle1' 和 'circle2'，它們都擁有相同的 'getArea' 方法，但返回的面積值會根據半徑而變化。

4. 抽象化和封裝

Class 允許你將特定的實現細節隱藏起來，只向外部提供必要的接口。

範例：

```
class BankAccount {
  private balance: number = 0;

  deposit(amount: number) {
    this.balance += amount;
  }

  withdraw(amount: number) {
    if (amount <= this.balance) {
      this.balance -= amount;
    } else {
      console.log(" 餘額不足！");
    }
  }

  getBalance() {
    return this.balance;
  }
}

const account = new BankAccount();
account.deposit(1000);
account.withdraw(500);
console.log(account.getBalance()); // 輸出：500
```

在這個例子中，我們定義了一個 'BankAccount' 的 class，它有一個私有的 'balance' 屬性，以及 'deposit'、'withdraw' 和 'getBalance' 方法來操作和獲取帳戶餘額。這樣可以隱藏 'balance' 的實際實現細節。

> 這是一些 class 的基本用法範例，希望這些範例能幫助你更好地理解 class 的各種作用和用途。如果有任何問題，請隨時告訴我！

可以看到他針對前四項給予範例了，也透過範例更具體的展示包裝成 Class 的好處有哪些。其中，在介紹中提到了一個關鍵的專有名詞：物件導向程式設計（OOP）。

物件導向程式設計（OOP）

 請解釋什麼是物件導向程式設計，並提供教學

 物件導向程式設計（Object-Oriented Programming, OOP）是一種程式設計範式，它以 " 物件 "（object）為基礎，將資料和相關操作封裝在一個單元中，透過這種方式來組織和管理程式碼。

在 OOP 中，每個物件都是類別（class）的一個實例。類別是一種藍圖或模板，它定義了一個物件的特性（屬性）和行為（方法）。屬性代表物件的狀態或特徵，而方法則定義了物件可以進行的操作或行為。

以下是一個簡單的物件導向程式設計的範例：

```
class Person {
  name: string;
  age: number;

  constructor(name: string, age: number) {
    this.name = name;
    this.age = age;
  }

  introduce() {
    console.log(' 我叫 ${this.name}，今年 ${this.age} 歲。');
  }
}
```

```
const john = new Person("John", 30);
john.introduce(); // 輸出：我叫 John，今年 30 歲。
```

在這個例子中，我們定義了一個 'Person' 的 class，它有 'name' 和 'age' 兩個屬性，以及一個 'introduce' 方法，用來介紹自己。透過 'new Person(...)' 我們創建了一個 'Person' 的物件 'john'。

OOP 的核心概念：

1. 封裝（Encapsulation）：將相關的資料和功能封裝在一個類別中，並對外部隱藏實現細節。

2. 繼承（Inheritance）：允許一個類別繼承另一個類別的特性和行為，可以重用現有的程式碼。

3. 多型（Polymorphism）：允許相同的介面用於不同的數據類型或物件，使得程式碼更靈活和通用。

如何學習 OOP？

步驟 1：了解基本概念

首先，你需要理解封裝、繼承和多型這三個基本的 OOP 概念。

步驟 2：熟悉類別和物件的建立

學會如何定義類別，並且創建類別的物件。

步驟 3：學習封裝和存取控制

了解如何使用封裝來隱藏物件的實現細節，以及如何設定不同的存取控制（public、private、protected）。

步驟 4：掌握繼承和多型

學習如何使用繼承來建立物件之間的階層關係，並了解多型如何使得相同的介面可以應用在不同的物件上。

步驟 5：實際應用

將所學應用到實際的程式開發中，建立自己的物件和類別，並逐漸熟練 OOP 的技巧。

步驟 6：閱讀相關資源和範例

閱讀相關的書籍、教學文章，並參考各種範例，進一步加深對 OOP 的理解和應用。

總的來說，學習 OOP 需要不斷的練習和實踐，隨著時間的推移，你將會變得更加熟練和自信。如果你有任何具體的問題或需要進一步的解釋，請隨時告訴我！

為了更加瞭解物件導向的核心概念，更加了解這種組織程式碼的處理方式與原則，接下來要請 ChatGPT 針對他所提到的「核心概念」加以說明。

請詳細解說 OOP 的核心概念

當然，讓我詳細解釋物件導向程式設計（OOP）的核心概念：

1. 封裝（Encapsulation）：

封裝是指將相關的資料和行為（方法）封裝在一個單位（類別）中，並對外部隱藏內部的實現細節，僅向外提供必要的介面。這樣做的目的是為了降低系統的複雜度，提高程式碼的可讀性和可維護性。

範例：

```
class BankAccount {
  private balance: number = 0;

  deposit(amount: number) {
    this.balance += amount;
  }

  withdraw(amount: number) {
    if (amount <= this.balance) {
      this.balance -= amount;
    } else {
      console.log("餘額不足！");
```

```
    }
  }

  getBalance() {
    return this.balance;
  }
}
```

在這個例子中，'balance' 是一個私有屬性，只能在 'BankAccount'
內部訪問。外部無法直接存取 'balance'，只能透過 'deposit'、
'withdraw' 和 'getBalance' 方法來進行操作。

2. 繼承（Inheritance）：

繼承是指一個類別（子類別）可以繼承另一個類別（父類別）的特性
和行為。子類別可以使用父類別的屬性和方法，並且可以擴展或修改
它們，同時也可以新增自己的屬性和方法。

範例：

```
class Animal {
  name: string;

  constructor(name: string) {
    this.name = name;
  }

  makeSound() {
    console.log("動物發出聲音。");
  }
}

class Dog extends Animal {
  bark() {
    console.log("狗狗在叫！");
  }
}

const myDog = new Dog("旺財");
```

```
myDog.makeSound(); // 輸出：動物發出聲音。
myDog.bark(); // 輸出：狗狗在叫！
```

在這個例子中，'Dog' 類別繼承了 'Animal' 類別，因此它可以使用
'name' 屬性和 'makeSound' 方法。同時，'Dog' 類別也新增了自己的
方法 'bark'。

3. 多型（Polymorphism）：

多型是指相同的介面可以應用在不同的物件上，這樣可以提高程式的
靈活性和通用性。在多型中，不同的類別可以實現相同的介面或抽象
類別，但具體的實現方式可以各自不同。

範例：

```
class Shape {
  calculateArea(): number {
    return 0;
  }
}

class Circle extends Shape {
  radius: number;

  constructor(radius: number) {
    super();
    this.radius = radius;
  }

  calculateArea(): number {
    return Math.PI * this.radius  2;
  }
}

class Rectangle extends Shape {
  width: number;
  height: number;

  constructor(width: number, height: number) {
```

```
      super();
      this.width = width;
      this.height = height;
   }


   calculateArea(): number {
     return this.width * this.height;
   }
}


const circle = new Circle(5);
const rectangle = new Rectangle(4, 6);


console.log(circle.calculateArea()); // 輸出：78.54
console.log(rectangle.calculateArea()); // 輸出：24
```

在這個例子中，'Shape' 是一個抽象類別，它定義了一個計算面積的方法。'Circle' 和 'Rectangle' 類別都繼承了 'Shape' 並實現了 'calculateArea' 方法，但實現的方式各自不同，這就是多型的一個例子。

這就是物件導向程式設計的核心概念：封裝、繼承和多型。透過這些概念，我們可以建立更為結構化、靈活且可維護的程式碼。如果你有任何進一步的問題或需要更詳細的解釋，請隨時告訴我！

封裝 & 存取控制

前面 ChatGPT 在講述跟「封裝」有關的議題時，都會提到一個新的關鍵字：'private'。講解要如何學習物件導向時，也有提到「存取控制（public、private、protected）」等特殊字，因此我們繼續拿關鍵字來深入詢問 ChatGPT：

 前述有提到有關「如何設定不同的存取控制（public、private、protected）」
請針對這個主題進行深入講解

當然，讓我來進一步深入講解如何設定不同的存取控制（public、private、protected）：

存取修飾符：

在 TypeScript 中，可以使用存取修飾符來指定類別的成員（屬性和方法）的存取範圍，這有助於控制對類別內部資料的訪問權限。

1. public：

'public' 表示成員可以在類別內部和外部被訪問。這是預設的存取修飾符，如果未指定存取修飾符，則默認為 'public'。

範例：

```
class Person {
  public name: string;

  constructor(name: string) {
    this.name = name;
  }

  public introduce() {
    console.log(' 我叫 ${this.name}。');
  }
}

const john = new Person("John");
console.log(john.name); // 可以訪問
john.introduce(); // 可以呼叫
```

2. private：

'private' 表示成員僅在類別內部可以被訪問，外部無法訪問。

範例：

```
class BankAccount {
  private balance: number = 0;

  deposit(amount: number) {
```

```
    this.balance += amount;
  }

  getBalance() {
    return this.balance;
  }
}

const account = new BankAccount();
account.deposit(1000); // 可以呼叫
console.log(account.balance); // 無法訪問，因為是 private
```

3. protected：

'protected' 表示成員可以在類別內部以及子類別中被訪問，但無法在外部訪問。

範例：

```
class Animal {
  protected sound: string;

  constructor(sound: string) {
    this.sound = sound;
  }

  makeSound() {
    console.log(this.sound);
  }
}

class Dog extends Animal {
  bark() {
    console.log('${this.sound} ${this.sound}！');
  }
}

const dog = new Dog("汪汪");
dog.makeSound(); // 可以呼叫
```

```
dog.bark(); // 可以呼叫
console.log(dog.sound); // 無法訪問，因為是 protected
```

使用情境：

- 使用 'public' 當你希望該成員可以在類別內外被訪問時。

- 使用 'private' 當你希望限制該成員僅在類別內部被訪問時。

- 使用 'protected' 當你希望該成員可以在類別內部以及子類別中被訪問時。

存取修飾符可以幫助你有效地控制類別成員的訪問範圍，以保護資料的安全性和提高程式碼的可維護性。當你在設計類別時，請根據需求合理地選擇適當的存取修飾符。如果有任何進一步的問題或需要更詳細的解釋，請隨時告訴我！

有無運用物件導向設計的對照比較

OK，ChatGPT 介紹了這麼多有關物件導向觀念以及在 JavaScript 中使用 Class 的語法，也講了一堆優點，像是結構化、靈活、可維護之類的。

但我認為人類是一種不見棺材不掉淚，沒有痛過是無法痛改前非的。所以來請他提供一下，如果不使用 Class 的話，到底會有什麼問題？

如果不使用 Class 與物件導向的概念來撰寫程式會發生什麼問題請分別給予對照範例

如果不使用物件導向的概念來撰寫程式，會導致程式碼難以維護、擴展和理解，也會增加程式碼的複雜度。以下我會透過範例來比較使用和不使用物件導向的情況。

1. 沒有使用物件導向的情況：

範例：

```
let person1Name = "John";
let person1Age = 30;

let person2Name = "Jane";
let person2Age = 25;

function introducePerson1() {
  console.log(' 我叫 ${person1Name}，今年 ${person1Age} 歲。');
}

function introducePerson2() {
  console.log(' 我叫 ${person2Name}，今年 ${person2Age} 歲。');
}

introducePerson1(); // 輸出：我叫 John，今年 30 歲。
introducePerson2(); // 輸出：我叫 Jane，今年 25 歲。
```

2. 使用物件導向的情況：

範例：

```
class Person {
  name: string;
  age: number;

  constructor(name: string, age: number) {
    this.name = name;
    this.age = age;
  }

  introduce() {
    console.log(' 我叫 ${this.name}，今年 ${this.age} 歲。');
  }
}

const person1 = new Person("John", 30);
const person2 = new Person("Jane", 25);

person1.introduce(); // 輸出：我叫 John，今年 30 歲。
person2.introduce(); // 輸出：我叫 Jane，今年 25 歲。
```

問題與比較：

1. 可維護性：在第一個範例中，當我們想要新增更多的人員時，必須手動添加變數和函數，這樣會使得程式碼變得雜亂且難以維護。在第二個範例中，我們可以輕鬆地創建新的 'Person' 物件，使得程式碼更具結構性和維護性。

2. 可擴展性：在第一個範例中，如果我們想要為每個人員添加更多的資訊（例如地址、電話等），則必須修改相應的變數和函數。在第二個範例中，我們只需在 'Person' 類別中新增屬性和方法即可。

3. 程式碼重複使用：在第一個範例中，每個函數都是針對特定的人員，無法複用。在第二個範例中，我們可以創建多個 'Person' 物件，它們共享相同的 'introduce' 方法。

4. 程式碼結構：使用物件導向的方式可以使程式碼更有結構性和模組化，使得每個元件的職責更加清晰明確。

總的來說，物件導向的概念使得程式碼更易於維護、擴展和理解，並且提高了程式碼的重複使用性。因此，在較大型的專案或需要長期維護的情況下，使用物件導向是非常重要的。

章節小結

　　第二章的內容，都是在針對 JS 的基本功奠定下基礎。因為接下來我們要進一步學習的是現代三大框架之一的 React。後續 ChatGPT 在回答與 React 相關的程式語法時，可能就會使用到一些 JS 的進階語法或是語法糖，必須熟悉這些基礎技能，在後續的學習與開發上才能更加輕鬆、快速上手。

3

ChatGPT 請教教我：
React 基礎

3-1　起始安裝、JSX 元素、元件、Props ！

接下來的章節與單元，會讓 ChatGPT 帶領我們入門學習三大框架之一：React。也會假設是第一次接觸框架的情況下，相關環境都沒有建置的情況下，從零到有，一步一步踏入 React 的世界。

按照慣例，本篇的對話連結先放在這邊：

https：//chat.openai.com/share/8813d26a-3d52-408f-aac6-ca48ac7cb91e

React 安裝 & 入門

請提供一份 React 的入門教學文件，詳細的進行 React 的教學

當然，以下是一份初學者入門 React 的指南，讓你能夠快速上手：

React 是什麼？

React 是一個用於建立用戶界面的 JavaScript 庫。它讓你可以創建具有動態數據的大型 Web 應用程序，同時也能夠提高代碼的可讀性和可維護性。

1. 安裝 Node.js 和 npm

首先，確保你的電腦上安裝了 Node.js。官方網站（https：//nodejs.org/）提供了安裝指南。安裝完成後，npm（Node 包管理器）也會同時安裝。

2. 創建 React 應用程序

使用以下命令來創建一個新的 React 應用程序：

```
npx create-react-app my-react-app
```

這將創建一個名為 'my-react-app' 的新目錄，其中包含了一個基本的 React 應用程序結構。

3. 探索創建的 React 應用程序

進入創建的應用程序目錄：

```
cd my-react-app
```

然後執行以下命令來啟動應用程序：

```
npm start
```

這將在瀏覽器中打開一個預覽服務器，顯示您的 React 應用程序。

4. 開始編輯 React 應用程序

使用你喜歡的文本編輯器打開 'src/App.js' 文件。這是 React 應用程序的入口文件。

React 使用 JSX 語法來描述用戶界面，這與 HTML 很相似。以下是一個簡單的示例：

```
import React from'react';
function App() {
  return (
    <div>
      <h1>歡迎來到我的 React 應用程序！</h1>
      <p>這是一個簡單的示例。</p>
    </div>
  );
}

export default App;
```

5. 學習 React 的基本概念

- 元件（Components）：React 應用程序由多個元件組成。元件是用於封裝和管理 UI 的獨立單元。

- 狀態（State）：使用 'useState'hook 或者 'this.state' 來管理組件的狀態。狀態的更改會觸發 UI 的更新。

- 屬性（Props）：通過屬性將數據傳遞到組件。屬性是不可變的，組件內部不能修改它們的值。

- 生命週期方法（Lifecycle Methods）：了解組件的不同階段，可以通過生命週期方法來執行相應的操作。

6. 使用 TypeScript 進行 React 開發

在 React 中使用 TypeScript 可以提供更強大的類型檢查功能。你可以在創建 React 應用程序時使用 '--template typescript' 選項來集成 TypeScript：

```
npx create-react-app my-react-app --template typescript
```

這將初始化一個包含 TypeScript 配置的 React 應用程序。

7. 資源和進一步學習

- React 官方文檔（https：//reactjs.org/）提供了詳細的教程和指南。

- 在線課程和教學網站（例如 Codecademy、freeCodeCamp、Udemy 等）可以幫助你更深入地學習 React。

這些步驟可以幫助你快速入門 React，但是記住，實踐是學習的最佳方式。通過編寫代碼和構建實際項目來加深你的理解！祝你學習愉快！

先照著 ChatGPT 所說的，到 NodeJS 官網中安裝了 NodeJS，然後開啟終端機 Terminal/ 命令提示字元 CMD，用 'cd' 的指令移動到指定資料夾，執行 'npx create-react-app my-react-app'，就會開始有安裝跑起來。

若是沒有安裝過 'create-react-app' 的話，系統會問你要不要安裝，這時請輸入 Y 確認安裝。在一串程式跑完後，指定的資料夾中，就會得到一大包零零叩叩的專案檔案。

my-react-app 的部分是可以自己取名字的，這邊示範上故意維持。

　　照著 ChatGPT 給的範例，把內容貼到 'App.js' 中，執行 'npm start'，在跑了一些文字之後，會突然幫你開啟瀏覽器，然後出現 localhost：3000 的頁面。若是還沒將範例貼到 App.js 內前，可以看到這樣的預設範例畫面：

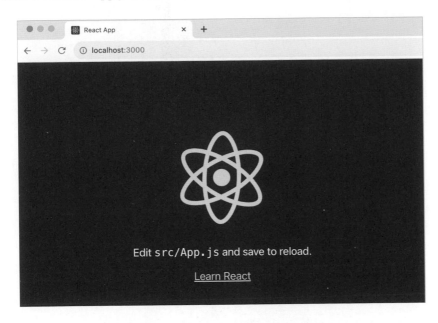

　　當把 ChatGPT 所提供的範例貼到 App.js 中後，會發現原本的頁面不需要特別重整，就監聽到檔案有變化，變成了新的內容：

搭配開啟 F12 來看頁面結構，會看到那段 ChatGPT 給我們的像是 HTML 的內容，被放在 '<div id="root">' 之內，接著來仔細看一下剛剛自動建立好的專案資料夾：

原先學習網頁基本時，只有 HTML 檔、JS 檔 /TS 檔、CSS 檔這三種檔案。但執行指令之後，建置出來的東西有很多陌生的東西，初次接觸框架的話，一時之間很可能會手足無措。

因此接下來我們詢問 ChatGPT 這些初始檔案是什麼、作用是什麼。

執行了 npx create-react-app my-react-app 之後 請解釋初始專案中的檔案結構與作用

當你運行 'npx create-react-app my-react-app' 命令後，創建的 React 應用程序會生成以下初始專案結構：

1. my-react-app/（或你命名的應用程序名稱）

- 這是你的 React 專案的根目錄。

2. node_modules/

- 存放所有依賴模組的目錄。這是自動產生的，包含了 React、React DOM 和其他相依的庫。

3. public/

- 包含了公開的靜態文件，例如 HTML 文件、圖像和其他資源。這是網頁的入口點。
- 'index.html'：主 HTML 文件，是你 React 應用程序的入口。
- 其他靜態文件可以放在這裡，像是圖片、樣式表等。

4. src/

- 主要的開發目錄，包含了 React 應用程序的源代碼。
- 'index.js'：React 應用程序的 JavaScript 入口文件。通常用來渲染 React 應用到 HTML 文件中。
- 'App.js'：這是主要的應用程式組件，包含了整個應用的主要內容。
- 'App.css'：與 'App.js' 相關聯的 CSS 樣式表文件。
- 'logo.svg'：預設的 React 標誌圖片，可自行替換為你的圖片。

5. package.json

- 包含了你的項目配置和依賴信息，包括腳本命令、依賴模組版本等。

6. package-lock.json 或 yarn.lock

- 這個文件是自動生成的，用於鎖定你項目依賴的確切版本，確保每次安裝相同的依賴版本。

7. README.md

- 這是說明文件，通常包含了關於你專案的描述和使用說明。

8. yarn.lock 或 yarn-error.log 或 npm-debug.log

- 這些是與包管理器相關的文件，通常不需要直接編輯。

> 這些檔案和目錄組成了一個基本的 React 應用程序架構。你可以在 'src/' 目錄中開始編寫你的 React 程式碼，在 'public/' 目錄中放置靜態資源，而 'package.json' 中的腳本部分可以用來運行、建構或測試你的應用程序。

綜合上述，實際上在寫 React 的時候，主要要處理並更動的檔案起點是 'App.js'。

一開始的 'App.js' 的內容只是範例，要替換成我們自己撰寫的內容就從這裡做起，就像是 ChatGPT 給我們貼到 App.js 的範例一樣。接下來我們要來了解 React 的語法和基本概念來了解！

這邊整理 ChatGPT 的回答中所提到的關鍵字：「JSX 語法」、「元件（Components）」、「狀態（State）」、「生命週期方法（Lifecycle Methods）」

就從和 HTML 很相似的 JSX 語法開始學習起：

JSX 語法

 請提供 JSX 語法的介紹與教學

 你開始使用 React 時，你會經常看到 JSX（JavaScript XML）語法。JSX 是一種類似 HTML 的語法，它可以讓你在 JavaScript 中編寫類似 HTML 的程式碼，用來描述 React 元件的結構。

以下是 JSX 的一些基本特點和使用方式：

1. JSX 是 JavaScript 的語法擴展

JSX 看起來類似 HTML，但實際上它是 JavaScript 的一種語法擴展。在編譯時，JSX 會被轉換為常規的 JavaScript。

2. 使用 JSX 創建 React 元件

在 React 中，你可以使用 JSX 來創建組件的 UI。以下是一個簡單的 React 函數組件使用 JSX 的示例：

```
import React from'react';

function MyComponent() {
  return (
    <div>
      <h1>Hello, React!</h1>
      <p>This is a JSX example.</p>
    </div>
  );
}


export default MyComponent;
```

3. 插值與表達式

在 JSX 中，你可以使用 '{}' 語法來插入 JavaScript 表達式。這使得在 JSX 元素中動態顯示數據變得容易。例如：

```
import React from'react';

function Greeting({ name }) {
  return <h1>Hello, {name}!</h1>;
}


export default Greeting;
```

在這個例子中，'{name}' 部分會被 'name' 變量的值所替換，以動態地顯示問候語。

4. HTML 屬性和事件處理

在 JSX 中，你可以像 HTML 一樣設置元素的屬性，例如：

```
import React from'react';

function MyButton() {
  function handleClick() {
    alert('Button clicked!');
  }
```

```
  return (
    <button onClick={handleClick} className="btn-primary">
      Click me
    </button>
  );
}
export default MyButton;
```

這 個 例 子 中，'onClick' 是 一 個 事 件 屬 性，它 指 向 一 個 函 數
'handleClick'，當按鈕被點擊時，該函數會被調用。

5. 在 JSX 中使用 JavaScript 表達式

你可以在 JSX 中直接使用 JavaScript 表達式，例如條件語句和迴圈，
但注意只能在 '{}' 內部使用：

```
import React from'react';

function ConditionalRendering({ isLoggedIn }) {
  return (
    <div>
      {isLoggedIn ? <p>Welcome, User!</p> : <p>Please log in</p>}
    </div>
  );
}

export default ConditionalRendering;
```

這個例子中，根據 'isLoggedIn' 的值來顯示不同的內容。

總結

JSX 讓 React 的程式碼更加清晰和易讀，它提供了在 JavaScript 中
編寫類似 HTML 的語法，使得構建用戶界面更加直觀和方便。開始學
習使用 JSX 可以讓你更快速地編寫 React 應用程序！

在無框架的原生寫法中，會把 HTML 分開撰寫，用 JS 根據 ID 或是 Class 等去搜尋 DOM 物件，然後綁定事件、替換內文（innerHTML）等。

在 React 中，我們不再編寫 HTML 檔，觀念會完全不一樣，會把這樣像是 HTML 的 JSX 和相關的事件、動態顯示的內容，直接寫在一起，並成組成「React 元件」。

元件（Component）

接下來請 ChatGPT 接續著為我們講解元件是什麼。

在 React 中元件是什麼？元件和 JSX 的關係是什麼？請提供有關元件的詳細教學

在 React 中，元件（Component）是構建用戶界面的基本單元。它們是可以獨立重用和組合的獨立模塊，可以封裝特定功能並處理特定的數據。

元件和 JSX 的關係：

JSX 是用來描述 React 元件 UI 的語法。當你使用 JSX 創建 React 元件時，你實際上是在使用 JSX 語法來定義 React 元件的外觀和結構。

例如，在 React 中創建一個元件可能會像這樣：

```
import React from'react';

function MyComponent() {
  return (
    <div>
      <h1>Hello, React!</h1>
      <p>This is a JSX example.</p>
    </div>
  );
}

export default MyComponent;
```

這個例子中的 'MyComponent' 是一個 React 函數組件，它使用了 JSX 語法來定義該組件的 UI 結構。在這個元件中，'<div>'、'<h1>' 和 '<p>' 等標籤是 JSX 的一部分，它們會被轉換為對應的 JavaScript 函數調用，用來創建 DOM 元素。

元件的詳細教學：

1. 創建元件

在 React 中，你可以使用函數組件或類組件來創建元件。

- 函數組件：這是一個 JavaScript 函數，返回一個 JSX 元素。

```
import React from'react';

function MyFunctionalComponent() {
  return <h1>Hello, Functional Component!</h1>;
}

export default MyFunctionalComponent;
```

- 類組件：這是一個 JavaScript 類，繼承自 'React.Component'，並實現了 'render' 方法返回 JSX 元素。

```
import React, { Component } from'react';

class MyClassComponent extends Component {
  render() {
    return <h1>Hello, Class Component!</h1>;
  }
}

export default MyClassComponent;
```

2. 使用元件

在其他 React 元件中，你可以導入並使用創建的元件。

```
import React from'react';
import MyFunctionalComponent from'./MyFunctionalComponent';
```

```
import MyClassComponent from'./MyClassComponent';

function App() {
  return (
    <div>
      <MyFunctionalComponent />
      <MyClassComponent />
    </div>
  );
}

export default App;
```

3. 元件之間的傳遞數據

你可以使用屬性（Props）來將數據從一個父元件傳遞給子元件。

```
// 父元件
import React from'react';
import ChildComponent from'./ChildComponent';

function ParentComponent() {
  const message ='Hello from Parent!';

  return <ChildComponent message={message} />;
}

export default ParentComponent;

// 子元件
import React from'react';

function ChildComponent({ message }) {
  return <p>{message}</p>;
}

export default ChildComponent;
```

> 元件是 React 中的核心概念之一，它們讓你可以將 UI 功能模組化、重用和組合，使得代碼更加結構化和易於維護。通過理解和使用元件，你能更好地構建 React 應用程序。

所以元件就會讓各個功能變得像積木一樣，一塊一塊的模組化，可以在元件內使用其他元件。我們的專案起點是 App.js 這個檔案，各元件就會從這裡開始被組合起來。

有了元件之後，程式碼的分塊也有助於維護，每個元件都負責把自己該做的事情做好，除了管理、閱讀上變得更方便，也可以減少改 A 壞 B 的可能性。

這邊 ChatGPT 給了兩種元件的撰寫方式：「函數組件」＆「類組件」。一個使用 Function 的方式寫組件，一個使用 Class 的方式撰寫，來問問 ChatGPT 這兩個寫法，哪個更為主流、差異在哪裡。

目前開發主流是使用什麼方式創造元件呢？

目前在 React 開發中，兩種主要的方式用於創建元件：

1. 函數式元件（Functional Components）

函數式元件是一個純函數，它接收屬性（Props）作為參數並返回一個 React 元素。使用函數式元件的主要優勢是它們的簡潔和清晰，易於理解和測試。隨著 React Hooks 的出現，函數式元件變得更加強大，它們可以利用 useState、useEffect 等 hooks 來處理狀態和生命週期方法。

範例：

```
import React from'react';

const FunctionalComponent = (props) => {
  return <div>{props.message}</div>;
};

export default FunctionalComponent;
```

2. 類組件（Class Components）

類組件是 JavaScript 類的一種，繼承自 'React.Component'。它們包含一個 'render' 方法，該方法返回 React 元素。過去，類組件是主要的元件形式，在它們內部可以使用生命週期方法來處理組件的各種功能。

範例：

```
import React, { Component } from'react';

class ClassComponent extends Component {
  render() {
    return <div>{this.props.message}</div>;
  }
}

export default ClassComponent;
```

在新的 React 項目中，優先使用函數式元件是一個趨勢，因為它們更為簡潔、易於理解和測試，並且通常具有更好的性能。然而，有些舊的項目仍然使用類組件。另外，若需要使用 React 的生命週期方法或使用 class 的特性，還是需要使用類組件。然而，React Hooks 提供了函數式元件更多功能，因此在新的項目中，函數式元件成為了首選。

ChatGPT 的知識時間點到 2022/1 為止，在那個時候大家的開發重心就已經漸漸的改為使用 Functional Components 來開發。

現在官方新版的教學，也直接從 Functional Component 教起（原本舊版會先教 Class 的寫法，然後再教函式的寫法）。

撰寫一個 function，定義他的輸入型別（屬性 Props 作為參數），然後輸出是 React JSX 元素。這一類型的 function 就可以作為一個元件。元件之間還可以有父子關係的組合、可以共用，一切都架構化了起來。

屬性（Props）

　　ChatGPT 還有提到，元件間可以傳遞數據。接下來讓 ChatGPT 繼續介紹
Props。

 請針對屬性（Props）提供詳細介紹與完整教學並解説 Props 的規則
和注意事項

 當你在 React 中創建元件時，可以使用屬性（Props）將數據從一個
父元件傳遞給其子元件。Props 是一種用於自定義 React 元件行為的
機制。

屬性（Props）的詳細介紹和教學：

1. 屬性的傳遞

在父元件中，可以在子元件上使用屬性來傳遞數據。

```
// 父元件
import React from 'react';
import ChildComponent from './ChildComponent';

function ParentComponent() {
  const message = 'Hello from Parent!';

  return <ChildComponent message={message} />;
}

export default ParentComponent;



// 子元件
import React from 'react';

function ChildComponent(props) {
  return <p>{props.message}</p>;
}

export default ChildComponent;
```

2. Props 規則和注意事項

- 只讀性（Read-only）：在子元件中，Props 是只讀的，不能在子元件內部修改它們的值。

- 命名慣例：React 的慣例是使用小駝峰命名法（camelCase）來命名 Props，例如 'userName' 而不是 'user-name'。

- 默認值：你可以為 Props 提供默認值，當未提供該屬性時使用。

```
function Greeting(props) {
  const { name ='Guest'} = props; // 使用默認值為 'Guest'
  return <p>Hello, {name}!</p>;
}
```

- 傳遞函數：你可以將函數作為 Props 傳遞給子元件，以便子元件調用父元件中的函數。

```
// 父元件
function ParentComponent() {
  const handleClick = () => {
    console.log('Button clicked!');
  };

  return <ChildComponent onClick={handleClick} />;
}




// 子元件
function ChildComponent(props) {
  return <button onClick={props.onClick}>Click me </button>;
}
```

- 使用展開運算符（Spread Operator）：你可以使用展開運算符將對象的屬性作為 Props 傳遞給子元件。

```
const person = {
  name:'Alice',
```

```
   age: 30,
 };

 return <PersonComponent {...person} />;
```

這樣將 'name' 和 'age' 作為獨立的 Props 傳遞給 'PersonComponent'。

注意事項：

1. Props 是只讀的：在子元件內部不能修改 Props 的值，它們應該被視為不可變的。

2. 屬性名稱是區分大小寫的：在 JSX 中屬性名稱是大小寫敏感的，因此要保持一致性。

3. 順序和數量：在使用 Props 傳遞數據時，請確保數量和順序的一致性，否則可能會導致錯誤。

Props 是 React 中重要的概念之一，通過它你可以在元件之間傳遞數據，讓你的應用程序更具靈活性和可重用性。

翻譯用詞上小小的微妙，台灣說「唯獨」不說「只讀」。除了用語混到一些奇怪的翻譯之外，ChatGPT 基本上講解得蠻完整的。

接下來，結合目前所學，請 ChatGPT 來個範例。

 請結合 JSX、Component、Props 的教學內容 提供一個範例組合三者

 當然，以下是一個結合了 JSX、React 元件和屬性（Props）的簡單範例：

假設你想要創建一個簡單的博客應用，顯示文章標題和作者信息，讓我們創建相應的元件：

1. 創建文章元件 'Article'

```
 import React from'react';
```

```
// 文章元件接收 title 和 author 作為 Props
function Article(props) {
  const { title, author } = props;

  return (
    <div>
      <h2>{title}</h2>
      <p>Written by: {author}</p>
    </div>
  );
}


export default Article;
```

2. 創建應用程序的主要元件 'BlogApp'

```
import React from'react';
import Article from'./Article';

function BlogApp() {
  return (
    <div>
      <h1>Welcome to My Blog</h1>
      <Article title="React Basics" author="John Doe" />
      <Article title="State Management in React" author="Jane Smith" />
    </div>
  );
}


export default BlogApp;
```

在這個例子中：

- 我們創建了一個 'Article' 元件，它接收 'title' 和 'author' 作為 Props，並使用 JSX 來渲染文章的標題和作者信息。

- 然後，我們在 'BlogApp' 元件中使用 'Article' 元件兩次，每次傳遞不同的標題和作者作為 Props。

- 當 'BlogApp' 元件被渲染時，它將兩篇文章渲染到應用程序中。

> 這個範例演示了如何使用 JSX 創建 React 元件，並如何使用屬性
> （Props）將數據從父元件傳遞給子元件，最終組合成一個簡單的博
> 客應用。

創建了那兩個 js 檔之後，再從 App.js 中引入使用：

```
檔案總管                    ···        JS App.js M ✕    JS BlogApp.js U    JS Article.js U

∨ 已開啟的編輯器                       src › JS App.js › ⊙ App
   ✕  JS App.js src          M         1   import React from "react";
      JS BlogApp.js src      U         2   import BlogApp from "./BlogApp";
      JS Article.js src      U         3
∨ MY-REACT-APP               ✓         4   function App() {
  › node_modules                       5     return (
  › public                             6       <div>
  ∨ src                     ●          7         <h1>歡迎來到我的 React 應用程序！</h1>
     #  App.css                        8         <p>這是一個簡單的示例。</p>
     JS App.js               M         9   💡    BlogApp />
     JS App.test.js                   10       </div>
     JS Article.js           U        11     );
     JS BlogApp.js           U        12   }
     #  index.css                     13
                                      14   export default App;
                                      15
```

就會看到這樣的畫面

外層只要傳入 Props，就可以多個一樣「元件」被重複利用。

JSX 搭配 Style

這個範例還太簡陋了，看不出元件的優勢，我們請 ChatGPT 教我們如何美化這個範例組件。

請延續這個範例，手動加上一些樣式

當需要為 React 元件添加樣式時，可以使用 CSS 或 CSS 預處理器（如 Sass、Less）為元件添加樣式。這裡我們將使用內聯樣式（Inline Styles）來為 'Article' 元件添加一些簡單的樣式。

修改 'Article' 元件，加入內聯樣式：

```
import React from'react';

// 文章元件接收 title 和 author 作為 Props
function Article(props) {
  const { title, author } = props;

  // 定義內聯樣式
  const articleStyle = {
    border:'1px solid #ccc',
    borderRadius:'5px',
    padding:'10px',
    marginBottom:'20px',
  };

  const titleStyle = {
    fontSize:'1.5rem',
    color:'#333',
    marginBottom:'5px',
  };

  const authorStyle = {
    fontSize:'0.8rem',
```

```
      color:'#666',
  };

  return (
    <div style={articleStyle}>
      <h2 style={titleStyle}>{title}</h2>
      <p style={authorStyle}>Written by: {author}</p>
    </div>
  );
}


export default Article;
```

在這個修改後的 'Article' 元件中：

- 我們定義了三個不同的對象 'articleStyle'、'titleStyle' 和 'authorStyle' 來代表不同的樣式。

- 每個對象包含了一些樣式屬性，如邊框、圓角、填充、字體大小 和顏色等。

- 我們在 JSX 元素的 'style' 屬性中使用了這些對象來應用對應的 樣式。

這樣，當 'Article' 元件被渲染時，將會應用這些內聯樣式，使得文章 在外觀上更具有可讀性和美觀性。

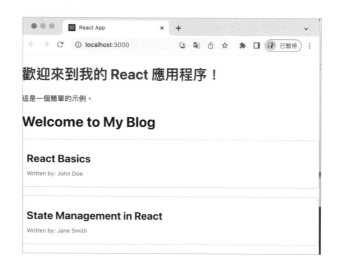

加上了一些 Inline Styles 的樣式，元件重複使用的利用價值看起來就變得更高了，也藉此獲得了在 React 中加上 Inline Style 的範例

JSX 與 HTML 差異

練習下來，差不多變得比較熟悉 JSX 了，但這邊要注意一點，ChatGPT 說「JSX 是一種類似 HTML 的語法」。為什麼說類似？而不是說相同呢？兩者之間有哪些差別嗎？讓 ChatGPT 為我們解答。

JSX 語法和 HTML 有哪些語法差異

JSX 和 HTML 在外觀上非常相似，但在一些語法和使用上有一些重要的差異：

1. 屬性名稱

- HTML 屬性名稱通常使用全小寫，例如 'class'、'for' 等。
- JSX 屬性名稱使用 camelCase（小駝峰命名法），例如 'className'（代替 'class'）和 'htmlFor'（代替 'for'）。

```
// HTML
<div class="container">
  <label for="inputField">Name:</label>
</div>
```

```
// JSX
<div className="container">
  <label htmlFor="inputField">Name:</label>
</div>
```

2. 內聯樣式

- HTML 使用 'style' 屬性，屬性值是字符串形式的 CSS。
- JSX 中的 'style' 屬性是一個 JavaScript 對象，屬性名稱使用 camelCase，屬性值是字符串。

```
// HTML
<div style="color: red; font-size: 16px;">Hello</div>

// JSX
<div style={{ color:'red', fontSize:'16px'}}>Hello</div>
```

3. 元素之間的注釋

- HTML 中使用 '<!-- 注釋 -->' 進行注釋。

- JSX 中使用 '{/* 注釋 */}' 進行注釋。

```
{/* This is a comment in JSX */}
```

4. 元素必須包裹

- JSX 中的元素必須有一個根元素，如果有多個子元素，它們必須被一個父元素包裹。

```
// 正確的用法
<div>
  <p>Paragraph 1</p>
  <p>Paragraph 2</p>
</div>

// 錯誤的用法
<p>Paragraph 1</p>
<p>Paragraph 2</p>
```

這些是 JSX 和 HTML 之間的一些主要語法差異。雖然它們看起來很相似，但在實際使用時需要注意這些差異，以確保代碼的正確性和一致性。

其他 - React 框架更迭

還記得 ChatGPT 的資料更新點是 2022 年 1 月嗎？說實在現在的網頁前後端框架、工具都更新得非常快。當初官方的專案建置也是推薦 CRA (create-react-app)，但現在官方不這麼推薦了，官方將 CRA 從推薦清單中移除。

舊版的教學文件有中文版本的，在這裡：

https：//zh-hant.legacy.reactjs.org/tutorial/tutorial.html

但他第一行就標示，這是一份舊的文件。

> **這些文檔很舊，不會更新。 前往 react.dev 獲取新的 React 文檔。**
> 更新的教學 教導你 modern React 並包括即時的範例。

新版的 React 教學文件在這裡，目前只有英文的：

https：//react.dev/learn/installation

新版官方教學中，推薦的建立方式有三種：

- Next.JS - 全端 React 框架

  ```
  npx create-next-app
  ```

- Remix - 全端 React 框架

  ```
  npx create-remix
  ```

- Gatsby - 搭建 CMS 網站後台管理系統的 React 框架

  ```
  npx create-gatsby
  ```

但其實剛開始繼續使用 CRA 也沒關係，要直接改用其他 React 框架也沒關係，後續在第四章的 React 進階中，會介紹 Nx 與 Next.JS 這兩個框架，這個章節先建立在「學習 React 的概念」、「學習 React 語法」，練習轉換思維、以元件的角度出發，並且寫出能夠運行的頁面，就算是目的達成了。

至於不同的框架雖然專案資料夾結構會略有不同、進行 Rotuer 的方式不同、支援的一些其他工具略有不同，但這些和 React 語法、邏輯本身的衝突是比較小的。

小小總結在這個小節中，我們從 NodeJS 的安裝、CRA 的使用與基礎專案建置，到認識 JSX、認識元件、基礎的 Props 傳入＆接收，以上都是 React 中最基本的觀念。

3-2　State（狀態）！內容動起來！

目前為止的效果都是相當靜態的，還沒有能夠互動的部分，於是緊接著我們會開始討論 State，與更深入的範例練習！

本篇和 ChatGPT 的對話紀錄在這邊：

https：//chat.openai.com/share/857b03f9-9255-443a-a7c3-d3ea85384264

狀態（State）

 請提供 react 中 ，有關 state 的教學與解說
介紹什麼是 state、作用是什麼，並給予範例

 當然，我來為你詳細解釋 React 中的 state，並提供範例。在 React 中，'state' 是一個非常重要的概念，它用於管理組件（component）的內部數據，當這些數據改變時，React 會自動重新渲染組件，以反映最新的狀態。

什麼是 State？

在 React 中，'state' 是一個 JavaScript 物件，它包含了組件內部需要跟蹤的數據。這些數據可以是任何你需要在組件中保持同步的值，例如用戶輸入、API 請求的結果、計數器等。'state' 可以被組件訪問和修改，當它發生變化時，React 會重新渲染組件，以顯示新的數據。

State 的作用是什麼？

State 的主要作用是在 React 應用程序中維護和同步數據，以便根據數據的變化來更新 UI。當組件的 'state' 發生變化時，React 會自動重新渲染組件，從而實現數據和 UI 的同步更新。這使得我們可以創建動態、互動性強的用戶界面。

如何使用 State ？

首先，你需要在 React 組件中引入 'useState' 鉤子（hook），這是一個用於管理組件狀態的功能。接著，你可以使用 'useState' 創建一個 state 變數，並給它一個初始值。這個初始值可以是任何你想要的數據類型，例如字符串、數字、物件等。

以下是一個簡單的 React 組件示例，展示如何使用 'useState' 創建和更新 state：

```
import React, { useState } from'react';

function Counter() {
  // 使用 useState 創建一個名為 count 的 state 變數，並初始化為 0
  const [count, setCount] = useState(0);

  // 定義一個函數來增加 count 的值
  const incrementCount = () => {
    setCount(count + 1); // 使用 setCount 更新 count
  };

  return (
    <div>
      <p> 目前計數：{count}</p>
      <button onClick={incrementCount}> 增加計數 </button>
    </div>
  );
}

export default Counter;
```

在這個例子中，我們使用 'useState' 創建了一個名為 'count' 的 state 變數，並初始化為 0。每次點擊按鈕時，'incrementCount' 函數會被調用，並使用 'setCount' 更新 'count' 的值，從而觸發組件重新渲染，顯示最新的計數值。

> 這就是 React 中 'state' 的基本使用方式。你可以根據你的需求創建
> 多個 state 變數，並使用它們來管理組件的內部數據。希望這個範例
> 能幫助你更好地理解 React 中的 state 概念。如果你有任何問題或需
> 要進一步的解釋，請隨時告訴我。

按照上面的範例做之後，把檔案引入 'App.js'，然後看一下成果：

實際操作就會看到每當點擊按鈕時，結果就會進行 +1。

state 對初學 React 來說，是一個完全新的概念，上述有提到一連串狀態與
畫面的變化，但似乎說明得還不夠明確，請 ChatGPT 針對流程進行解釋。

這邊也分享有個讓 ChatGPT 繪製示意圖的方式——使用 Mermaid 的語法！

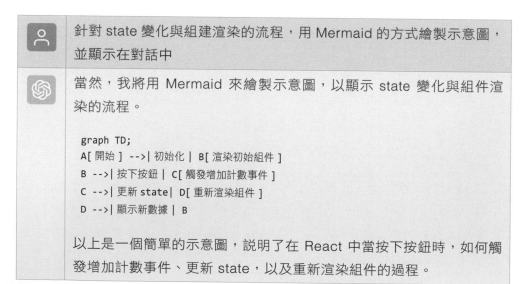

> 針對 state 變化與組建渲染的流程，用 Mermaid 的方式繪製示意圖，
> 並顯示在對話中

> 當然，我將用 Mermaid 來繪製示意圖，以顯示 state 變化與組件渲
> 染的流程。
>
> ```
> graph TD;
> A[ 開始 ] -->| 初始化 | B[ 渲染初始組件 ]
> B -->| 按下按鈕 | C[ 觸發增加計數事件 ]
> C -->| 更新 state| D[ 重新渲染組件 ]
> D -->| 顯示新數據 | B
> ```
>
> 以上是一個簡單的示意圖，說明了在 React 中當按下按鈕時，如何觸
> 發增加計數事件、更新 state，以及重新渲染組件的過程。

- 開始：代表程式的起點。

- 渲染初始組件：當 React 應用程序啟動時，首先會渲染初始的組件，這裡是指 Counter 組件，並初始化計數器的狀態為 0。

- 按下按鈕：當用戶按下增加計數的按鈕時，會觸發相應的事件。

- 觸發增加計數事件：按鈕的點擊事件會觸發增加計數事件，這裡指的是 'incrementCount' 函數。

- 更新 state：在增加計數事件中，我們使用 'setCount' 更新了 'count' 的值。

- 重新渲染組件：當 state 更新時，React 會重新渲染組件，以顯示最新的計數值。

這個流程圖可以幫助你更好地理解 React 中 state 變化與組件渲染的過程。如果你有任何進一步的問題或需要額外的說明，請隨時告訴我。

　　雖然 ChatGPT 還不支援直接在頁面中顯示流程圖，但將 ChatGPT 提供的 Mermaid 語法，複製起來丟到線上的 Mermaid 轉換網站（例如：https：//mermaid.live/edit），就可以看到 ChatGPT 為我們繪製的流程示意圖。

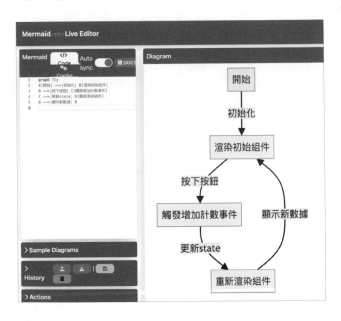

因此可以理解，使用 'const [count, setCount] = useState(0);' 這個語法之後，'count' 就是變數值，'setCount' 可以更改 'count' 的值，而且畫面會自動根據 'count' 的變化，綁定到元件中，更改元件的顯示。

useState 介紹

請 ChatGPT 為我們詳細解釋 'useState' 的用法。

 請針對 useState 進行深入介紹

 當然，讓我進一步深入介紹 'useState'。

什麼是 'useState'？

'useState' 是一個 React 的 hook，用於在 functional component 中添加狀態（state）。它允許你在不轉換成 class component 的情況下，使用狀態管理功能。

如何使用 'useState'？

要使用 'useState'，首先需要在你的 functional component 中引入 React 和 'useState'：

```
import React, { useState } from'react';
```

然後，你可以在 component 內部使用 'useState'hook 來創建狀態變數。語法如下：

```
const [state, setState] = useState(initialState);
```

這裡的 'state' 是一個變數，它包含了當前的狀態值，'setState' 是一個函數，用於更新 'state' 的值，'initialState' 是狀態的初始值。

以下是一個簡單的例子：

```
import React, { useState } from'react';
```

```
function Counter() {
  const [count, setCount] = useState(0);

  const incrementCount = () => {
    setCount(count + 1);
  };

  return (
    <div>
      <p>目前計數：{count}</p>
      <button onClick={incrementCount}>增加計數</button>
    </div>
  );
}

export default Counter;
```

在這個例子中，我們使用 'useState(0)' 創建了一個名為 'count' 的狀態變數，並將其初始化為 0。'setCount' 函數用於更新 'count' 的值。

'useState' 的返回值

'useState' 返回一個包含兩個值的陣列，第一個值是當前的狀態值，第二個值是一個函數，用於更新該狀態的值。

多個狀態變數

你可以在同一個 component 中多次使用 'useState' 來創建多個狀態變數。

```
const [state1, setState1] = useState(initialState1);
const [state2, setState2] = useState(initialState2);
// ...
```

函數更新

'setState' 也可以接受一個函數作為參數，這個函數將接收前一個狀態值作為參數，並返回新的狀態值。

```
setCount(prevCount => prevCount + 1);
```

> 這樣做的好處是可以避免因為非同步更新而導致的問題。
>
> **使用 'useState' 的注意事項**
>
> * 不要在條件判斷或迴圈中調用 'useState'，應該保證它在每次 render 中都被調用，並且總是以相同的順序被調用。
> * 'useState' 的初始值可以是一個值，也可以是一個返回值的函數，這樣可以避免不必要的計算。
>
> 希望這份深入介紹能幫助你更好地理解和使用 'useState'。如果你有任何進一步的問題，請隨時告訴我。

useState 函數式更新 ＆競爭條件（Race conditions）

　　ChatGPT 提到了「函數更新」，內部傳送的東西看起來是一個箭頭函式，是一個 callback 函數，和前面直接在參數放數值的方式不太一樣，接著請 ChatGPT 為我們深入介紹。

請針對函數式更新
setState(prevState => newState);
進行近一步的說明和解釋，並解釋目的

當使用 'setState' 函數時，你可以選擇使用函數式更新，即將一個函數作為參數傳遞給 'setState'，而不是直接傳遞一個新的狀態值。這種方式是為了更可靠地處理狀態更新，特別是在多個連續的狀態更新操作中。以下是對函數式更新的解釋和目的：

函數式更新的語法

函數式更新的語法如下：

```
setState((prevState) => {
  // 在這裡根據 prevState 計算新的狀態值 newState
  return newState;
});
```

- 'prevState'：這是前一個狀態的快照，它是 'setState' 函數的參數。
- 'newState'：這是一個函數，用於計算新的狀態值。

目的和好處

函數式更新的主要目的是確保在狀態更新期間，你能夠基於前一個狀態值來計算新的狀態值，而不受非同步操作的干擾。這樣做的好處包括：

1. 避免競爭條件：當多個狀態更新操作在同一時間內執行時，React 可能會將它們合併為一個更新。如果你使用了函數式更新，React 可以確保每次更新都是基於前一個狀態值進行計算，從而避免競爭條件和錯誤的發生。

2. 更可讀的代碼：函數式更新允許你在函數內部使用清晰的邏輯來計算新的狀態值，這可以使你的代碼更容易閱讀和維護。

3. 高性能：React 可以根據需要優化函數式更新的執行，以提高性能。例如，React 可能會延遲執行多個函數式更新，以減少渲染的次數，從而節省效能。

何時使用函數式更新

通常情況下，如果你的狀態更新操作是基於前一個狀態值進行計算的，建議使用函數式更新。這尤其適用於計數器、計數器、或任何需要累積狀態的場景。

以下是一個示例，展示了如何使用函數式更新來計數按鈕點擊的次數：

```
import React, { useState } from'react';

function Counter() {
  const [count, setCount] = useState(0);

  const incrementCount = () => {
    setCount((prevCount) => prevCount + 1); // 使用函數式更新
```

```
    };

    return (
      <div>
        <p>目前計數：{count}</p>
        <button onClick={incrementCount}>增加計數</button>
      </div>
    );
  }


  export default Counter;
```

在這個例子中，我們將 'setCount' 中的更新邏輯包裹在一個函數中，以確保它是基於前一個計數值進行計算的。

總之，函數式更新是一個在 React 中管理狀態時非常有用的技巧，它確保了可靠性和性能。當你需要基於前一個狀態值計算新的狀態時，不妨考慮使用函數式更新。如果有任何進一步的問題，請隨時提問。

　　使用函數式更新時，提到目的是為了「避免競爭條件」。什麼是「競爭條件」？

兩者的差別是什麼，不使用函數式更新可能會有什麼問題
並解釋競爭條件是什麼

函數式更新和非函數式更新的主要差別在於它們處理狀態更新的方式以及如何處理競爭條件的能力。

1. 差別：狀態更新方式

- 函數式更新：使用函數式更新時，你將一個函數作為 'setState' 的參數，該函數接收前一個狀態值作為參數，並返回新的狀態值。這樣可以確保每次更新都是基於前一個狀態值計算的，從而確保了狀態的正確性。

- 非函數式更新：如果你直接傳遞一個新的狀態值給 'setState'，
  則狀態更新是基於當前的狀態值，而不考慮之前的狀態。這可能
  會導致不可預測的結果，特別是在多個連續的狀態更新操作中。

2. 問題：競爭條件

競爭條件是指在多個操作同時競爭修改同一數據的情況下可能出現的
問題。在 React 中，當你執行多個狀態更新操作時，React 可能會將
它們合併為一個更新，這樣可以提高性能。然而，如果你不小心使用
了非函數式更新，可能會導致競爭條件。

例如，考慮以下情景：

```
// 非函數式更新
setCount(count + 1);
setCount(count + 1);
```

在這種情況下，React 可能將這兩個 'setCount' 調用合併為一個更新，
導致 'count' 只增加了一次，而不是預期的兩次。這是因為 React 不
知道在第一個 'setCount' 調用之後，'count' 的值已經改變。

但是，如果你使用函數式更新，情況就會不同：

```
// 函數式更新
setCount((prevCount) => prevCount + 1);
setCount((prevCount) => prevCount + 1);
```

在這種情況下，每次 'setCount' 調用都是基於前一個 'prevCount' 的
值計算的，因此 'count' 會正確地增加兩次。

總結來説，使用函數式更新可以確保你在處理狀態更新時能夠基於前
一個狀態值計算新的狀態，從而避免競爭條件和不可預測的結果。因
此，當你處理需要連續更新的狀態時，建議使用函數式更新。

讓 ChatGPT 直接給個更直觀的完整程式碼，可以直接來測試效果的吧！

請直接給一份可以看出有發生競爭條件和沒有的差別的範例程式碼

 當然，以下是一份示例程式碼，可以清晰地展示有發生競爭條件和沒有的差別：

```
import React, { useState } from'react';

function Counter() {
  const [count, setCount] = useState(0);

  // 有競爭條件的情況
  const incrementWithRaceCondition = () => {
    setCount(count + 1);
    setCount(count + 1);
  };

  // 沒有競爭條件的情況
  const incrementWithoutRaceCondition = () => {
    setCount((prevCount) => prevCount + 1);
    setCount((prevCount) => prevCount + 1);
  };

  return (
    <div>
      <p>目前計數：{count}</p>
      <button onClick={incrementWithRaceCondition}>增加計數（有競爭條件）</button>
      <button onClick={incrementWithoutRaceCondition}>增加計數（無競爭條件）</button>
    </div>
  );
}

export default Counter;
```

在這個範例中，我們創建了一個簡單的計數器組件，並提供了兩個按鈕：一個用於觸發有競爭條件的計數器增加，另一個用於觸發沒有競爭條件的計數器增加。

- 在 'incrementWithRaceCondition' 函數中，我們連續兩次呼叫 'setCount(count + 1)'，這可能會導致競爭條件，因為 React 可能會將這兩次調用合併為一次，導致計數器只增加了一次。

- 在 'incrementWithoutRaceCondition' 函數中，我們使用了函數式更新，確保了每次都是基於前一個狀態值計算的，因此計數器會正確地增加兩次。

你可以在你的 React 應用中嘗試運行這段程式碼，以查看兩者之間的差異。

既然拿到了範例程式碼，就來測試一下！開一個新檔案，把 ChatGPT 給的組件貼上去，引入到 App.js 中來看看效果。

接下來分別試試看點選有競爭條件的按鈕，以及無競爭條件的按鈕。會發現兩者理論上應該都要 +2，但是當點擊有競爭條件的按鈕時，計數的數字只有 +1。

兩個按鈕都是執行兩次 'setCount'，但有競爭條件的那個，第一次執行 'setCount(count + 1);' 時，初始 Count = 0，按下去後雖然執行了 'setCount(0 + 1)'。

但因為 'setCount' 是異步的，當執行第二次時，count 被增加的效果可能還沒觸發，導致執行第二次時，仍然是執行 'setCount(0 + 1)'，最終兩次的 'setCount(count + 1)'，合併成一次的效果執行。

事件綁定

在上個章節內，介紹 JSX 語法的時候有簡單提到綁定 onClick 事件的語法；在這個章節中 ChatGPT 提供的範例也有直接進行事件綁定，像是：

```
<button onClick={incrementCount}>Increment Count</button>
```

初學 React 的我們，接下來探討一下 React 中綁定事件的語法與說明。

 請針對 React 中的事件綁定進行說明

當然，讓我為你解釋 React 中的事件綁定。

在 React 中，你可以通過綁定事件來處理用戶與應用程序的互動，這是構建動態用戶界面的重要一環。

1. 基本事件綁定

React 使用 'onClick'、'onBlur'、'onChange' 等屬性來綁定事件，這些屬性接收一個函數作為值，這個函數會在事件發生時被調用。

以下是一個簡單的例子，展示了如何綁定一個點擊事件：

```
import React from 'react';

function ButtonComponent() {
  function handleClick() {
    alert(' 按鈕被點擊了！');
  }
```

```
    return (
      <button onClick={handleClick}>
        點擊我
      </button>
    );
  }

export default ButtonComponent;
```

2. 傳遞參數

如果你需要在事件處理函數中傳遞參數，可以使用箭頭函數或者使用 'bind' 方法。以下是使用箭頭函數的例子：

```
import React from 'react';

function ButtonComponent() {
  function handleClick(parameter) {
    alert(' 你傳遞了參數：${parameter}');
  }

  return (
    <button onClick={() => handleClick(' 這是參數 ')}>
      點擊我
    </button>
  );
}

export default ButtonComponent;
```

3. 阻止默認行為

有時你可能需要阻止某些元素的默認行為，例如阻止表單的提交。你可以在事件處理函數中調用 'preventDefault' 方法。

```
import React from 'react';

function FormComponent() {
  function handleSubmit(event) {
```

```
      event.preventDefault();
      alert(' 表單已提交！');
    }

    return (
      <form onSubmit={handleSubmit}>
        <button type="submit"> 提交表單 </button>
      </form>
    );
  }


export default FormComponent;
```

4. 事件對象

React 會自動傳遞一個事件對象給事件處理函數。你可以使用這個事件對象來獲取相關的信息，例如鼠標位置、按鈕狀態等。

```
import React from'react';

function MouseComponent() {
  function handleMouseMove(event) {
    console.log(' 鼠標位置：${event.clientX}, ${event.clientY}');
  }

  return (
    <div onMouseMove={handleMouseMove}>
      移動鼠標以獲取位置信息
    </div>
  );
}


export default MouseComponent;
```

這些是 React 中基本的事件綁定方式，你可以根據需要使用不同的事件來處理用戶的操作。希望這些說明對你有所幫助！如果你有任何進一步的問題，請隨時告訴我。

　　state 的了解就到這邊告一個段落！注意 state 是一種異步的處理，並根據情況選擇使用函數式更新，可以避免一些機率性的錯誤以及踩坑。而 React 將狀態、事件都和元件（畫面）寫在一起的做法，有別於在原生 JS 中對 ID、全域 DOM 的存取，讓程式碼易於重複使用！

3-3　運用 JS 高階函數，進階 JSX 組合元件！

　　我們在前兩篇中，學會了 JSX 的語法、元件 Component 的撰寫，也會傳 Props 和使用 State 了！

　　挽起袖子開始要撰寫自己的 Component、撰寫自己的程式碼，把程式碼分成很多小小的 Component，然後組裝起來……但這時候就會遇到一個問題——大量重複的 Component，要怎麼組裝起來？

　　舉個最簡單的例子，今天如果需要製作一個 select 下拉選單，裡面有 1~ 10 的選項可供選擇，如果硬刻的話，大概是這樣的狀況：

```
function MySelect() {
  // 用 useState 紀錄目前選擇的選項
  const [selectedNumber, setSelectedNumber] = useState(1);
  return (
    <select
        value={selectedNumber}
        onChange={(event) =>
            setSelectedNumber(parseInt(event.target.value))
        }
    >
      <option value={1}>1</option>
      <option value={2}>2</option>
      <option value={3}>3</option>
      <option value={4}>4</option>
      <option value={5}>5</option>
      <option value={6}>6</option>
      <option value={7}>7</option>
      <option value={8}>8</option>
      <option value={9}>9</option>
      <option value={10}>10</option>
```

```
  </select>
  );
}
```

　　這個是 10 個選項的狀況，複製貼上再修改的過程，會不免讓人懷疑自己是不是該請工讀生來幫忙處理……？但那如果需求需要 50 個呢？ 100 個呢？除了會貼到死、造成很多冗長的程式之外，還很有可能不小心改錯。

　　而且我們是工程師！怎麼可以做這種冗贅的事情！所以來問問看 ChatGPT 吧！一樣本篇的對話紀錄先放這邊：

　　https：//chat.openai.com/share/0deb43a3-fcd2-4482-8037-a8503a64252f

重複使用組件

 請問在 React 中

要怎麼處理大量重複的內容？

例如

```
<select
  value={selectedNumber}
  onChange={(event)=>setSelectedNumber(parseInt(event.target.value))}
>
  <option value={1}>1</option>
  <option value={2}>2</option>
  <option value={3}>3</option>
  ...
  <option value="100">100</option>
</select>
```

 在 React 中，若你需要處理大量重複的內容，你可以考慮使用迴圈或生成元素的方式來簡化程式碼，這樣可以減少手動輸入的工作量。

以你提供的 '<select>' 元素為例，如果你想要生成 1 到 100 的選項，可以使用迴圈來動態生成這些選項，如下：

```
<select
  value={selectedNumber}
  onChange={(event) =>
    setSelectedNumber(parseInt(event.target.value))}
>
  {Array.from({ length: 100 }, (_, index) => (
    <option key={index + 1} value={index + 1}>
      {index + 1}
    </option>
  ))}
</select>
```

這段程式碼會生成 1 到 100 的選項，並且在 '<option>' 元素中使用迴圈的 index 來當作選項的值和內容。這樣的做法可以節省大量的手動輸入。

在這段程式碼中，'Array.from({ length：100 }, (_, index) => ...)' 會產生一個長度為 100 的陣列，然後使用 'index' 來生成選項的值和內容。

記得在迴圈中每個元素都要有獨一無二的 'key' 屬性，這樣 React 才能正確地辨識元素。

希望這樣的寫法能對你有所幫助，如果你有任何問題或需要進一步的說明，請隨時告訴我！

'Array.from' 是原本 JS 就存在的語法，ChatGPT 提供的寫法，用簡單幾行程式，就生成了下面這樣的陣列：

```
[ <option key={1} value={1}>1</option>,
  <option key={2} value={2}>2</option>,
  <option key={3} value={3}>3</option>,
  ...
  <option key={10} value={10}>10</option> ]
```

在 JSX 語法中，可以直接吃一個 JSX 元素陣列作為內容，讓我們去生成大量重複的 JSX 變得容易起來！可以用 'Array.from'，或是用 '.map' 等等陣列相關的高階函數都可以生成！

但這邊要注意一點，上面提到「迴圈中每個元素都要有獨一無二的 'key' 屬性」，我們來進一步詢問這個 KEY 是什麼，作用是什麼？

組件中的 Key 屬性

上述提到「迴圈中每個元素都要有獨一無二的 key 屬性」
請問 Key 的作用和目的是什麼？ key 對於 React 的運作流程會有什麼影響？

'key' 在 React 中是一個特殊的屬性，用來幫助 React 依靠元素的獨一無二的標識來辨識、跟蹤和管理元素。

具體來說，'key' 的作用和目的如下：

1. 唯一標識元素：'key' 的主要目的是讓 React 可以區別不同的元素，這樣 React 就可以準確地確定哪些元素需要被修改、更新或刪除，而不會誤判。

2. 提高重渲染效率：當 React 進行列表更新時，使用 'key' 可以幫助它識別哪些元素是新的、哪些元素是已經存在的。這樣 React 可以最小化對 DOM 的操作，提高重渲染的效率。

3. 保持元素的穩定性：'key' 可以確保元素在重新排列時保持穩定，即使列表順序發生變化，React 也能正確地辨識元素。

4. 提供穩定的元素狀態：當元素在列表中添加或刪除時，'key' 可以保證元素的狀態保持穩定，這對於某些需要維持狀態的場景非常重要。

總的來說，'key' 在 React 中是一個非常重要的屬性，特別是在處理動態生成的列表時。它可以幫助 React 正確地辨識、跟蹤和管理元素，保證應用程式的正確運作。

如果你不提供 'key'，React 會在開發者工具中發出警告，提醒你加上 'key' 屬性以確保元素的唯一性。

> 希望這能幫到你理解 'key' 的重要性和作用！如果你還有其他問題，
> 歡迎隨時提出。

ChatGPT 說了 key 是唯一的標識，作用是讓 React 區別不同元素，幫助 React 辨別哪些元素是需要重新渲染的。

但上面的例子，我們使用了 index 作為 key 值。index 只和順序有關係，也就是改變了順序的話，不同子元件的 key 值就會被變動，這樣是可以的嗎？

 任何列表都可以像上面用 index 作為 key 嗎

 雖然可以使用索引（index）作為 'key'，但這並不是一個推薦的做法，特別是在動態生成的列表中。

以下是一些需要考慮的因素：

1. 穩定性問題：使用索引作為 'key' 可能會導致列表項目在重新排列時出現穩定性問題。如果列表中的項目會被重新排序，索引可能不再唯　，這可能會導致 React 遇到困難。

2. 效能問題：當項目被插入或刪除時，使用索引作為 'key' 可能會導致 React 需要重新調整整個列表，這可能會降低效能。

3. 重複性問題：如果列表中的項目具有唯一標識（例如 ID 或其他獨特的值），最好使用這些值作為 'key'，而不是依賴於索引。

總的來説，最好的做法是盡量避免使用索引作為 'key'，而是優先選擇具有唯一標識的值作為 'key'。這樣可以確保 React 正確地跟蹤和管理元素，並且在列表項目發生變化時保持穩定性。

如果你的列表項目沒有明顯的唯一標識，你可以考慮使用一些其他唯一的值，或者在需要時生成一個唯一的標識。

希望這能幫到你理解為什麼使用索引作為 'key' 可能不是最佳做法。如果你還有其他問題，歡迎隨時提出。

我們再來和 ChatGPT 要個範例來對照一下！

 可以提供上述所説，用 index 作為 key 但會出問題的範例嗎

範例中希望可以直接看到問題

 當然，我可以提供一個範例來展示使用索引作為 'key' 可能會遇到的問題。

假設我們有一個簡單的 React 組件，它動態生成一個列表，並將索引作為 'key'：

```
import React, { useState } from'react';

const ExampleComponent = () => {
  const [items, setItems] = useState(['apple','banana','cherry']);

  const handleRemove = (index) => {
    const newItems = [...items];
    newItems.splice(index, 1);
    setItems(newItems);
  };

  return (
    <div>
      <ul>
        {items.map((item, index) => (
          <li key={index}>
            {item}
            <button onClick={() => handleRemove(index)}>Remove</button>
          </li>
        ))}
      </ul>
    </div>
  );
};

export default ExampleComponent;
```

在這個例子中，我們有一個簡單的列表，每個列表項目都有一個 "Remove" 按鈕，當按下這個按鈕時，該項目會被從列表中移除。

然而，這個例子存在一個潛在的問題。假設我們移除了列表中的第一個項目（蘋果），那麼狀態陣列將變為 '['banana','cherry']'。

如果我們使用索引作為 'key'，React 會將新的項目陣列視為全新的列表，這將導致 React 需要重新渲染整個列表，而不僅僅是更新第一個項目。這可能會導致效能問題，尤其在列表項目數量很大的情況下。

為了解決這個問題，最好的做法是使用具有唯一標識的值作為 'key'，而不是依賴於索引。這樣可以確保 React 正確地跟蹤和管理元素，並在列表項目發生變化時保持穩定性。

希望這個範例能幫到你理解使用索引作為 'key' 可能會出現的問題。如果你還有其他問題，歡迎隨時提出。

好的，把上面的程式碼運行看看，每按一下，列表裡面的所有內容都重新渲染了一下，結果就會得到如下圖所示，反白的區域是按下按鈕時，React 進行重新渲染的部分。

為了得到對照，請 ChatGPT 生成一份「沒有渲染效能問題」的。

 上面的程式碼應該怎麼修正 key 呢

 要修正上面的程式碼中的 'key' 問題，你可以使用具有唯一標識的值作為 'key'，而不是依賴於索引。

在這個例子中，可以使用列表中的元素（例如水果名稱）作為 'key'，因為這些名稱是唯一的。這樣可以確保 React 正確地跟蹤和管理元素。

以下是修正後的程式碼：

```
import React, { useState } from'react';

const ExampleComponent = () => {
  const [items, setItems] = useState(['apple','banana','cherry']);

  const handleRemove = (item) => {
    const newItems = items.filter((i) => i !== item);
    setItems(newItems);
  };

  return (
    <div>
      <ul>
        {items.map((item) => (
          <li key={item}>
            {item}
            <button onClick={{() => handleRemove(item)}}>Remove</button>
          </li>
        ))}
      </ul>
    </div>
  );
};

export default ExampleComponent;
```

> 在這個修正後的程式碼中，我們將水果名稱作為每個列表項目的 'key'。這樣當我們移除列表中的項目時，React 可以正確地辨識和更新相應的元素，而不會出現效能問題。
>
> 希望這能幫到你理解如何修正 'key' 的問題。如果你還有其他問題，歡迎隨時提出。

可以和先前的對比一下，這次的程式碼，在點擊移除的時候，非移除的其他子項目，內容（水果名稱）的部分是不會重新渲染的：

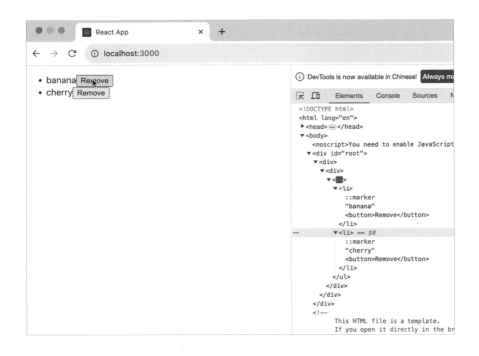

如果內容複雜（例如是圖片、更複雜大型的 Component），其渲染效能就會有顯著差異！

進階 JSX 寫法

既然可以用 'Array.from' 或是 '.map' 來生成 JSX，是不是可以善用 JS 的靈活性，動態生成或是決定我們要渲染的元件呢？請 ChatGPT 來提供一些範例看看！

除了 .map 之外，還有其他可以幫助我們處理 JSX 元素的靈活的寫法嗎

除了使用 '.map' 以外，React 提供了一些其他方法來處理 JSX 元素的靈活寫法，具體取決於你的需求和情境。以下是一些常見的方法：

1. 條件渲染（Conditional Rendering）：你可以使用 'if' 條件語句或三元運算符來根據條件來渲染 JSX 元素。這使你可以根據不同的情況渲染不同的內容。

```
{shouldRenderElement && <MyComponent />}
```

2. 迴圈或遞迴：除了 '.map'，你還可以使用 JavaScript 中的其他迴圈或遞迴方式來動態生成 JSX 元素。

```
const elements = [];
for (let i = 0; i < 5; i++) {
  elements.push(<div key={i}>Element {i}</div>);
}
```

3. 陣列方法：JavaScript 陣列方法像 '.map'、'.filter'、'.reduce' 等可以幫助你對陣列進行操作，然後返回 JSX 元素。

```
const filteredElements = items
  .filter(item => item.condition)
  .map(item => <MyComponent key={item.id} data={item.data} />);
```

4. 內聯條件（Inline Conditionals）：你可以使用 JSX 中的內聯條件來根據條件動態選擇渲染的內容。

```
{isUserLoggedIn ? <UserProfile /> : <LoginButton />}
```

5. 使用 Fragment：當你需要返回多個元素而不包裝在外層元素中時，可以使用 React 的 Fragment 來包裹這些元素。

```
<>
  <Element1 />
  <Element2 />
</>
```

6. 將邏輯提取到函數中：如果 JSX 元素內的邏輯變得很複雜，你可以將部分邏輯提取到函數中，然後在 JSX 中調用該函數。

```
function renderElement(condition) {
  return condition ? <Element1 /> : <Element2 />;
}


// 在 JSX 中使用
{renderElement(isConditionTrue)}
```

這些方法提供了不同的方式來處理 JSX 元素，具體取決於你的應用程式需求和程式碼組織。選擇最適合你的方法，以提高代碼的可讀性和維護性。

部分的語法在一開始的 JSX 語法教學的時候有提及，但是還沒有去解析 & 理解這些語法，接下來會針對各寫法去做解析

條件渲染

 針對上述的
{shouldRenderElement && <MyComponent />}
這個語法請提供教學與解析

 這個語法 '{shouldRenderElement && <MyComponent />}' 是一種條件渲染的寫法，它使用了 JavaScript 中的邏輯運算符 '&&'。

這個寫法的意思是：當 'shouldRenderElement' 為真（true）時，就會渲染 '<MyComponent />'，否則不會渲染。

這種條件渲染的技巧利用了 JavaScript 中的短路特性。具體來説：

- 如果 'shouldRenderElement' 為假（false），整個表達式就會返回 'false'，React 不會繼續渲染 '<MyComponent />'，從而節省了渲染的時間和資源。

- 如果 'shouldRenderElement' 為真（true），整個表達式會繼續執行，然後返回 '<MyComponent />'，React 會將 '<MyComponent />' 渲染到 DOM 中。

這種技巧通常用於根據特定條件來選擇是否渲染某個元素，這樣可以幫助你在 React 應用程式中進行動態渲染。

這裡提供一個簡單的範例來示範這種語法的使用：

```
import React, { useState } from'react';

const ExampleComponent = () => {
  const [shouldRenderComponent, setShouldRenderComponent] = useState(true);

  const toggleComponent = () => {
    setShouldRenderComponent(!shouldRenderComponent);
  };

  return (
    <div>
      <button onClick={toggleComponent}>Toggle Component</button>
      {shouldRenderComponent && <MyComponent />}
    </div>
  );
};


export default ExampleComponent;
```

在這個例子中，'shouldRenderComponent' 是一個狀態（state），並且預設為 'true'。當按下 "Toggle Component" 按鈕時，'toggleComponent' 函數會切換 'shouldRenderComponent' 的值。

在 JSX 中，我們使用 '{shouldRenderComponent && <MyComponent />}' 這樣的語法來判斷是否要渲染 '<MyComponent />'。如果 'shouldRenderComponent' 為 'true'，則會渲染 '<MyComponent />'，否則不會。

這樣就實現了根據特定條件來控制元件的渲染。

希望這能幫到你理解 '{shouldRenderComponent && <MyComponent />}' 這種語法的用法！如果你還有其他問題，歡迎隨時提出。

同樣針對

{isUserLoggedIn ? <UserProfile /> ：<LoginButton />}

這個語法提供教學

這個語法 '{isUserLoggedIn ? <UserProfile /> ：<LoginButton />}' 是一個條件渲染的寫法，它使用了 JavaScript 中的三元運算符？。

這個寫法的意思是：當 'isUserLoggedIn' 為真（true）時，就會渲染 '<UserProfile />'，否則就會渲染 '<LoginButton />'。

這種條件渲染的技巧可以讓你根據特定條件來選擇是否渲染不同的元素，這在 React 應用程式中是非常常見和有用的。

這裡提供一個簡單的範例來示範這種語法的使用：

```
import React, { useState } from'react';

const ExampleComponent = () => {
  const [isUserLoggedIn, setIsUserLoggedIn] = useState(false);

  const handleLogin = () => {
    setIsUserLoggedIn(true);
  };

  const handleLogout = () => {
    setIsUserLoggedIn(false);
  };

  return (
    <div>
      {isUserLoggedIn ? <button onClick={handleLogout}>Logout</button> :
<button
```

```
onClick={handleLogin}>Login</button>}
        {isUserLoggedIn ? <UserProfile /> : <LoginButton />}
    </div>
  );
};


export default ExampleComponent;
```

在這個例子中，我們有一個狀態 'isUserLoggedIn' 來表示用戶是否
已登錄。當按下 "Login" 按鈕時，'handleLogin' 函數會將 'isUser
LoggedIn' 設為 'true'，表示用戶已登錄。當按下 "Logout" 按鈕時，
'handleLogout' 函數會將 'isUserLoggedIn' 設為 'false'，表示用戶已
登出。

在 JSX 中，我們使用 '{isUserLoggedIn？<UserProfile /> ：<LoginButton />}'
這樣的語法來根據 'isUserLoggedIn' 的值來渲染不同的元素。如果
'isUserLoggedIn' 為 'true'，則會渲染 '<UserProfile />'，否則會渲染
'<LoginButton />'。

這樣就實現了根據用戶是否已登錄來顯示不同的內容。

希望這能幫到你理解 '{isUserLoggedIn？<UserProfile /> ：<LoginButton />}'
這種語法的用法！如果你還有其他問題，歡迎隨時提出。

Fargment

請針對 Fragment 進行教學與解說

當你在 React 中需要返回多個元素時，通常需要將它們包裝在一個外
層元素中。但有時你可能不想在 DOM 中添加多餘的元素，這時就可
以使用 React 的 Fragment 來解決這個問題。

Fragment 是 React 提供的一個空的元素容器，它不會在 DOM 中增
加任何額外的元素。它允許你在 JSX 中返回多個元素，而無需包裝在
額外的 DOM 元素中。

以下是如何使用 Fragment 的教學：

1. 引入 Fragment：

首先，在你的 React 組件文件頂部引入 Fragment：

```
import React, { Fragment } from'react';
```

或者你也可以這樣寫：

```
import React from'react';
const Fragment = React.Fragment;
```

2. 使用 Fragment：

然後，在你的 JSX 中使用 Fragment 來包裹多個元素：

```
const ExampleComponent = () => {
  return (
    <Fragment>
      <div>Element 1</div>
      <div>Element 2</div>
    </Fragment>
  );
};
```

或者你可以使用簡寫的語法：

```
const ExampleComponent = () => {
  return (
    <>
      <div>Element 1</div>
      <div>Element 2</div>
    </>
  );
};
```

這樣，你就可以在 JSX 中返回多個元素，而不需要包裝在一個外層元素中。

Fragment 提供了一種簡潔的方式來解決在 React 中返回多個元素的問題，同時保持了 DOM 結構的整潔和一致。

請注意，在 React 16.2 之前，Fragment 需要使用 '<React.Fragment>' 來引入，而在 React 16.2 之後，你可以直接使用 '<>...</>' 的簡寫語法。

希望這能幫到你理解和使用 Fragment ！如果你還有其他問題，歡迎隨時提出。

如果不使用 Fragment 可以嗎，最外層一定要變成單一元素嗎

在 React 中，JSX 需要有一個最外層的元素來包裹所有的子元素，這是因為 JSX 本身只能返回單一的表達式，而不是多個獨立的元素。這個最外層的元素通常被稱為「容器元素」或「根元素」。

如果你不使用 Fragment，你也可以使用其他元素來包裹子元素，但這個包裹的元素會成為 DOM 中的一部分。這可能會導致在某些情況下出現不希望的結構。

舉例來說，如果你不使用 Fragment，你可能會這樣寫：

```
const ExampleComponent = () => {
  return (
    <div>
      <div>Element 1</div>
      <div>Element 2</div>
    </div>
  );
};
```

這樣，'<div>' 就會成為最外層的容器元素。雖然這樣也可以工作，但在某些情況下，可能會導致多餘的 DOM 結構，進而影響 CSS 的樣式套用。

因此，使用 Fragment 是一種比較優雅的方式，因為它不會在 DOM 中增加多餘的元素，保持了結構的整潔。

如果你對於外層一定要有單一元素有疑慮，你可以考慮是否有其他方式可以重新組織你的元件結構，以達到你的需求。

總的來說，外層必須要有一個單一的元素來包裹所有的子元素，這是 JSX 規範的一部分。使用 Fragment 是其中一種解決方案，也是一個較為推薦的做法。

ChatGPT 小節統整

最後，我們試著讓 ChatGPT 幫我們總結本小節的內容與重點。

請針對本次對話的內容，進行重點整理與給予一段結語

在本次對話中，我們討論了以下重點內容：

1. 條件渲染：介紹了在 React 中進行條件渲染的兩種常見方式，分別是使用 '&&' 運算符和三元運算符 '?'。

   - 使用 '&&' 運算符的寫法：'{shouldRenderElement && <MyComponent />}'

   - 使用三元運算符的寫法：'{isUserLoggedIn ? <UserProfile /> : <LoginButton />}'

2. Fragment：解釋了 Fragment 的作用，它允許在 JSX 中返回多個元素，而無需包裝在額外的 DOM 元素中。

   - 引入 Fragment 的寫法：'import React, { Fragment } from'react';'

   - 使用 Fragment 的寫法：'<Fragment>{/* 子元素 */}</Fragment>' 或簡寫語法 '<>...</>'

3. 避免使用索引作為 'key'：強調了在 React 中避免使用索引作為 'key' 的重要性，並解釋了這樣做可能導致的問題。

4. 其他靈活的寫法：介紹了除了使用 '.map' 之外，還有其他方法來處理 JSX 元素的靈活寫法，包括條件渲染、迴圈、陣列方法等。

總結來說，React 提供了許多靈活的方式來處理 JSX 元素，這些技巧可以根據情況和需求來選擇使用，以提高代碼的可讀性和維護性。

如果有任何進一步的問題或需要更詳細的解釋，請隨時提出。祝你在學習 React 的過程中順利！

結合 JS 的語法之後，能夠寫出的 JSX 語法就更加靈活，有了這些基礎，就能挑戰一些簡單的練習，像是製作圈圈叉叉或是 TODO List 都是經典的練習題！

3-4　Hook！副作用（Side Effect）？useEffect！

在前面章節，我們已經充分了解要怎麼在元件中設置「State」（狀態）了！但在介紹如何使用 'useState' 時 ChatGPT 有提到一個陌生的名詞——他說：「在 React 中引入 'useState' 鉤子（hook）」。

從這句可推斷「useState 是一個 hook」，但 hook 是什麼？本小節將會和 ChatGPT 探討 React 中的 Hook！和 ChatGPT 對話連結放這邊：

https：//chat.openai.com/share/cee5659c-952c-4764-9a1c-c1f85b64bc9b

Hook（鉤子）

 在 React 中，hook 是什麼？

在 React 中，hook（鉤子）是一種讓你可以在函式型元件中使用狀態（state）與 React 特性的方式。它們讓你在無需轉換成類別元件的情況下，可以使用 React 的功能。

最常用的 hook 是 'useState' 和 'useEffect'。

- 'useState' 可以讓你在函式型元件中添加狀態。它接受一個初始狀態並返回一個包含目前狀態值和一個更新狀態的函式。舉例來說：

```
import React, { useState } from'react';

function Counter() {
  const [count, setCount] = useState(0);

  return (
    <div>
      <p>目前計數：{count}</p>
      <button onClick={() => setCount(count + 1)}>增加</button>
    </div>
  );
}

export default Counter;
```

- 'useEffect' 讓你可以在每次渲染後執行副作用操作，比如資料的獲取或訂閱事件。舉例來說：

```
import React, { useState, useEffect } from'react';

function Example() {
  const [count, setCount] = useState(0);

  useEffect(() => {
    document.title ='目前計數：${count}';
  });

  return (
```

```
      <div>
        <p> 目前計數：{count}</p>
        <button onClick={() => setCount(count + 1)}> 增加 </button>
      </div>
    );
  }


  export default Example;
```

這些只是其中兩個例子，React 有許多不同的 hook 可以讓你在函式型元件中使用狀態、生命周期等特性。當然，你也可以創建自己的自定義 hook。

在第三章一開始介紹 React 的元件時，就有提到元件有「函式型 (Functional Component）」與「類別元件 (Class Component)」兩種寫法。

Class Component 的寫法要牽涉到 class 的語法，寫法也比較複雜，透過繼承 'React.Component' 這個 React 提供的 Class 來建立一個元件，並使用這個繼承的 Class 來達成一些狀態管理、或是 render 顯示畫面的功能。

最初開發主要使用 Class Component 來撰寫，後來 Hook 和 Functional Component 一起出現，讓開發可以用函數來寫 React 元件，且具備原本 Class Component 所提供的能力，讓 function 內也能夠管理狀態、使用 React 給的功能！

所以 ChatGPT 才會提到「讓你在無需轉換成類別元件的情況下，可以使用 React 的功能。」

那麼我們接續討論下一個議題，ChatGPT 提到了 'useEffect'，說 'useEffect' 可以「執行副作用操作」，但什麼是「副作用」呢？

副作用（Side Effect）

副作用是什麼？

在程式設計的背景下，副作用（Side Effect）是指一段程式碼在執行過程中會對程式之外的狀態進行修改或產生其他影響的行為。

在 React 中，副作用通常指的是在函式元件中使用 'useEffect' 這個 hook。'useEffect' 可以讓你在每次渲染之後執行一些操作，這些操作可能會引起網路請求、設置訂閱、手動修改 DOM 等，這些都是副作用，因為它們會影響到程式之外的狀態。

例如，在一個 React 函式元件中，你可以使用 'useEffect' 來設置一個定時器：

```
import React, { useState, useEffect } from'react';

function Timer() {
  const [seconds, setSeconds] = useState(0);

  useEffect(() => {
    const interval = setInterval(() => {
      setSeconds(prevSeconds => prevSeconds + 1);
    }, 1000);

    return () => clearInterval(interval);
  }, []); // 第二個參數是一個依賴陣列，若空陣列代表只在元件掛載與卸載時執行

  return (
    <div>
      <p>已過秒數：{seconds}</p>
    </div>
  );
}

export default Timer;
```

這裡的 'setInterval' 就是一個副作用，因為它會影響到程式之外的狀態（即定時器的運作）。

了解和處理副作用是一個重要的程式設計概念，因為它們可能會對程式的行為造成不可預測的影響。在 React 中，'useEffect' 提供了一個方便的方式來處理這些副作用。

了解副作用就是這一類非純函數、或是會受到非該 function 內參數的因素影響的處理之後，接下來請 ChatGPT 介紹 'useEffect' 的語法介紹，來學習 'useEffect' 的使用。

useEffect

 請針對 useEffect 的語法做深入講解

 當然可以，讓我們針對 'useEffect' 進行更深入的解釋。

'useEffect' 是 React 提供的一個 hook，它讓你可以在函式型元件中執行副作用操作。這些副作用可以包括資料的獲取、設置訂閱、手動修改 DOM，以及其他會影響程式之外狀態的操作。

'useEffect' 接受兩個參數：一個是函式，另一個是一個依賴陣列（dependency array）。

1. 基本語法

```
useEffect(() => {
  // 執行副作用操作
}, [ 依賴 1, 依賴 2, ...]);
```

- 第一個參數是一個函式，它包含了你想要在每次渲染後執行的操作。

- 第二個參數是一個陣列，包含了所有可能會影響這個副作用的變數或值。當這些變數或值有變化時，'useEffect' 會重新執行。

2. 為何需要依賴陣列？

依賴陣列的存在是為了告訴 React 哪些變數會影響到這個副作用。如果某個變數沒有在依賴陣列中列出，那麼當該變數發生變化時，'useEffect' 不會重新執行。

舉例來説：

```
useEffect(() => {
  console.log(' 這裡的代碼會在每次渲染後執行 ');
}, []); // 空陣列代表沒有依賴，只會在元件掛載與卸載時執行
```

這段程式碼中的 'useEffect' 將在元件掛載時執行一次，並在元件卸載時清理。

3. 如何處理清理工作？

如果你的副作用操作包括了需要清理的工作（比如清除訂閱或定時器），你可以在 'useEffect' 的回傳函式中執行這些清理操作。

```
useEffect(() => {
  // 執行副作用操作

  return () => {
    // 執行清理操作
  };
}, [ 依賴 1, 依賴 2, ...]);
```

4. 延遲執行副作用

如果你想要在下一次渲染後執行副作用，可以在函式中使用 'setTimeout' 或 'setInterval' 來達到延遲執行的效果。

5. 常見錯誤

- 忘記加入依賴陣列：如果你忘記了加入依賴陣列，可能會導致副作用無法正確執行或造成無窮迴圈。

- 在回傳函式中執行異步操作：回傳的函式應該是同步的，不應該包含異步操作。

這些是對 'useEffect' 的基本說明，希望這能幫到你更清楚地理解這個重要的 React hook。如果你有任何進一步的問題，歡迎隨時詢問！

'useEffect' 的基本用法瞭解了之後，這裡 ChatGPT 又提了一個新的關鍵字：清理工作。我們可以看到 ChatGPT 在 'useEffect' 中回傳了一個函式的動作。接下來請 ChatGPT 深入解釋什麼是清理工作，又要怎麼處理相關語法。

範例的 useEffect 中，return 了一個函式

可以針對這個清理工作進行深入講解嗎

當你在 'useEffect' 中返回一個函式時，這個函式通常被稱為清理函式（cleanup function）或清理機制（cleanup mechanism）。

清理函式的主要目的是在下一次執行副作用之前，清理或取消副作用所產生的任何資源或效果。這對於需要釋放資源、取消訂閱、清除定時器等情況非常有用。

讓我們使用一個實際的範例來說明：

```
useEffect(() => {
  // 副作用操作
  const timer = setInterval(() => {
    console.log(' 執行副作用 ');
  }, 1000);

  // 返回清理函式
  return () => {
    clearInterval(timer);
    console.log(' 清理副作用 ');
  };
}, []);
```

在這個範例中，我們建立了一個定時器（'setInterval'），每隔一秒執行一次副作用操作（這裡是輸出一段文字到控制台）。然後，在 'useEffect' 中返回了一個函式，這個函式包含了清理定時器的操作。

當元件卸載或 'useEffect' 的依賴發生變化時，React 會在下次渲染之前執行這個清理函式。

一些重要的事情要注意：

1. 清理函式只在元件卸載或依賴發生變化時執行。 如果依賴陣列為空（'[]'），則清理函式只會在元件卸載時執行。

2. 清理函式可以執行任何需要的清理工作。 這可能包括取消訂閱、關閉連線、清除計時器、釋放資源等。

3. 清理函式是可選的。 如果你的副作用操作沒有需要清理的部分，你可以省略返回清理函式。

4. 如果依賴陣列為空，則清理函式只會在元件卸載時執行一次。 如果有依賴，則在每次依賴變化時都會執行一次清理函式，然後再執行新的副作用。

總的來說，清理函式是一個非常重要的機制，它讓你可以在副作用產生影響之前，進行必要的清理工作，這對於避免記憶體洩漏或其他意外行為非常重要。

了解以上語法後，請 ChatGPT 幫我們整理一下，以上這些的執行順序，以便了解流程和全貌是怎麼樣的。

請針對 state、useEffect 執行以及清理函式的執行順序，以 Mermaid 語法呈現流程，並講解

我無法以圖表的方式呈現資訊，但我會以文字方式來講解 'state'、'useEffect' 執行以及清理函式的執行順序。

1. 初始化階段：

- 首先，'state' 會被初始化，這是透過 'useState'hook 來進行的。這會設定元件的初始狀態值。

2. 元件渲染階段：

- 當元件被渲染時，'state' 的初始值會被使用，並且 'useEffect' 中的副作用操作會被執行。

- 如果有清理函式，它也會被返回，但在這個階段不會執行。

3. 清理函式的執行：

- 如果之前的渲染中有返回清理函式，它會在下一次渲染前執行。這可能發生在下列情況：

  ○ 元件卸載時，如果 'useEffect' 的依賴為空，或是有新的依賴。

> ○ 'useEffect' 的依賴發生變化時，它會在執行新的副作用前被呼叫。
>
> 4. 依賴變化時的執行：
>
> ● 如果 'useEffect' 中的依賴發生變化，則清理函式會先執行（如果存在的話），然後新的副作用操作會被執行。
>
> 總結來說，'state' 初始化是第一步，接著 'useEffect' 中的副作用操作會在每次渲染時執行。如果有清理函式，它會在下一次渲染前執行，並在新的副作用操作之前執行。
>
> 在依賴變化時，清理函式會先執行（如果存在的話），然後新的副作用操作會被執行。
>
> 這個流程確保了在每次渲染之前，先清理之前的副作用，然後再執行新的副作用。

哇。ChatGPT 拒絕幫我畫流程圖 …… 沒關係，再盧他一次看看。

 請針對以上的流程用 mermaid 語法描述

抱歉，由於我無法直接生成圖表，但我可以以文字描述的方式，再次簡要地呈現流程：

```
graph TD;
A[ 初始化 state] --> B[ 渲染元件 ]
B -->| 執行副作用 | C[ 返回清理函式 ]
C -->| 卸載元件或依賴變化 | D[ 執行清理函式 ]
D -->| 清理完成 | E[ 執行新副作用 ]
E -->B
```

1. 初始化階段：初始化 'state'，設定元件的初始狀態值。

2. 元件渲染階段：當元件被渲染時，'state' 的初始值會被使用，並且 'useEffect' 中的副作用操作會被執行。如果有清理函式，它也會被返回，但在這個階段不會執行。

3. 清理函式的執行：如果之前的渲染中有返回清理函式，它會在下一次渲染前執行。這可能發生在元件卸載時，或是 'useEffect' 的依賴發生變化時。

4. 依賴變化時的執行：如果 'useEffect' 中的依賴發生變化，清理函式會先執行（如果存在的話），然後新的副作用操作會被執行。

總結來説，這個流程確保了在每次渲染之前，先清理之前的副作用，然後再執行新的副作用。

一樣我們把這個 mermaid 的內容貼到線上檢視器中，就可以看到 ChatGPT 幫我們整理出來的流程圖。

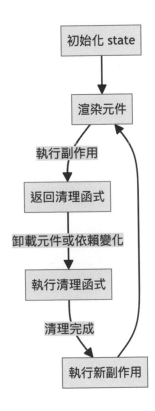

從流程圖可以清楚了解元件渲染（依賴的變數發生改變）、執行副作用以及清理函式、根據新的依賴內容執行新副作用處理的執行順序。

再來，為了加深瞭解運用 useEffect 的重要性，我們很叛逆的問看看 ChatGPT，如果不使用 useEffect 的話會出什麼問題。

 可以提供範例解釋，如果不使用 useEffect 會有什麼問題嗎

 當你不使用 'useEffect' 時，你可能會在 React 函式型元件中遇到一些問題，特別是當需要處理副作用的情況下。

讓我們以一個簡單的範例來說明：

假設你想在元件渲染時設置一個定時器來更新狀態：

```
import React, { useState } from 'react';

function Timer() {
  const [seconds, setSeconds] = useState(0);

  setInterval(() => {
    setSeconds(seconds + 1);
  }, 1000);

  return (
    <div>
      <p>已過秒數：{seconds}</p>
    </div>
  );
}

export default Timer;
```

在這個例子中，我們使用 'setInterval' 來每秒更新一次 'seconds' 的狀態。然而，這樣的做法會產生幾個問題：

1. 無窮迴圈：'setInterval' 會在每次渲染時執行，因此它會一直運行下去，導致無窮迴圈。

2. 效能問題：每次渲染都會重新設置一個新的定時器，這會造成效能上的浪費。

3. 無法清理：沒有清理機制，這意味著即使元件被卸載，定時器仍然
　 會持續運行，可能會導致記憶體洩漏或其他問題。

使用 'useEffect' 可以解決這些問題：

```
import React, { useState, useEffect } from'react';

function Timer() {
  const [seconds, setSeconds] = useState(0);

  useEffect(() => {
    const interval = setInterval(() => {
      setSeconds(prevSeconds => prevSeconds + 1);
    }, 1000);

    return () => clearInterval(interval);
  }, []);

  return (
    <div>
      <p>已過秒數：{seconds}</p>
    </div>
  );
}

export default Timer;
```

在這個例子中，我們使用 'useEffect' 來確保定時器只在元件第一次渲
染時被設置，並在元件卸載時清理。這樣可以避免了無窮迴圈和記憶
體洩漏的問題，同時也提升了效能。

　　把第一個程式碼範例貼到一個新檔案中，然後導入 'App.js' 中，然後運行
看看：

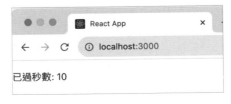

　　前面 1、2、3… 看起來都還正常，隨著執行的數量越來越多，無窮的迭代執行 setInterval，出現的數字就開始發生異常與競爭，大約數到 6 以後數字替換就會變得相當詭異，最後變成高速跑起來的無窮迴圈。

　　然後改成有使用 useEffect 版本的，秒數計時就會穩穩的、正確進行計時。我們再來了解更多使用 useEffect 的情境！

 除了以上範例之外，請提供更多有關 useEffect 的使用範例與情境，並詳細解説

 當然，我將提供一些更多的範例以及解釋各種情境下如何使用 'useEffect'。

1. 資料獲取

```
import React, { useState, useEffect } from'react';

function DataFetching() {
  const [data, setData] = useState(null);

  useEffect(() => {
    // 在這裡進行資料獲取的操作
    fetch('https://api.example.com/data')
      .then(response => response.json())
      .then(data => setData(data));
  }, []);

  return (
    <div>
      {data ? <p>資料：{data}</p> : <p>載入中 ...</p>}
    </div>
  );
}

export default DataFetching;
```

這個範例展示了如何在元件渲染時使用 'useEffect' 來發起一個資料請求。在 'useEffect' 中，我們使用 'fetch' 函式來獲取資料，並在獲取成功後更新狀態。

2. 設定訂閱

```
import React, { useState, useEffect } from 'react';

function Subscription() {
  const [subscribed, setSubscribed] = useState(false);

  useEffect(() => {
    // 設定訂閱
    const subscription = subscribeToData(data => {
      // 在資料更新時執行的邏輯
    });

    // 在元件卸載時取消訂閱
    return () => {
      unsubscribeFromData(subscription);
    };
  }, []);

  return (
    <div>
      <p>訂閱狀態：{subscribed ?' 已訂閱 ':' 未訂閱 '}</p>
      <button onClick={() => setSubscribed(!subscribed)}>
        切換訂閱狀態
      </button>
    </div>
  );
}

export default Subscription;
```

在這個範例中，我們模擬了訂閱一個資料源的行為。當元件掛載時，我們設定了訂閱，並在元件卸載時取消訂閱，以避免資源洩漏。

3. 監聽事件

```
import React, { useState, useEffect } from 'react';

function EventListener() {
```

```
const [mousePosition, setMousePosition] = useState({ x: 0, y: 0 });

useEffect(() => {
  const handleMouseMove = (e) => {
    setMousePosition({ x: e.clientX, y: e.clientY });
  };

  window.addEventListener('mousemove', handleMouseMove);

  return () => {
    window.removeEventListener('mousemove', handleMouseMove);
  };
}, []);

return (
  <div>
    <p>目前滑鼠位置：{mousePosition.x}, {mousePosition.y}</p>
  </div>
);
}


export default EventListener;
```

這個範例示範了如何在元件渲染時監聽滑鼠移動事件，並在元件卸載時取消監聽。

這些範例展示了 'useEffect' 在不同情境下的使用方式，包括資料獲取、訂閱設定、事件監聽等。每個範例都包含了清理機制，以確保在元件卸載時進行必要的清理工作。

看完以上範例，這邊要特別提一下，雖然 ChatGPT 說 useEffect 可以藉由清理函式在定時器的例子中去避免無窮迴圈。

但 useEffect 是只要依賴的變數更動就會啟動，所以……?

使用 useEffect 是否也可能導致無窮迴圈？

 是的，雖然 'useEffect' 是 React 提供的一個強大工具，但在使用時仍然可能導致無窮迴圈的情況。

這種情況通常發生在你在 'useEffect' 中更新某個狀態，而這個狀態的變化會觸發 'useEffect' 重新執行的情況下。

讓我們以一個範例來說明：

```
import React, { useState, useEffect } from 'react';

function InfiniteLoopExample() {
  const [count, setCount] = useState(0);

  useEffect(() => {
    setCount(count + 1);
  }, [count]);

  return (
    <div>
      <p>目前計數：{count}</p>
    </div>
  );
}

export default InfiniteLoopExample;
```

在這個範例中，我們在 'useEffect' 中嘗試更新 'count' 的狀態。然而，每次 'setCount' 被呼叫時，它會觸發元件重新渲染，進而觸發 'useEffect' 重新執行，這將導致無窮迴圈。

為了避免這種情況，你需要確保在 'useEffect' 中更新狀態時，不會引起無窮迴圈。這可能需要你重新考慮你的邏輯或使用依賴陣列來限制 'useEffect' 的執行。

總結來說，雖然 'useEffect' 是一個非常強大的工具，但它也需要小心使用，以避免出現無窮迴圈或其他意外行為。

上面這個實在是太危險了，我們請 ChatGPT 繪製流程圖就好，不要真的運行。要是實際運行之後，就是會看到計數用很快的速度往上飆漲。

　針對上述情況用 mermaid 語法描述

　當然，以下是使用 Mermaid 語法描述的情境：

```
graph TD;
A[ 初始化 state] --> B[ 執行第一次 useEffect]
B -->| 更新 count| C[ 重新渲染 ]
C -->B
C -->|count 變化 | B
```

這個流程示意了在初始化時，'useEffect' 會被執行一次。然後，每次 'count' 更新會觸發重新渲染，並再次執行 'useEffect'。這樣就形成了一個無窮迴圈。

為了避免這種情況，你需要確保在 'useEffect' 中的操作不會引起無窮迴圈，或者使用依賴陣列來限制 'useEffect' 的執行。

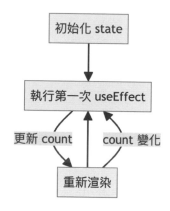

ChatGPT 小節統整

小節的最後，請 ChatGPT 幫我們統整本篇 useEffect 相關重點：

綜合以上所有對話，請統整重點與提供一段結語

在這次的對話中，我們探討了 React 中的 'useEffect' 以及相關概念。以下是本次對話的重點：

1. 'useEffect' 是什麼：

- 'useEffect' 是 React 提供的一個 hook，用於處理副作用操作，如資料獲取、設定訂閱、監聽事件等。

2. 'useEffect' 的基本語法：

- 'useEffect(() => { // 副作用操作 }, [依賴 1, 依賴 2, ...]);'
- 第一個參數是一個函式，包含了副作用操作。
- 第二個參數是一個陣列，包含了影響副作用的變數或值。

3. 清理函式：

- 可以透過返回一個函式來執行清理工作，以避免資源洩漏或其他問題。

4. 'useEffect' 的執行流程：

- 初始化階段 -> 元件渲染階段 -> 清理函式的執行（若有）-> 依賴變化時的執行。

5. 'useEffect' 的使用情境：

- 資料獲取、設定訂閱、監聽事件等。

6. 可能的無窮迴圈問題：

- 在 'useEffect' 中更新某個狀態，且這個狀態的變化會觸發 'useEffect' 重新執行，可能導致無窮迴圈。

結語：

'useEffect' 是 React 函式型元件中一個重要的工具，它讓我們可以在函式型元件中處理副作用。然而，使用時需要注意避免可能的無窮迴圈，並確保在需要時提供清理函式。透過正確的使用 'useEffect'，我們可以有效地管理元件的生命週期及處理各種副作用。

3-5　更多 Hook！useCallback！useMemo！自定義 Hook！

上個章節提到，Hook 是 React 所提供的函式，讓我們可以在 Functional Component 中使用 React 提供的功能。

最廣泛以及最常用的 Hook 即是管理 State(狀態) 的 'useState'，以及處理 Side Effect（副作用）的 'useEffect'！這個章節要來問問 ChatGPT 是否還有更多的 Hook 可以使用，對我們的開發或是優化又有什麼幫助？ Go Go！本篇的對話紀錄在這邊：

https：//chat.openai.com/share/1b527d56-24a2-405c-8636-636ba1eea374

請介紹除了 useState 和 useEffect 之外
常見的 React Hook 有哪些

當然可以！除了 'useState' 和 'useEffect' 之外，React 還有許多其他常用的 Hook，讓你可以更靈活地管理組件的狀態和生命周期。以下是一些常見的 React Hook：

1. useContext

- 這個 Hook 允許你在組件之間共享全域狀態，避免了一層層地傳遞 props 的麻煩。

2. useReducer

- 這是一種更強大的狀態管理器，通常用於處理較複雜的狀態邏輯，可以替代 'useState'。

3. useCallback

- 這個 Hook 可以幫助你優化性能，避免在每次渲染時重新生成函數。

4. useMemo

- 這個 Hook 也是用於性能優化，它可以在依賴數組沒有變化時，避免重複計算。

5. useRef

- 'useRef' 可以用來獲得 DOM 元素的引用，也可以用來儲存任意可變值。

6. useImperativeHandle

- 這個 Hook 允許你在父組件中自定義子組件暴露的實例值。

7. useLayoutEffect

- 與 'useEffect' 類似，但是在渲染之前同步觸發。

8. useDebugValue

- 這個 Hook 用於在 React 開發者工具中顯示自定義的 hook 名稱。

這些是一些比較常見的 React Hook，當然還有其他一些可以根據需要使用的 Hook。在開發過程中，根據具體的場景和需求，你可以靈活地選擇適合的 Hook 來優化你的組件。

ChatGPT 一口氣給了八個 Hook 的名稱，先請 ChatGPT 針對這八個都提供範例程式碼並說明用途。

請針對上述的常用 hook 提供範例並解說使用時機、使用目的

 當然可以！我會針對每個常用的 Hook 提供範例以及解說使用時機和使用目的。

1. useContext

- 使用時機：當你希望在多個組件之間共享全域狀態時。
- 使用目的：避免一層層地傳遞 props，讓全域狀態變得更容易管理。

範例：

```
// 在 App.js 中建立一個 Context
import React, { createContext, useContext, useState } from'react';

const GlobalContext = createContext();

const GlobalProvider = ({ children }) => {
  const [globalState, setGlobalState] = useState('初始值');

  return (
    <GlobalContext.Provider value={{ globalState, setGlobalState }}>
      {children}
    </GlobalContext.Provider>
  );
};

export const useGlobalContext = () => {
  return useContext(GlobalContext);
};

export default GlobalProvider;
```

在其他組件中使用：

```
import React from'react';
import { useGlobalContext } from'./App';
```

```
const ChildComponent = () => {
  const { globalState, setGlobalState } = useGlobalContext();

  return (
    <div>
      <p> 全域狀態：{globalState}</p>
      <button onClick={() => setGlobalState(' 新的值 ')}> 更新狀態 </button>
    </div>
  );
};


export default ChildComponent;
```

2. useReducer

- 使用時機：當你的狀態邏輯變得複雜，需要一個更強大的狀態管理器時。

- 使用目的：幫助你更結構化地處理狀態變化。

範例：

```
import React, { useReducer } from'react';

const initialState = { count: 0 };

const reducer = (state, action) => {
  switch (action.type) {
    case'increment':
      return { count: state.count + 1 };
    case'decrement':
      return { count: state.count - 1 };
    default:
      throw new Error();
  }
};

const Counter = () => {
  const [state, dispatch] = useReducer(reducer, initialState);
```

```
  return (
    <div>
      <p>Count: {state.count}</p>
      <button onClick={() => dispatch({ type:'increment'})}> 增加 </button>
      <button onClick={() => dispatch({ type:'decrement'})}> 減少 </button>
    </div>
  );
};


export default Counter;
```

3. useCallback

- 使用時機：當你希望避免在每次渲染時重新生成函數時。

- 使用目的：優化性能，避免不必要的函數重新創建。

範例：

```
import React, { useState, useCallback } from'react';

const MemoizedComponent = () => {
  const [count, setCount] = useState(0);

  const handleClick = useCallback(() => {
    setCount(count + 1);
  }, [count]);

  return (
    <div>
      <p>Count: {count}</p>
      <button onClick={handleClick}> 增加 </button>
    </div>
  );
};


export default MemoizedComponent;
```

這樣你可以根據具體的情況使用這些常用的 Hook 來優化你的組件。記得根據實際需求選擇適當的 Hook 來使用。

請繼續根據上方的模式，繼續解說

4. useMemo

- 使用時機：當你需要在依賴數組沒有變化時，避免重複計算時。
- 使用目的：提升效能，避免不必要的運算。

範例：

```jsx
import React, { useState, useMemo } from'react';

const ExpensiveComponent = () => {
  const [count, setCount] = useState(0);

  // 使用 useMemo 來計算一個昂貴的值，只有在 count 變化時才會重新計算
  const expensiveValue = useMemo(() => {
    console.log('計算 expensiveValue');
    return count * 2;
  }, [count]);

  return (
    <div>
      <p>Count: {count}</p>
      <p>Expensive Value: {expensiveValue}</p>
      <button onClick={() => setCount(count + 1)}> 增加 </button>
    </div>
  );
};

export default ExpensiveComponent;
```

5. useRef

- 使用時機：當你需要獲得 DOM 元素的引用或儲存任意可變值時。
- 使用目的：方便存取 DOM 元素或儲存不會觸發重新渲染的值。

範例：

```jsx
import React, { useRef, useEffect } from'react';
```

```
const RefComponent = () => {
  const inputRef = useRef();

  useEffect(() => {
    inputRef.current.focus();
  }, []);

  return (
    <div>
      <input type="text" ref={inputRef} />
    </div>
  );
};


export default RefComponent;
```

6. useImperativeHandle

- 使用時機：當你需要在父組件中自定義子組件暴露的實例值時。
- 使用目的：提供一個介面供父組件操作子組件。

範例：

```
import React, { useRef, useImperativeHandle, forwardRef } from'react';

const ChildComponent = forwardRef((props, ref) => {
  const inputRef = useRef();

  useImperativeHandle(ref, () => ({
    focus: () => {
      inputRef.current.focus();
    }
  }));

  return <input type="text" ref={inputRef} />;
});


export default ChildComponent;
```

這些是一些常見的 React Hook 的範例以及使用時機和使用目的。希望這些範例能對您理解這些 Hook 有所幫助！如果您還有其他問題，請隨時告訴我。

請繼續根據上方的模式，繼續解說

7. useLayoutEffect

- 使用時機：當你需要在 DOM 更新之前執行一些同步的操作時。

- 使用目的：通常用於需要立即計算 DOM 尺寸或位置的情況。

範例：

```
import React, { useState, useLayoutEffect } from'react';

const LayoutEffectComponent = () => {
  const [width, setWidth] = useState(0);

  useLayoutEffect(() => {
    // 這裡的程式碼會在 DOM 更新之後同步執行
    const newWidth = document.getElementById('container').clientWidth;
    setWidth(newWidth);
  }, []); // 空的依賴陣列表示只在初始渲染時執行

  return (
    <div>
      <div id="container" style={{ width:'300px', height:'100px',
background:'lightblue'}}>
        寬度：{width}px
      </div>
    </div>
  );
};

export default LayoutEffectComponent;
```

8. useDebugValue

- 使用時機：當你需要在 React 開發者工具中顯示自定義的 hook 名稱時。

- 使用目的：方便開發者在工具中追蹤和除錯 Hook。

範例：

```
import { useState, useDebugValue } from'react';

const useCustomHook = (initialValue) => {
  const [value, setValue] = useState(initialValue);
  useDebugValue(value > 10 ?' 大於 10':' 小於 10'); // 在 React 開發者工具中顯
示訊息

  return [value, setValue];
};


export default useCustomHook;
```

這些是剩下的兩個常用的 React Hook 的範例以及使用時機和使用目的。請根據實際需求選擇適當的 Hook 來使用。如果您還有其他問題或需要進一步的解釋，請隨時告訴我！

接下來會針對比較常用的 'useCallback'、'useMemo'、'useRef' 進行較深入的探討。'useContext' 和 'useReducer' 雖然也是常見且廣泛使用的，但因為牽涉比較複雜的流程，會在下一個章節討論進階 React 的時候，與另外一個第三方套件 Redux 放一起講。

useCallback

請針對 useCallback 這個 hook 進行深入介紹

當然！讓我來深入介紹 'useCallback' 這個 Hook。
useCallback Hook

什麼是 'useCallback'？

'useCallback' 是一個用於優化性能的 Hook，它用於避免在每次渲染時重新生成函數。

使用時機

當你希望避免因為每次渲染都重新創建函數而造成性能問題時，就可以考慮使用 'useCallback'。

如何使用

'useCallback' 接受兩個參數：要儲存的函數以及一個依賴陣列。

```
const memoizedCallback = useCallback(
  () => {
    doSomething(a, b);
  },
  [a, b]
);
```

- 第一個參數是要儲存的函數，它會在每次渲染時保持不變。

- 第二個參數是一個依賴陣列，只有在這個陣列中的值發生變化時，才會重新計算並返回新的函數。

範例

假設你有一個組件，其中包含一個按鈕，每次按下按鈕時都會執行一個處理函數：

```
import React, { useState, useCallback } from'react';

const ButtonComponent = () => {
  const [count, setCount] = useState(0);

  // 使用 useCallback 來優化處理函數
  const handleClick = useCallback(() => {
    setCount(count + 1);
  }, [count]);

  return (
```

```
      <div>
        <p>Count: {count}</p>
        <button onClick={handleClick}}>增加</button>
      </div>
    );
  };

export default ButtonComponent;
```

在這個例子中，'handleClick' 函數使用了 'useCallback'，並且依賴於 'count' 的值。這樣，只有在 'count' 發生變化時，才會重新計算 'handleClick'。

注意事項

- 請記得只在真正需要優化性能的情況下使用 'useCallback'。如果你的函數並不會在每次渲染時都被調用，那麼優化可能並不會帶來顯著的效果。

- 請不要過度使用 'useCallback'，過多的優化反而可能會讓代碼變得複雜難懂。

希望這能幫助你更好地理解和使用 'useCallback'Hook！如果你有任何進一步的問題，請隨時告訴我。

什麼情況下推薦使用？請給更多推薦使用的範例來說明需要 useCallback 的情況

當然，讓我進一步說明在什麼情況下推薦使用 'useCallback'，並提供更多範例來說明需要使用它的情況。

推薦使用 'useCallback' 的情況：

1. 將函數作為 props 傳遞給子組件：

假如你有一個父組件，其中包含一個按鈕，每次按下按鈕時都會調用一個處理函數。當這個處理函數需要作為 prop 傳遞給子組件時，你會想要使用 'useCallback' 來避免在每次渲染時重新生成函數。

```
const ParentComponent = () => {
 const handleClick = useCallback(() => {
   // 處理按鈕點擊
 }, []);

 return <ChildComponent handleClick={handleClick} />;
};
```

2. 優化 React.memo 或 PureComponent 的效能：

當你在使用 'React.memo' 或 'PureComponent' 優化你的組件時，如果組件接收一個函數作為 prop，你會需要使用 'useCallback' 來確保該函數不會在每次渲染時都被重新生成。

```
const MemoizedComponent = React.memo(({ handleClick }) => {
 return <button onClick={handleClick}> 按鈕 </button>;
});
const ParentComponent = () => {
 const handleClick = useCallback(() => {
   // 處理按鈕點擊
 }, []);

 return <MemoizedComponent handleClick={handleClick} />;
};
```

3. 在 'useEffect' 中使用函數依賴：

如果你在 'useEffect' 中使用一個依賴於 props 或狀態的函數，且該函數在渲染時可能會發生變化，你會需要使用 'useCallback' 來確保該函數不會在每次渲染時都被重新生成。

```
const ComponentWithEffect = ({ someProp }) => {
 const handleEffect = useCallback(() => {
   // 使用 someProp 做一些事情
 }, [someProp]);

 useEffect(() => {
   handleEffect();
 }, [handleEffect]);
```

```
  return <div> 組件內容 </div>;
};
```

4. 在自定義 Hook 中使用：

如果你創建了一個自定義 Hook，並且該 Hook 返回一個函數，你可能會需要使用 'useCallback' 來確保該函數不會在每次渲染時都被重新生成。

```
const useCustomHook = () => {
  const handleAction = useCallback(() => {
    // 執行某些操作
  }, []);

  return { handleAction };
};
```

希望這些例子幫助你更好地理解在什麼情況下推薦使用 'useCallback'。如果你有任何進一步的問題，請隨時告訴我。

上面 ChatGPT 所舉出的範例中，useEffect 依賴 function 的情形相當常見。如果沒有把放在 useEffect 依賴陣列內的 function 使用 useCallback 來處理，eslint 也會跳出警告訊息，提醒你要把他放進去。

```
The 'handleClick' function makes the dependencies of useEffect
Hook (at line 17) change on every render. To fix this, wrap the
definition of 'handleClick' in its own useCallback()
Hook. eslint(react-hooks/exhaustive-deps)

(local function) handleClick(): void

檢視問題 (⌥F8)    快速修復... (⌘.)

function handleClick() {
  setCount(count + 1);
}

useEffect(() => {
  console.log('觸發了 useEffect');
  handleClick()
}, [handleClick, props]);
```

否則每次 render 都會觸發一次 useEffect，那麼這樣的流程，可能就和你原本的設計原意不同。

在 ChatGPT 所提供的其他範例中，出現了一些新的名詞：「React. memo」、「PureComponent」、「自定義 Hook」。接著來了解 ChatGPT 所提到的其他情形。

React.memo & PureComponent

 React.memo 或 PureComponent 是什麼

 'React.memo' 和 'PureComponent' 都是 React 中用於優化性能的工具，它們都有助於減少不必要的渲染，提升應用的效能。

React.memo

'React.memo' 是一個高階組件（Higher Order Component，HOC），它可以包裹組件，並在 props 沒有改變的情況下，阻止該組件的重新渲染。

舉例來說：

```
const MyComponent = React.memo((props) => {
  /* 組件內容 */
});
```

當 'MyComponent' 的 props 沒有改變時，它就不會進行重新渲染。這可以節省渲染時間，特別是對於那些複雜的組件來說。

PureComponent

'PureComponent' 是一個 React 內建的類別組件，它自動實現了 'shouldComponentUpdate' 方法，這個方法會在每次接收到新的 props 或 state 時，檢查它們是否有變化，如果沒有變化，就不會觸發重新渲染。

舉例來說：

```
class MyComponent extends React.PureComponent {
  /* 組件內容 */
}
```

'PureComponent' 對於簡單的組件來說是一個很方便的工具，因為它可以自動執行性能優化的檢查，減少了手動編寫 'shouldComponentUpdate' 的需求。

使用時機

使用 'React.memo' 或 'PureComponent' 的時機通常是在你確定組件的渲染只依賴於它的 props 或 state，而不依賴於其他外部因素的情況下。這樣做可以節省不必要的渲染，提升應用的性能。

然而，需要注意的是，過度使用 'React.memo' 或 'PureComponent' 可能會導致某些情況下的 bug，因為這些工具只檢查 props 或 state 是否有深層的變化，並不會進行深度比較。

總的來說，使用 'React.memo' 或 'PureComponent' 可以是一個有效的性能優化手段，但在應用它們時，請確保了解它們的適用場景和限制，以避免出現意外的行為。

結合兩者介紹，可以知道 Functional Component 中的 'React.memo'，或是 Class Component 中的 'PureComponent' 這兩種，已經是經過 React 內部優化成只有 Props 變化時才會重新渲染。

若在這時候傳進來作為 Props 的 function 卻在非必要時也重新生成，那麼使用 'React.memo' 的優點與目的就喪失了。

自定義 Hook

接下來的問題是，什麼是「自定義 Hook」？為什麼也需要 useCallback 的協助？

自定義 Hook 是什麼？

自定義 Hook 是一種讓你可以在 React 函數組件中重用狀態邏輯的方式。它們可以幫助你把具有相似邏輯的組件邏輯抽象成可重用的函數。

自定義 Hook 是以 'use' 開頭的函數，例如 'useCustomHook'，它可以調用其他的 Hook，並且可以利用 Hook 的特性來存取 React 的狀態和生命周期。

自定義 Hook 通常是一個函數，它可以接收一些自定義的參數，並返回一些狀態變數或函數，讓你可以在組件中使用。

例如，以下是一個簡單的自定義 Hook，用來追蹤滑鼠的位置：

```javascript
import { useState, useEffect } from 'react';

const useMousePosition = () => {
  const [position, setPosition] = useState({ x: 0, y: 0 });

  const handleMouseMove = (e) => {
    setPosition({ x: e.clientX, y: e.clientY });
  };

  useEffect(() => {
    window.addEventListener('mousemove', handleMouseMove);
    return () => {
      window.removeEventListener('mousemove', handleMouseMove);
    };
  }, []);

  return position;
};

export default useMousePosition;
```

這個自定義 Hook 可以在任何組件中使用，並且它會返回當前滑鼠的位置。

> 使用自定義 Hook 的好處在於它可以幫助你將具有相似邏輯的代碼抽象成可重用的函數，進而提升代碼的可讀性和可維護性。同時，它也符合 React 的鉤子（Hook）概念，使得在函數組件中管理狀態變得更為方便。
>
> 總的來說，自定義 Hook 是一個非常強大的工具，可以讓你更有效地組織和重用代碼邏輯。

以上面的例子來說，如果多個 component 內都需要取得滑鼠的位置座標，原本的寫法會變成在這些需要使用到的 component 內，都放上一樣的程式碼！

都需要 'const [position, setPosition] = useState({ x：0, y：0 });' 也需要用 'useEffect' 註冊事件等等。但若可以獨立將這些邏輯抽起來，像 component 一樣重複呼叫、並獨立管理生命週期與狀態，就可以解決重複撰寫邏輯的問題。

既然有機會講到自定義 Hook，那就來和 ChatGPT 確認一下，使用自定義 Hook 時，有什麼原則或是注意事項。

撰寫自定義 Hook 有什麼需要注意的地方
請提供更多使用時機與範例

撰寫自定義 Hook 時需要注意以下幾個重要點：

1. 命名規則：

- 自定義 Hook 的名稱應以 use 開頭，這樣 React 才能識別它是一個 Hook。

2. 不要在迴圈、條件式或巢狀函數中調用 Hook：

- Hook 的調用必須在函數的最高層級中進行，不能在迴圈、條件式或巢狀函數中使用。

3. 每次呼叫都是獨立的：

- 每次呼叫自定義 Hook 都是獨立的，它們之間不會共享狀態。

4. 只在函數組件中使用：

- 自定義 Hook 只能在函數組件中使用，不能在類別組件或普通 JavaScript 函數中使用。

5. 可以使用其他 Hook：

- 在自定義 Hook 中，你可以使用其他 React 提供的 Hook，如 'useState'、'useEffect' 等。

6. 提供清理機制（若需要）：

- 如果你在自定義 Hook 中使用了訂閱或定時器等資源，請確保在組件卸載時進行清理，以避免內存洩漏。

更多使用時機與範例：

1. 監聽 window 尺寸變化：

```
import { useState, useEffect } from'react';

const useWindowSize = () => {
  const [windowSize, setWindowSize] = useState({
    width: window.innerWidth,
    height: window.innerHeight
  });

  useEffect(() => {
    const handleResize = () => {
      setWindowSize({
        width: window.innerWidth,
        height: window.innerHeight
      });
    };

    window.addEventListener('resize', handleResize);

    return () => {
      window.removeEventListener('resize', handleResize);
    };
```

```
  }, []);

  return windowSize;
};


export default useWindowSize;
```

2. 表單處理：

```
import { useState } from'react';

const useFormInput = (initialValue) => {
  const [value, setValue] = useState(initialValue);

  const handleChange = (e) => {
    setValue(e.target.value);
  };

  return {
    value,
    onChange: handleChange
  };
};


export default useFormInput;
```

3. 主題切換：

```
import { useState } from'react';

const useThemeToggle = (initialTheme) => {
  const [theme, setTheme] = useState(initialTheme);

  const toggleTheme = () => {
    setTheme(prevTheme => prevTheme ==='light'?'dark':'light');
  };

  return {
    theme,
```

```
    toggleTheme
  };
};

export default useThemeToggle;
```

這些範例展示了如何利用自定義 Hook 來抽象和重用具有相似邏輯的
程式碼。透過自定義 Hook，你可以更有效地組織你的程式碼邏輯，
並提升代碼的可讀性和可維護性。

了解自定義 Hook 的使用與範例之後，我們再把問題的主題拉回來：為什麼
自定義 Hook 內也需要用 useCallback 包裝 function？什麼時機自定義 Hook 內要
使用 useCallback？

useCallback & 自訂義 Hook 的關係

為什麼自定義 hook 中，也需要搭配 useCallback 使用？

在自定義 Hook 中，可能需要搭配 'useCallback' 的情況通常是當你
的 Hook 返回一個函數，並且這個函數會作為 callback 函數被傳遞到
其他地方，比如事件處理函數或是 effect 中的回調函數。

讓我們以一個範例來說明為什麼在某些情況下需要在自定義 Hook 中
搭配 'useCallback'：

假設你創建了一個自定義 Hook 來處理計數器的邏輯：

```
import { useState } from 'react';

const useCounter = () => {
  const [count, setCount] = useState(0);

  const increment = () => {
    setCount(count + 1);
  };
```

```
    return {
      count,
      increment
    };
  };


  export default useCounter;
```

如果你在組件中使用這個自定義 Hook，並把 'increment' 函數作為事件處理函數傳遞到子組件中：

```
const ParentComponent = () => {
  const { count, increment } = useCounter();

  return <ChildComponent handleClick={increment} />;
};
```

那麼這裡的 'increment' 函數會在每次渲染時重新生成，這可能會導致 'ChildComponent' 在每次渲染時都會得到一個不同的 'handleClick' 函數，進而觸發不必要的重新渲染。

為了避免這種情況，你可以在 'useCounter'Hook 中使用 'useCallback' 來確保 'increment' 函數在每次渲染時都保持不變：

```
import { useState, useCallback } from'react';

const useCounter = () => {
  const [count, setCount] = useState(0);

  const increment = useCallback(() => {
    setCount(count + 1);
  }, [count]);

  return {
    count,
    increment
  };
};
```

```
export default useCounter;
```

這樣，'increment' 函數就會保持穩定，不會在每次渲染時重新生成，避免了不必要的重新渲染。

總的來説，當你的自定義 Hook 返回一個函數並且這個函數會在其他地方被使用時，你可能需要搭配使用 'useCallback' 來確保這個函數的穩定性。

總而言之，'useCallback' 目的是為了避免每次的渲染，都重新生成一個新的函數，導致使用到該函數的元件也跟著要一起重新渲染。

useMemo

充分理解 'useCallback' 之後，接下來請 ChatGPT 介紹 'useMemo'。

請深入介紹 useMemo

當然！讓我深入介紹一下 'useMemo'。

useMemo Hook

什麼是 'useMemo'？

'useMemo' 是一個用於優化性能的 Hook，它會在渲染過程中對具有高昂運算成本的函數進行記憶化（memoization），以減少不必要的重新計算。

使用時機

當你有一個昂貴的計算或函數，且它的結果在相同的依賴不變的情況下是固定的，那麼可以使用 'useMemo' 來避免在每次渲染時都重新計算這個值。

如何使用

```
const memoizedValue = useMemo(() => computeExpensiveValue(a, b), [a, b]);
```

- 第一個參數是一個函數，它執行那個昂貴的計算。
- 第二個參數是一個依賴陣列，只有在陣列中的值發生變化時，'computeExpensiveValue' 才會重新運算。

範例

假設你有一個組件，其中包含一個按鈕，每次按下按鈕時都會執行一個昂貴的計算：

```jsx
import React, { useState, useMemo } from'react';

const ExpensiveComponent = () => {
  const [count, setCount] = useState(0);

  // 使用 useMemo 來記憶化昂貴計算
  const expensiveValue = useMemo(() => {
    console.log(' 執行昂貴計算 ');
    return count * 2;
  }, [count]);

  return (
    <div>
      <p>Count: {count}</p>
      <p>Expensive Value: {expensiveValue}</p>
      <button onClick={() => setCount(count + 1)}>增加 </button>
    </div>
  );
};

export default ExpensiveComponent;
```

在這個範例中，'expensiveValue' 只在 'count' 發生變化時才會重新計算，這樣可以避免在每次渲染時都執行昂貴的計算。

> **注意事項**
>
> - 請記得只在真正需要優化性能的情況下使用 'useMemo'。如果你的計算並不會在每次渲染時都被調用，那麼優化可能並不會帶來顯著的效果。
>
> - 請注意 'useMemo' 返回的是記憶化的值，而不是函數，這與 'useCallback' 有所不同。
>
> 希望這能幫助你更好地理解和使用 'useMemo'Hook！如果你有任何進一步的問題，請隨時告訴我。

可以理解為：

'useCallback' 記住 function，只在依賴改變時重新生成 function。

'useMemo' 記住變數計算結果，只在依賴改變的時候重新運算並更新記憶的變數內容。

ChatGPT 小節統整

小節的最後，請 ChatGPT 幫我們統整本小節的內容：

請綜合以上對話，歸納總結內容並給一段結語

在這次的對話中，我們深入探討了 React 中的一些重要概念和技術，特別是針對初學者的前端工程師。以下是我們討論的主要內容：

1. React Hook 概述：我們介紹了 React Hook 的基本概念，它們是一種用於在函數組件中管理狀態和邏輯的工具，並且與類別組件有所不同。

2. 常見的 React Hook：我們列出了一些常見的 React Hook，包括 'useState'、'useEffect'、'useContext'、'useReducer' 等，並解釋了它們的使用時機和使用目的。

3. 自定義 Hook：我們討論了自定義 Hook，這是一種用於封裝和重用邏輯的方式，並提供了多個實際範例，例如用於監聽滑鼠位置、處理表單、切換主題等。

4. 性能優化與 Hook：我們深入研究了 'useMemo' 和 'useCallback' 這兩個 Hook，它們用於優化性能，避免不必要的重新渲染和計算。

總結來說，React Hook 是一個強大的工具，可以讓前端工程師更容易地管理狀態和邏輯，並且提供了許多方式來優化應用程序的性能。對於初學者來說，詳細了解每個 Hook 的使用時機和使用方式，以及如何創建自定義 Hook，都是學習 React 的重要一步。

如果你有更多問題或需要進一步的協助，請隨時向我提問。祝你在學習 React 的過程中取得成功！

下一個小節！ useRef ！

3-6　ref ？ useRef ！ forwardRef ！ useImperativeHandle ！

微微回顧上一篇，ChatGPT 對於 useRef 的提及如下：

 useRef

- 'useRef' 可以用來獲得 DOM 元素的引用，也可以用來儲存任意可變值。

這一篇要來了解與 useRef 相關的內容以及用法！本篇的對話紀錄在這邊：

https：//chat.openai.com/share/8083b95b-eba7-4234-aa83-e246b727f20c

DOM 操作與 React 的關係

我們先來了解一下，React 平時在開發的時候，和 DOM 的關係是什麼？為什麼要特別獲得 DOM 元素呢？

DOM 是什麼，使用 React 在開發時，和 DOM 的操作關係是什麼可以提供舉例或範例嗎

當然可以！首先，讓我來解釋一下 DOM 的概念。

DOM（Document Object Model）翻譯成中文就是「文件物件模型」，它是一種表示網頁文件結構的方式。在網頁上，每一個 HTML 元素（比如說標題、段落、按鈕等等）都被看作是一個物件，透過 DOM，我們可以透過程式碼來操控這些物件，改變它們的內容、樣式、屬性等等。

當你使用 React 開發時，React 會幫助你管理 DOM。React 使用虛擬 DOM（Virtual DOM）來追蹤和記錄 DOM 的變化，這樣可以極大地提升應用程式的效能。

比方說，當你在 React 中修改　個元素的狀態（state），React 會計算出新的虛擬 DOM，然後對比新舊虛擬 DOM 的差異，僅僅更新有變化的部分，而不是整個網頁重新渲染。這個過程讓 React 非常高效。

舉個例子：

假設你在 React 中有一個按鈕元素：

```
import React, { useState } from 'react';

function MyComponent() {
  const [count, setCount] = useState(0);

  const handleClick = () => {
    setCount(count + 1);
  };
```

```
  return (
    <div>
      <button onClick={handleClick}> 點我增加數字 </button>
      <p> 目前數字：{count}</p>
    </div>
  );
}


export default MyComponent;
```

當你點擊這個按鈕時，'handleClick' 函式會被呼叫，這會觸發 React 更新相應的虛擬 DOM，然後只更新變化的部分，也就是計數器的數字，而不會重新渲染整個網頁。

這樣的操作方式使得 React 在處理大型、複雜的應用程式時非常高效，因為它只會處理必要的部分，而不是整個頁面。

　　自從開始使用 React 之後，和原生 JS 或 jQuery 相比，幾乎是沒有在操縱 DOM 元素物件了。React 建立和操作的是「虛擬 DOM」，在 jQuery 或是原生 JS 中，要管理顯示的 UI，動不動就就要取得 DOM。

　　接下來請 ChatGPT 來解說和示範！

和 React 相比，原生 js 或 jQuery 開發時，和 DOM 的操作關係是什麼 以上述的例子來舉例

好的，現在來談談使用原生 JavaScript 或 jQuery 時，以及它們和 DOM 的操作關係。

1. 原生 JavaScript：

使用原生 JavaScript 時，你會直接透過 JavaScript 來選取、操作 DOM 元素。例如，在上述的例子中，如果你想要實現一個計數器，你會這樣做：

```
document.addEventListener('DOMContentLoaded', function() {
  var count = 0;
```

```
  var button = document.getElementById('myButton');
  var counter = document.getElementById('myCounter');

  button.addEventListener('click', function() {
    count++;
    counter.innerText ='目前數字：'+ count;
  });
});
```

這段程式碼使用 'document.getElementById' 來獲取按鈕和計數器元素，然後透過事件監聽器來設置按鈕點擊事件的處理函式。當按鈕被點擊時，計數器的內容將被更新。

2. jQuery：

如果你使用 jQuery，則可以更為簡潔地進行相同的操作：

```
$(document).ready(function() {
  var count = 0;

  $('#myButton').click(function() {
    count++;
    $('#myCounter').text('目前數字：'+ count);
  });
});
```

這段程式碼使用 jQuery 提供的簡潔的選擇器語法來選取元素，並使用 '.click' 來設置按鈕點擊事件的處理函式。當按鈕被點擊時，計數器的內容將被更新。

總的來説，使用原生 JavaScript 或 jQuery 時，你需要手動選擇 DOM 元素，然後透過 JavaScript 來操作它們的屬性、內容等。相對於 React，這樣的操作方式可能會更為繁瑣，因為你需要管理 DOM 的變化，並確保更新的正確性。而 React 通過虛擬 DOM 簡化了這個過程，使得開發者可以更專注於應用程式的邏輯和組件的開發。

以上兩種原生做法，都是先取得 DOM 元素，然後針對元素內部的數值、方法去做存取或更動。但在 React 中是 JSX 指定好之後，只要管理好狀態變化，就可以隨時對渲染出的元件做出對應的改變。

有沒有什麼時候，是「必須」取得 DOM，再來直接對 DOM 做操作的呢？

在 React 的開發中，會有需要直接操作或更新 DOM 的時候嗎

在 React 的開發中，通常盡量避免直接操作或更新 DOM，而是透過 React 的狀態（state）和屬性（props）來管理元素的狀態和外觀。這是因為 React 使用虛擬 DOM 來追蹤 DOM 變化，並根據變化來做出更新，這樣可以提升應用程式的效能。

然而，有時候還是會遇到需要直接操作或更新 DOM 的情況，例如：

1. 整合第三方函式庫： 有些第三方函式庫可能需要直接操作 DOM，例如地圖、視頻播放器等等。在這種情況下，你可能需要在 React 應用程式中使用 'ref' 來引用特定的 DOM 元素，以便進行操作。

2. 特殊效果或動畫： 有時候，一些特殊的效果或動畫可能需要直接修改 DOM 的樣式。你可以透過 React 的 'ref' 或者使用 React 庫中的動畫函式庫來實現這些效果。

3. 與非受控元素互動： 在某些情況下，你可能需要與非受控元素（uncontrolled elements）互動，這些元素不受 React 狀態的控制。這時，你可能需要使用原生 JavaScript 或者 jQuery 來處理這些元素。

儘管如此，在直接操作或更新 DOM 的情況下，也要謹慎使用，盡可能避免影響 React 的狀態管理，以免引起不一致性或效能問題。如果有需要操作 DOM 的情況，建議在生命週期函式（如 'componentDidMount'、'componentDidUpdate'）中進行，並注意適當的清理和銷毀操作。

所以，少數情況下，還是有「必須」直接操作 DOM 的時候。另外，強調「必須」的原因是，除了這些情況之外，React 都不鼓勵這麼做。我們請 ChatGPT 給點必要的例子吧！

請針對 React 中必須操作 DOM，無法用原本寫法的特殊例子，給予應用的程式碼舉例

當然，這裡提供一個特殊例子，示範在 React 中必須直接操作 DOM 的情況。

假設你需要在一個表單中，當用戶點擊提交按鈕時，自動將焦點設置到下一個輸入欄位，這種情況下可能需要直接操作 DOM。以下是一個範例程式碼：

```jsx
import React, { useRef } from'react';

function MyComponent() {
  const inputRef = useRef(null);

  const handleSubmit = (e) => {
    e.preventDefault();
    // 直接操作 DOM，將焦點設置到下一個輸入欄位
    inputRef.current.nextSibling.focus();
  };

  return (
    <form>
      <input type="text" ref={inputRef} />
      <input type="text" />
      <button onClick={handleSubmit}> 提交 </button>
    </form>
  );
}

export default MyComponent;
```

> 在這個範例中，我們使用了 'useRef' 來建立一個對第一個輸入欄位的
> 參考（ref）。當用戶點擊提交按鈕時，'handleSubmit' 函式會被呼叫，
> 並透過 'inputRef.current.nextSibling' 來獲取下一個輸入欄位，然後
> 將焦點設置到該輸入欄位。
>
> 這是一個需要直接操作 DOM 的特殊情況，因為 React 並不提供一個
> 直接的方式來設置下一個元素的焦點。在這種情況下，我們可以使用
> 'useRef' 來建立一個參考，然後透過 'current' 屬性來獲取 DOM 元素，
> 進行需要的操作。

useRef

　　像上面 ChatGPT 給的範例，要指定「focus」這個動作的時候，在原生 /
jQuery 中，會在取得 dom 之後就用 '.focus()' 來指定。

```
<input id="nameInput" value="">
<script>
    $("#nameInput").focus() // jQuery
    document.getElementById("nameInput".focus() // 原生寫法
</script>
```

　　這時就會突然發現，React 沒辦法透過 attr 等方式，去指定 input 現在是否
foucs。上面 ChatGPT 示範了使用 'useRef' 和指定 'ref'，接著我們請 ChatGPT 提
供有關更多 'useRef' 的教學。

請提供有關 useRef 的深入教學與介紹

當然！'useRef' 是 React 提供的一個 hooks，用於在函式型組件中
創建一個可變的物件參考。它主要用於存儲和訪問 DOM 元素或其他
React 元素。

以下是關於 'useRef' 的深入介紹：

1. 創建一個 'useRef'：

```
import React, { useRef } from'react';

function MyComponent() {
  const myRef = useRef(null);

  // myRef.current 將會是一個物件,可以用於存儲任何你想要的值
  // 初始值為 null

  return <div ref={myRef}> 這是一個 DOM 元素 </div>;
}

export default MyComponent;
```

在這個範例中,我們使用 'useRef' 創建了一個 'myRef'。它是一個可變的物件,初始值為 'null'。

2. 連接到 DOM 元素：

```
function MyComponent() {
  const myRef = useRef(null);

  useEffect(() => {
    // myRef.current 會指向這個 div 元素
    myRef.current.style.backgroundColor ='lightblue';
  }, []); // 空依賴陣列表示只在組件掛載時執行一次

  return <div ref={myRef}> 這是一個 DOM 元素 </div>;
}
```

在這個範例中,我們使用了 'useEffect' 來在組件掛載後執行一段程式碼。在這個程式碼中,我們可以透過 'myRef.current' 來訪問這個 DOM 元素,並對它進行操作。

3. 存儲可變值：

```
function MyComponent() {
  const countRef = useRef(0);
```

```
useEffect(() => {
  countRef.current = countRef.current + 1;
  console.log('countRef 的值為：${countRef.current}');
}, []);

return <div> 這是一個 DOM 元素 </div>;
}
```

在這個範例中，我們將一個計數器存儲在 'countRef' 中，並在每次組件掛載後增加它的值。我們可以透過 'countRef.current' 來訪問和修改這個計數器。

4. 保留對 React 元素的引用：

```
function MyComponent() {
  const myRef = useRef(null);

  const handleClick = () => {
    myRef.current.focus();
  };

  return (
    <div>
      <input ref={myRef} type="text" />
      <button onClick={handleClick}> 將焦點設置到輸入欄位 </button>
    </div>
  );
}
```

在這個範例中，我們將一個 'input' 元素的參考存儲在 'myRef' 中。當按鈕被點擊時，我們可以透過 'myRef.current' 來訪問這個 'input' 元素，並將焦點設置到它上面。

總的來說，'useRef' 提供了一個方便的方式來在函式型組件中存儲和訪問 DOM 元素或其他 React 元素，並且也可以用於存儲任何可變的值。

　　基本語法和介紹了解之後，我們來更深入的了解 useRef。為了避免踩坑，都建議在學習新語法的時候，除了了解基本語法之外，還要了解使用上需要注意的原則。

 useRef 的使用，有什麼需要注意的地方嗎

 當然，使用 'useRef' 時有一些需要注意的地方：

1. 初始化值：如果你希望 'useRef' 在創建時具有一個初始值，你可以像這樣使用 'useRef(initialValue)'。這個初始值會在組件的整個生命週期中保持不變。

```
const myRef = useRef(initialValue);
```

2. 當組件重新渲染時，'useRef' 不會改變：'useRef' 的返回值（也就是它的 '.current' 屬性）在組件重新渲染時保持不變。這使得它成為存儲可以保留在渲染之間的值的良好選擇。

3. 避免直接操作 DOM：一般來說，盡量避免直接操作 DOM。React 通常會自動管理 DOM，直接操作 DOM 可能會破壞 React 的預期行為。

4. 不要將 'useRef' 與 'useState' 混淆：'useRef' 是用來保存可變的引用的，而 'useState' 是用來保存組件的狀態的。

5. 不要在渲染過程中依賴 'useRef' 的值：由於 'useRef' 的值在渲染過程中不會改變，因此不要在渲染過程中依賴它的值進行邏輯判斷。

```
function MyComponent() {
const myRef = useRef(0);

// 這裡的 myRef.current 將永遠是 0
if (myRef.current === 0) {
  // ...
}
```

```
    return <div>這是一個 DOM 元素</div>;
}

總的來說，'useRef' 是一個非常有用的 hooks，但需要小心使用它，
確保遵守 React 的最佳實踐，並避免直接操作 DOM。
```

　　了解以上，大致上可以將 useRef 理解為一個可以儲存 React 元素，方便我們在「必要」時候直接對 DOM 元素進行操控，也可以儲存其他內容。但無論是儲存 DOM 元素還是數值，useRef 的內容若是沒有手動指定新值，組件重新渲染後也不會做改變。

　　明白以上特點後，我們請 ChatGPT 給更多 useRef 的應用！

請提供更多需要用到 useRef 的情境與範例

當你需要使用 'useRef' 的情境並不限於直接操作 DOM。以下是一些使用 'useRef' 的其他情境和相應的範例：

1. 保存上一次渲染的值： 如果你想要比較前一次和當前渲染的值，可以使用 'useRef' 來保存上一次的值，這在 useEffect 中非常有用。

```
import React, { useEffect, useRef } from 'react';

function MyComponent() {
  const prevValueRef = useRef(null);
  const value = 42;

  useEffect(() => {
    prevValueRef.current = value;
    console.log(' 上一次的值是：${prevValueRef.current}');
  });

  return <div>當前值是：{value}</div>;
}
```

2. 觸發非受控元素的操作： 在某些情況下，你可能需要觸發非受控
   元素（如原生 JavaScript 或第三方庫中的元素）的操作。使用
   'useRef' 來保存對這些元素的引用可以方便地執行這些操作。

```
import React, { useRef } from'react';

function MyComponent() {
  const inputRef = useRef(null);

  const handleButtonClick = () => {
    // 觸發 input 元素的選取操作
    inputRef.current.select();
  };

  return (
    <div>
      <input ref={inputRef} type="text" defaultValue=" 文本內容 " />
      <button onClick={handleButtonClick}> 選取文本 </button>
    </div>
  );
}
```

3. 儲存計時器的 ID： 如果你需要管理計時器，例如在組件卸載時清
   除計時器，可以使用 'useRef' 來儲存計時器的 ID。

```
import React, { useEffect, useRef } from'react';

function TimerComponent() {
  const timerIdRef = useRef(null);

  useEffect(() => {
    // 啟動計時器
    timerIdRef.current = setInterval(() => {
      console.log(' 計時中 ...');
    }, 1000);

    // 在組件卸載時清除計時器
    return () => {
```

```
        clearInterval(timerIdRef.current);
    };
  }, []);

  return <div>計時器組件</div>;
}
```

這些情境示例展示了 'useRef' 在 React 中的多種應用方式，不僅僅限於操作 DOM。它可以用於管理狀態，執行非受控元素的操作，保存之前的值等等。請根據你的具體需求來使用它。

看了這麼多 useRef 的例子，還是要探究根源一下，「ref」指的到底是什麼？

所以 ref 是什麼意思呢？

在 React 中，'ref' 是一種特殊的屬性，它用來建立對 DOM 元素或 React 元素的引用。'ref' 的名稱來源於 "reference"（引用），它允許你在 React 組件中訪問、操作或管理特定元素的方式。

主要的用途包括：

1. 訪問 DOM 元素：你可以使用 ref 來建立對特定 DOM 元素的引用，然後在需要的時候訪問和操作這些元素。這在需要直接操作 DOM 時非常有用。

2. 訪問 React 元素： 你也可以使用 'ref' 來建立對其他 React 組件的引用，然後透過這些引用來調用該組件的方法或訪問其狀態。

3. 儲存可變值：'ref' 也可以用來儲存可變的值，並在組件的多次渲染之間保持不變。這對於記錄之前的值或進行一些特殊的邏輯非常有用。

簡而言之，'ref' 允許你在 React 中建立對元素的引用，以便在需要時可以更方便地訪問和操作這些元素，或者執行一些特殊的操作。請注意，直接操控 DOM 的情況下應謹慎使用 'ref'，盡量遵循 React 的組件化和狀態管理模式。

剛學 useRef 就翻車 - Ref 傳入子組件

開始已知用火，學會在必要的時候使用 Ref 來操控 DOM 之後……馬上就遇到了一個問題！

假設今天我們自己做了了一個和 input 相關的 Component，比如說長這樣：一個紅色邊框的 input 元件（先忽略 value 或是 onChange 屬性）

```
export function MyInput() {
  return <input style={{ border: "1px red solid" }} />;
}
```

然後外層用了一個 Component 引入他，並把 Ref 給這個 MyInput。

```
function MyComponent(){
  const myRef = useRef(null);
  function handleClick() {
    myRef.current.focus();
  }
  return(
  <div>
      <button onClick={handleClick}>點我 focus</button>
      <MyInput ref={myRef}/>
  </div>
  )
}
```

興高采烈地準備跑起來，卻發現按按鈕後完全不能動，還噴了錯誤訊息出來：

來試試沒有什麼特別技巧的，單純把整個問題描述丟給 ChatGPT：

我做了一個自己的 input component

然後在其他的 component 中

我把 ref 給 MyInput

卻無法成功觸發 myRef.current.focus()

程式碼如下

（以下程式碼省略）

在 React 中，要將 'ref' 傳遞到自定義組件中，你需要使用 'ref' 來將 'React.forwardRef' 正確地傳遞到內部的 'input' 元素中。

以下是你的程式碼經過修正：

```javascript
import React, { useRef, forwardRef, useImperativeHandle } from 'react';

const MyInput = forwardRef((props, ref) => {
  const inputRef = useRef(null);

  useImperativeHandle(ref, () => ({
    focus: () => {
      inputRef.current.focus();
    }
  }));

  return (
    <input
      style={{ border: "1px red solid" }}
      ref={inputRef}
    />
  )
});

function MyComponent() {
  const myRef = useRef(null);
```

```
    function handleClick() {
        myRef.current.focus();
    }

    return (
      <div>
        <button onClick={handleClick}>點我 focus</button>
        <MyInput ref={myRef}/>
      </div>
    )
}

export default MyComponent;
```

這裡做了幾個變更：

1. 使用 'React.forwardRef' 包裹了 'MyInput' 組件，這樣可以接收 'ref' 作為第二個參數。

2. 在 'MyInput' 組件中，建立了一個 'inputRef' 來引用 'input' 元素。

3. 使用 'useImperativeHandle' 定義了 'ref' 對外暴露的方法 'focus'，當 呼叫 'myRef.current.focus()' 時，會觸發 'inputRef.current.focus()'。

4. 將 'inputRef' 傳遞給 'input' 元素的 'ref' 屬性。

現在，你可以在 'MyComponent' 中正確地使用 'myRef.current. focus()' 來聚焦到 'input' 元素了。

突然跑出了新的語法！'React.forwardRef' 和 'useImperativeHandle'。

逐一來了解這兩個語法的用法與介紹：

React.forwardRef

請延續上方的修正後程式碼

提供 React.forwardRef 的教學與介紹

當然，現在讓我來為你提供 'React.forwardRef' 的相關教學和介紹：

使用 'React.forwardRef'：

'React.forwardRef' 是 React 提供的一個方法，用於傳遞 'ref' 到子組件。它允許子組件接收 'ref' 作為第二個參數（props），然後將這個 'ref' 傳遞給內部的 DOM 元素或其他 React 組件。

以下是一個簡單的示例：

```
import React, { forwardRef } from 'react';

const MyComponent = forwardRef((props, ref) => {
  return <input ref={ref} />;
});

export default MyComponent;
```

如何使用 'React.forwardRef'：

1. 在子組件中使用 'forwardRef'：

首先，在子組件中使用 'forwardRef' 來包裹組件定義，並在函式的參數中接收 'props' 和 'ref'。

```
const MyComponent = forwardRef((props, ref) => {
  return <input ref={ref} />;
});
```

2. 將 'ref' 傳遞到內部的 DOM 元素或其他 React 組件：

在子組件的 JSX 中，將 'ref' 傳遞給需要引用的 DOM 元素或其他 React 組件。

```
return <input ref={ref} />;
```

3. 在父組件中使用 'ref'：

在父組件中可以正常地將 'ref' 傳遞給子組件。

```
const myRef = useRef(null);

return <MyComponent ref={myRef} />;
```

注意事項：

- 'forwardRef' 接收一個函式，這個函式接收兩個參數：'props' 和 'ref'。在這個函式中，你可以返回 JSX 或 React 元素。
- 'forwardRef' 是一個高階組件（Higher-Order Component，HOC）工具，它使得傳遞 'ref' 到子組件變得容易。
- 使用 'forwardRef' 時，你需要記得將接收到的 'ref' 傳遞到子組件的 DOM 元素或其他 React 組件上。

總的來說，'React.forwardRef' 提供了一個簡潔的方式來在 React 中傳遞 'ref'，使得你可以更容易地在父組件中操作子組件中的 DOM 元素或 React 組件。

也就是說，'React.forwardRef' 可以把外部接收的 ref，正確的傳遞到 Component 內。但 ChatGPT 介紹 'React.forwardRef' 的回答中，並沒有使用到他先前用到的 'useImperativeHandle'。於是繼續追問！

useImperativeHandle

為什麼先前提供的程式碼中
要使用 useImperativeHandle？
useImperativeHandle 要怎麼使用

'useImperativeHandle' 是 React 提供的另一個 hooks，它用於自定義 'ref' 對外暴露的接口。這樣可以控制父組件中的 'ref.current' 被訪問時可以看到哪些屬性或方法。

在你的情境中，當你想要讓父組件可以透過 'ref' 來直接調用子組件的特定方法（例如 'focus()'）時，可以使用 'useImperativeHandle'。

以下是對你之前提供的程式碼進一步解釋：

```
import React, { useRef, forwardRef, useImperativeHandle } from'react';

const MyInput = forwardRef((props, ref) => {
    const inputRef = useRef(null);

    // 使用 useImperativeHandle 定義對外暴露的方法 focus
    useImperativeHandle(ref, () => ({
        focus: () => {
            inputRef.current.focus();
        }
    }));

    return (
        <input
            style={{ border: "1px red solid" }}
            ref={inputRef}
        />
    )
});
```

這裡的 'useImperativeHandle' 的作用是將一個對外的方法 'focus' 添加到了 'ref' 對象上，當父組件使用 'myRef.current.focus()' 時，實際上會調用子組件中 'inputRef.current.focus()'。

要使用 'useImperativeHandle'，你需要注意以下幾點：

1. 'useImperativeHandle' 需要在 'forwardRef' 中使用，因為它需要接收第二個參數 'ref'。

2. 在 'useImperativeHandle' 內部，你可以定義一個對外暴露的方法（例如 'focus()'），這樣父組件就可以透過 'ref.current' 調用這個方法。

> 總的來説 'useImperativeHandle' 可以用來精確地控制父組件可以訪問子組件中的哪些方法或屬性，提高了程式碼的可讀性和可維護性。

　　理解一下，所以 'useImperativeHandle' 指定了外部只能用 DOM 的哪些方法，自定義可呼叫的接口出來。和 ChatGPT 確認一下我的理解是否正確：

所以當我使用了

```
useImperativeHandle(ref, () => ({
    focus: () => {
        inputRef.current.focus();
    }
}));
```

之後

外部的 ref 就只能操控子元件的 focus 嗎？

如果要添加更多動作的話要怎麼做

正確，當你使用了 'useImperativeHandle' 來定義 'ref' 對外暴露的方法後，外部的 'ref' 就只能操控子組件中定義的那些方法，如上例中的 'focus'。

如果你希望在 'ref' 對象上添加更多的方法或屬性，你可以在 'useImperativeHandle' 的回調函式中返回更多的屬性或方法。

以下是一個範例，假設你想要在 'MyInput' 中添加一個名為 'getValue' 的方法，讓父組件可以獲取 'input' 元素的值：

```
const MyInput = forwardRef((props, ref) => {
  const inputRef = useRef(null);

  useImperativeHandle(ref, () => ({
    focus: () => {
      inputRef.current.focus();
    },
    getValue: () => {
```

```
        return inputRef.current.value;
    }
  }));

  return (
    <input
      style={{border: "1px red solid"}}
      ref={inputRef}
    />
  )
});
```

現在，在父組件中，你可以使用 'myRef.current.getValue()' 來獲取 'input' 元素的值。

總結來説，你可以在 'useImperativeHandle' 的回調函式中返回任何你希望在 'ref' 對象上公開的屬性或方法，這樣父組件就可以根據需要來訪問子組件的相關功能。

我是叛逆的壞小孩，我想知道 'useImperativeHandle' 是否可以自行選擇要不要使用？不使用會有什麼風險或缺點？

所以如果當我沒有用 useImperativeHandle

內部也不放　const inputRef = useRef(null);

只有使用 React. forwardRef 的話

父元件就可以調用該 input 所有的 dom 操作或數值對嗎？

請提供範例程式碼

是的，當你使用 'React.forwardRef' 沒有使用 'useImperativeHandle'，父元件可以直接調用子元件的 DOM 操作或者存取其數值。這是因為 'forwardRef' 預設會將 'ref' 傳遞給子元件。

以下是一個範例程式碼：

```
import React, { forwardRef } from'react';
```

```
const MyInput = forwardRef((props, ref) => {
  return (
    <input style={{border: "1px red solid"}} ref={ref} />
  )
});

function MyComponent() {
  const myRef = useRef(null);

  function handleClick() {
    myRef.current.focus(); // 可以直接調用 input 元素的 focus 方法
    console.log(myRef.current.value); // 可以直接獲取 input 元素的值
  }

  return (
    <div>
      <button onClick={handleClick}> 點我 focus</button>
      <MyInput ref={myRef}/>
    </div>
  )
}

export default MyComponent;
```

在這個範例中，我們沒有使用 'useImperativeHandle'，但是父元件
'MyComponent' 仍然可以直接調用子元件 'MyInput' 中 'input' 元素的
'focus' 方法以及存取其值。這是因為 'forwardRef' 預設會將 'ref' 傳遞
給子元件。

請注意，這種情況下父元件可以直接訪問子元件的所有 DOM 操作和
數值，但這樣的寫法可能會使程式碼耦合度增加，請謹慎使用，保持
良好的程式設計實踐。

　　OK！所以不使用也是可以的，只是有可能會暴露過多，又回到使用原生
JS 或 jQuery 時毫無規範的窘境，變得混亂不堪。當內部完全不知道外面會對這
個元件進行什麼操作或更變，要追流程起來將會十分困難。

ChatGPT 小節統整

探討 Ref 相關的用法就到這邊，讓 ChatGPT 做一點小節統整。

請綜合以上所有的對話內容，統整重點並給一段結語

在這次的對話中，我們探討了以下重要概念：

1. 'useRef' 的使用：'useRef' 是 React 提供的 hooks，用於創建可變的物件參考，主要用途包括訪問 DOM 元素、訪問 React 元素、儲存可變值等。它可以幫助你在函式型組件中管理狀態和 DOM 操作。

2. 'React.forwardRef' 的使用：'React.forwardRef' 是用來傳遞 'ref' 到子組件的方法，它允許你在子組件中接收 'ref' 作為第二個參數，然後將這個 'ref' 傳遞給內部的 DOM 元素或其他 React 組件。這在自定義組件中使用 'ref' 時非常有用。

3. 'useImperativeHandle' 的使用：'useImperativeHandle' 是 React 提供的 hooks，它用於自定義 'ref' 對外暴露的接口，使得父組件可以根據需要訪問子組件中的特定方法或屬性。這對於控制 'ref' 的外部介面非常有用。

總結來說，React 提供了一個強大的機制，讓你可以更容易地在組件之間傳遞 'ref'，訪問和操作 DOM 元素，以及自定義 'ref' 的對外介面。然而，使用這些功能時需要謹慎，遵循最佳實踐，以確保你的程式碼保持可讀性和可維護性。

最後，請記住，React 是一個強大且靈活的庫，它提供了多種方式來處理不同的場景，請根據你的具體需求選擇適合的方法。希望這次的討論對你有所幫助，祝你在 React 開發中取得成功！

3-7 React & TypeScript！

這個章節終於要幫我們的 React 專案加上 TypeScript 了。前面第二章我們討論了基礎的 TypeScript 內容，卻因為 React 初始學習方便，我們沒有直接在 React 內使用 TypeScript 的語法。為了拯救我們的 TypeScript 戒斷症，這個小節會介紹 React 語法要如何搭上 TypeScript 來開發。Go Go！本篇的對話紀錄一樣先放這邊：

https：//chat.openai.com/share/32a16a20-7a3a-453e-af56-4246df1c3f82

React CRA 加上 TypeScript 建置

先說一下，目前 React 相關建置框架，基本上都有支援 TypeScript，但 CRA 卻是可選的。如果一開始在用 CRA 沒有建立 TypeScript 相關設定的話，要怎麼替專案加上設定呢？先初步問看看要如何開始 TypeScript 的建置。

 react 要如何搭配 TypeScript

 嗨！對於一名初學者來說，要在 React 中使用 TypeScript 是一個很好的選擇，因為它可以幫助你更容易地處理類型相關的錯誤。

以下是一個簡單的步驟來在 React 專案中使用 TypeScript：

步驟 1：建立一個新的 React 專案

如果你還沒有一個 React 專案，你可以使用 Create React App 來建立一個新的專案，並選擇 TypeScript 作為模板。

```
npx create-react-app my-app --template typescript
cd my-app
```

步驟 2：安裝 TypeScript 相關的套件

Create React App 會自動幫你安裝 TypeScript 相關的套件，但如果你是在一個已經存在的專案中添加 TypeScript，你可以執行以下指令：

```
npm install --save typescript @types/node @types/react @types/react-dom
@types/jest
```

步驟 3：創建你的第一個 TypeScript 檔案

在 'src' 目錄中創建一個新的 TypeScript 檔案，例如 'App.tsx'，並開始編寫你的 React 組件。

```
// src/App.tsx

import React from'react';

const App: React.FC = () => {
  return (
    <div>
      <h1>Hello, TypeScript with React!</h1>
    </div>
  );
};

export default App;
```

步驟 4：開始編寫 React 組件

現在你可以開始編寫你的 React 組件，並使用 TypeScript 來聲明 props 的型別，以及為函數組件添加適當的型別。

```
// src/MyComponent.tsx

import React from'react';

interface MyComponentProps {
  name: string;
}

const MyComponent: React.FC<MyComponentProps> = ({ name }) => {
  return <div>Hello, {name}!</div>;
};

export default MyComponent;
```

步驟 5：使用你的 React 組件

在其他地方使用你剛剛定義的組件：

```
// src/App.tsx

import React from'react';
import MyComponent from'./MyComponent';

const App: React.FC = () => {
  return (
    <div>
      <h1>Hello, TypeScript with React!</h1>
      <MyComponent name="John" />
    </div>
  );
};

export default App;
```

步驟 6：開始開發

現在你已經準備好使用 TypeScript 開發 React 專案了！記得在開發
過程中根據需要為組件和函數添加正確的型別。

希望這份步驟對你有所幫助！如果你有任何其他問題，隨時告訴我。

加上 TypeScript 設定之後，也把所有元件的副檔名從 '.js' 改為 '.tsx' 後，就
可以開始來了解程式碼內要怎麼搭配 TypeScript 型別標示了！

Props & TypeScript

上面提及了如何追加安裝 TypeScript，也初步展示了要如何對 Props 加上
type，我個人習慣的 component 會是直接用 function 定義的方式，像這樣的：

```
function MyComponent(props) {
  return <div>Hello, {props.name}!</div> ;
}
```

不太習慣用 'React.FC<MyComponentProps>' 這樣的語法。來問看看 ChatGPT 如果是這個 function 寫法的話，要怎麼加上 TypeScript。

針對 Props 加上 Type 標註

可以提供一個用 function 寫法的範例版本嗎

當然，我們可以使用函數組件的方式來添加 TypeScript 型別標註到 props。以下是一個使用 TypeScript 的函數組件範例，其中針對 props 加上了型別標註：

```typescript
import React from 'react';

// 定義 props 的型別
interface MyComponentProps {
  name: string;
}

// 使用函數組件
function MyComponent(props: MyComponentProps) {
  // 從 props 中解構出 name
  const { name } = props;

  return <div>Hello, {name}!</div>;
}

export default MyComponent;
```

在這個範例中，我們首先使用 'interface' 定義了 'MyComponentProps'，並為 'name' 屬性指定了 'string' 型別。接著，我們使用函數組件 'MyComponent'，並將 'MyComponentProps' 作為 props 的型別。最後，在組件內部，我們可以從 'props' 中解構出 'name'。

這樣，當你在其他地方使用 'MyComponent' 時，TypeScript 將會檢查傳遞給它的 props 是否符合所定義的型別，提高了代碼的可靠性。希望這個範例對你有所幫助！如果你有任何進一步的問題，請隨時提出。

　　OK，樸實無華，就是直接 'props：MyComponentProps'。加上 Props 的型別指定之後，在使用這個 Component 的時候，若沒有帶入相關的 props，就會跳出警告：

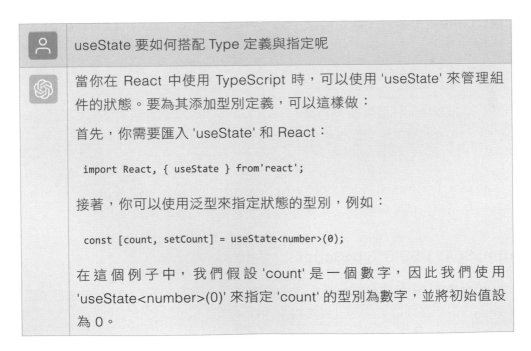

```
類型 '{}' 缺少屬性 'name'，但類型 'MyComponentProps' 必須有該屬性。
 ts(2741)
Type.tsx(5, 3): 'name' 宣告於此處。

(alias) function MyComponent(props: MyComponentProps): JSX.Element
import MyComponent

檢視問題 (⌥F8)　快速修復... (⌘.)
```

useState & TypeScript

　　下一個問題！ state 能不能也指定型別呢？

> **useState 要如何搭配 Type 定義與指定呢**
>
> 當你在 React 中使用 TypeScript 時，可以使用 'useState' 來管理組件的狀態。要為其添加型別定義，可以這樣做：
>
> 首先，你需要匯入 'useState' 和 React：
>
> ```
> import React, { useState } from'react';
> ```
>
> 接著，你可以使用泛型來指定狀態的型別，例如：
>
> ```
> const [count, setCount] = useState<number>(0);
> ```
>
> 在這個例子中，我們假設 'count' 是一個數字，因此我們使用 'useState<number>(0)' 來指定 'count' 的型別為數字，並將初始值設為 0。

以下是一個完整的範例：

```
import React, { useState } from'react';

const Counter: React.FC = () => {
  // 定義狀態 count，並指定型別為數字
  const [count, setCount] = useState<number>(0);

  const increment = () => {
    setCount(count + 1);
  };

  return (
    <div>
      <p>Count: {count}</p>
      <button onClick={increment}>Increment</button>
    </div>
  );
};

export default Counter;
```

這個範例中，我們創建了一個簡單的計數器組件。我們使用 'useState
<number>(0)' 來定義狀態 'count'，並初始化為 0。然後，我們提供了
一個按鈕，當按下時會調用 'increment' 函數，將計數器的值增加 1。

這樣，你就可以在 React 中使用 'useState' 並為其添加型別定義了。
如果你有其他問題或需要進一步說明，請隨時告訴我！

舒服！我們的 State 可以加上 Type 設定了。可以確保我們在進行更新 State
的時候，可以維持一樣的 Type，避免造成變數的型別混亂。

InlineStyle CSS & TypeScript

複習一下最基本的，不倚賴套件的情況下，在 React 中添加 style 的基礎
方式：

react 要怎麼在 Component 中添加 Style 設定呢

 在 React 中，你可以使用兩種主要的方式來添加樣式：

1. 行內樣式 (Inline Styles)：將樣式直接寫在 JSX 元素的 'style' 屬性中。

2. 使用 CSS 檔案：將樣式寫在獨立的 CSS 檔案中，然後在組件中引入。

以下是這兩種方式的範例：

1. 行內樣式 (Inline Styles)

```
import React from'react';

const MyComponent = () => {
  const divStyle = {
    color:'blue',
    fontSize:'20px'
  };

  return (
    <div style={divStyle}>
      This is a styled div.
    </div>
  );
};

export default MyComponent;
```

在這個範例中，我們在 'div' 元素中使用了 'style' 屬性，並傳遞了一個物件，該物件包含了要應用的樣式。注意，這裡的樣式屬性名稱是使用駝峰式命名法（camelCase），例如 'fontSize'。

2. 使用 CSS 檔案

首先，在你的專案中創建一個 CSS 檔案，例如 'styles.css'，並在其中定義你的樣式：

```
.my-component {
  color: blue;
  font-size: 20px;
}
```

然後，在你的 React 組件中引入這個 CSS 檔案：

```
import React from'react';
import'./styles.css';

const MyComponent = () => {
  return (
    <div className="my-component">
      This is a styled div.
    </div>
  );
};

export default MyComponent;
```

在這個範例中，我們使用 'className' 屬性來指定元素應用的 CSS 類別，這個類別對應到我們在 'styles.css' 中定義的 '.my-component'。

你可以根據情況選擇適合你的方式來添加樣式。如果你需要動態地改變樣式，行內樣式可能會更為適用。如果你有任何進一步的問題，請隨時告訴我！

　　CSS 檔的撰寫，通常有編輯器的輔助可以告訴我們有哪些屬性可以添加，避免拼錯字。但使用 Inline Style 的時候，他就只是一個物件，Key 或 Value 都很有可能拼錯，而且在物件中，屬性的名稱還必須都換成小駝峰命名法（camelCase）。例如：字體大小指定必須用 'fontSize' 而不是 'font-size'。

　　這個時候如果 TypeScript 能夠幫點什麼忙就好了！來問問看使用 Inline Styles 時有沒有辦法透過 TypeScript 來輔助。

使用 Inline Styles 時要怎麼搭配 TypeScript 開發

 在使用行內樣式（Inline Styles）時，你可以使用 TypeScript 來為樣式物件添加型別標註，以確保樣式屬性的正確性。

以下是一個示例：

```
import React from 'react';

interface MyComponentProps {
  color: string;
  fontSize: string;
}

const MyComponent: React.FC<MyComponentProps> = ({ color, fontSize }) => {
  const divStyle: React.CSSProperties = {
    color: color,
    fontSize: fontSize
  };

  return (
    <div style={divStyle}>
      This is a styled div.
    </div>
  );
};
export default MyComponent;
```

在這個範例中：

1. 我們首先定義了 'MyComponentProps' 接口，它包含了 'color' 和 'fontSize' 兩個屬性，它們的型別分別為字串（string）。

2. 在組件內部，我們使用了 'divStyle' 物件來儲存行內樣式。這個物件的型別被指定為 'React.CSSProperties'，這是 React 提供的一個預定義的型別，用於描述行內樣式的物件。

3. 在 'divStyle' 物件中，我們使用 'color' 和 'fontSize' 這兩個屬性，並使用傳入的 'color' 和 'fontSize' 變數作為值。

> 4. 最後，在 'div' 元素上使用 'style' 屬性來應用這個樣式物件。
>
> 這樣，你就可以在 React 組件中使用行內樣式並為其添加型別定義了。如果你有任何其他問題，請隨時告訴我！

用了 React.CSSProperties 之後，當要編輯 'divStyle' 這個物件的時候會自動顯示有什麼屬性可以用，能提供相對應的建議，在寫 inline style 的時候非常方便！

```
const MyComponent: React.FC<MyComponentProps> = ({ color, fontSize }
  const divStyle: React.CSSProperties = {
    color: color,
    fontSize: fontSize,
    bord
  };        border?              (property) StandardShorthandProperties<strin…
            borderBlock?
  return    borderBlockColor?
    <div    borderBlockEnd?
      Th    borderBlockEndColor?
    </di    borderBlockEndStyle?
  );        borderBlockEndWidth?
};          borderBlockStart?
            borderBlockStartColor?
18   輸出    borderBlockStartStyle?
            borderBlockStartWidth?
led succes  borderBlockStyle?
```

useRef & TypeScript

在 '.tsx' 中，如果使用 ref 並對 ref 做操作的話，可能會出現一些 type 的警告，例如以下的程式碼：

```
function MyComponent() {
  const inputRef = useRef(null);
  const handleClick = () => {
    inputRef.current.focus();
  };
  return (
```

```
    <div>
        <input ref={inputRef} type="text" />
        <button onClick={handleClick}>Focus Input</button>
    </div>
);
};
```

- 問題一：inputRef.cueent 可能為 null。

```
'inputRef.current' 可能是 'null'。 ts(18047)
(property) React.MutableRefObject<null>.current: null
檢視問題 (⌥F8)    沒有可用的快速修正

    inputRef.current.focus();
};
return (
    <div>
        <input ref={inputRef} type="text" />
        <button onClick={handleClick}>Focus Input</button>
    </div>
);
};
```

獲得「可能是 null」的警告之後，好那就補個可選串連運算子 '?.'，變成
'inputRef.current?.focus()'。結果第二個問題就又跟著出現了：

- 問題二：類型 never 沒有屬性 focus。

```
import React, { useRef } from 'react';
                    類型 'never' 沒有屬性 'focus'。 ts(2339)
function MyComponent()
    const inputRef = use    any
    const handleClick =     檢視問題 (⌥F8)    沒有可用的快速修正
        inputRef.current?.focus();
};
    return (
        <div>
            <input ref={inputRef} type="text" />
            <button onClick={handleClick}>Focus Input</button>
        </div>
    );
```

這樣看起來是沒辦法好好地開發了，讓我們來問問 ChatGPT 該如何指定 Type 讓他可以正常運作。

 useRef 要如何用 TypeScript 撰寫
例如寫一個按鈕點擊後，就會 focus 在一個 input 上

 在使用 'useRef' 並搭配 TypeScript 撰寫時，你可以首先創建一個 ref 物件，並使用泛型來指定 ref 的型別。以下是一個示例，其中我們創建了一個按鈕，當按下時會將焦點設定到一個 input 元素上：

```
import React, { useRef } from 'react';

const MyComponent: React.FC = () => {
  // 創建一個 ref，並指定型別為 HTMLInputElement
  const inputRef = useRef<HTMLInputElement | null>(null);

  const handleClick = () => {
    // 使用 ref.current 來訪問 input 元素
    if (inputRef.current) {
      inputRef.current.focus();
    }
  };

  return (
    <div>
      <input ref={inputRef} type="text" />
      <button onClick={handleClick}>Focus Input</button>
    </div>
  );
};

export default MyComponent;
```

在這個範例中：

1. 我們使用 'useRef' 創建了一個 ref 物件 'inputRef'，並且使用泛型 '<HTMLInputElement | null>' 來指定它的型別。這表示 'inputRef' 可以引用一個 'HTMLInputElement' 或者是 'null'。

2. 在組件中，我們創建了一個 input 元素，並將 'ref' 屬性設定為 'inputRef'，這樣 'inputRef' 將引用這個 input 元素。

3. 我們還創建了一個按鈕，並在按鈕的點擊事件處理函數 'handleClick' 中，我們使用 'inputRef' 來訪問 'inputRef.current' 元素，如果存在的話，我們調用 'focus()' 方法將焦點設定到這個元素上。

這樣，你就可以使用 'useRef' 來在 React 組件中管理 DOM 元素的引用，並為其添加型別定義。希望這對你有所幫助！如果你有任何其他問題，請隨時告訴我。

了解如何指定 useRef 的型別之後，如何指定「HTMLInputElement」這個名稱是最困難也最麻煩的。

要放在 '<input>' 上時，要在 useRef 的泛型中指定 Type 為 'HTMLInput Element'，但若是在 '<button>' 的時候呢？ 在 '<div>' 的時候呢？

問 ChatGPT 是一個方式，不過這邊分享另外一個搭配 VS Code 的小方式：

假設要放 '<button>' 的 ref：

1. 直接在，button 元件中新增一個 'ref={}' 的屬性

2. 滑鼠移動到 '{}' 中，VS Code 會跳出該 Ref 應該要用何種泛型的 Ref

```
function MyComponent() {
  const inputR      (property) React.ClassAttributes<HTMLButtonElement>.ref?:
  const handle      React.LegacyRef<HTMLButtonElement> | undefined
  inputRef.c
};                  Allows getting a ref to the component instance. Once the component unmounts,
  return (          React will set ref.current to null (or call the ref with null if you passed a
                    callback ref).
    <div>
      <input r      @see — https://react.dev/learn/referencing-values-with-refs#refs-and-the-dom
      <button ref={} onClick={handleClick}>Focus Input</button>
    </div>              ⬡ ref?              (property) React.ClassAttributes<HTMLButtonE...
  );
};
```

上面這邊就可以看到，他是 '<HTMLButtonElement>'。所以如果要添加一個 Ref 在 button 上的話，他的正確型別就是：'useRef<HTMLButtonElement>'。

ChatGPT 小節統整

小節的結尾，讓 ChatGPT 來統整一下本小節所探討內容。

綜合以上對話的所有內容，請統整重點並提供一段結語

當你在開發 React 應用程式並搭配 TypeScript 時，以下是一些重點：

1. 在 React 專案中使用 TypeScript：

- 使用 Create React App 來建立新的 React 專案時，可以選擇 TypeScript 作為模板。
- 如果在已存在的專案中添加 TypeScript，請確保安裝相關的 TypeScript 套件。

2. Props 的型別定義：

- 使用 'interface' 或 'type' 來定義 props 的型別。
- 在函數組件中，可以直接在參數中指定 props 的型別。

3. 行內樣式 (Inline Styles)：

- 使用 'style' 屬性在 JSX 元素中直接添加樣式。
- 使用 'React.CSSProperties' 來指定樣式物件的型別。

4. 使用 CSS 檔案：

- 將樣式寫在獨立的 CSS 檔案中，然後在組件中引入。
- 使用 'className' 屬性來引用 CSS 中的類別。

5. 使用 'useRef'：

- 使用 'useRef' 來創建一個 DOM 元素的引用。
- 使用泛型來指定 ref 的型別，例如 'useRef<HTMLInputElement | null>(null)'。

> 最終，這樣的開發方式將使你能夠以安全、清晰的方式開發 React 應用程式，同時保證程式碼的可靠性和易讀性。
>
> 如果你在使用的過程中遇到了任何問題，隨時向我尋求幫助。祝你在前端開發的旅途中順利前行！

搭配 TypeScript 開發，終於開發時候的安心感又回來了，且在使用 Component 時就不會不知道要如何使用、不小心漏傳屬性，或是傳遞錯誤的型別。

3-8　React & axios ！ API 串起來！

之前在第二章的時候，我們學過用 fetch 來處理 Request 的發送，並提到了與 Promise、async/await 相關的知識內容。接下來要探討用 React 進行 Http Request 時可以如何進行、要怎麼串接 API。本小節的對話紀錄放在這裡：

https：//chat.openai.com/share/6b421460-f73c-436a-abbf-cf7fa5e5fc23

React 發送 Request 的方式

　在 React 中要如何發送 Request

　在 React 中發送 Request 通常會使用到 JavaScript 的內建函式或者套件，由於你有提到你會使用 TypeScript，我會以 TypeScript 的方式來回答。

首先，你需要使用 'fetch' 或者一個套件像是 'axios' 來發送 Request。以下是一個使用 'fetch' 的範例：

```
async function sendRequest() {
  try {
    const response = await fetch('http://example.com/api', {
      method:'GET', // 這裡可以是 'GET','POST','PUT','DELETE' 等等
```

```
      headers: {
       'Content-Type':'application/json', // 這裡可以是你需要的 Header
      },
    });

    const data = await response.json(); // 解析回傳的資料，這裡假設是 JSON 格
式

    console.log(data); // 在 Console 中印出回傳的資料
  } catch (error) {
    console.error(' 發生錯誤 :', error);
  }
}
```

這個範例是一個簡單的 GET 請求，你可以根據需要修改 'method' 和 'headers' 來符合你的實際情況。

如果你選擇使用 'axios'，你需要先安裝套件：

```
npm install axios
```

然後你可以這樣使用：

```
import axios from'axios';

async function sendRequest() {
  try {
    const response = await axios.get('http://example.com/api', {
      headers: {
       'Content-Type':'application/json',
      },
    });

    const data = response.data;

    console.log(data);
  } catch (error) {
    console.error(' 發生錯誤 :', error);
  }
}
```

> 這是一個簡單的 GET 請求的範例，你可以依照需要進一步擴展和修改。
>
> 請注意，這只是一個簡單的範例，實際上在開發中還會涉及到許多其他的細節，例如處理錯誤、處理回傳的資料等等，但這個範例可以讓你開始學習如何在 React 中發送 Request。

　　ChatGPT 提供了兩種發送 Request 的方式，fetch 的方式我們已經學過了，但出現了一個新的方式：axios。我們接著詢問一下使用這兩者的差別。

fetch 和 axios 的差別是什麼呢

fetch 和 axios 都是用來在 JavaScript 中發送 HTTP 請求的工具，但它們之間有幾個重要的區別：

1. API 接口：

- fetch：是 JavaScript 內建的函式，所以你可以直接在瀏覽器中使用，不需要額外安裝任何套件。

- axios：是一個獨立的套件，你需要先安裝它才能在你的專案中使用。

2. 回傳值：

- fetch：返回的是一個 Promise，它需要使用者自行處理和解析回傳的資料。

- axios：會自動解析回傳的資料，直接返回解析後的資料。

3. 錯誤處理：

- fetch：如果 HTTP 錯誤發生（比如 404 或 500 錯誤），並不會拋出一個錯誤，而是會返回一個成功的狀態，需要使用者自行檢查 response.ok 來確認請求是否成功。

- axios：會在 HTTP 錯誤時拋出一個錯誤，方便進行錯誤處理。

4. 語法：

- fetch 的語法相對較低階，需要手動設定請求方法、headers 等。

- axios 提供了一個簡潔且易用的 API，讓你可以輕鬆地設定請求。

5. 支援性：

- fetch：是一個現代的 API，所以較舊的瀏覽器可能不支援，或者需要使用 polyfill 來提供相似的功能。

- axios：有較好的瀏覽器相容性，並且也可以在 Node.js 環境中使用。

總括來説，axios 提供了一個更簡潔、易用且具有更好的錯誤處理機制，適合在專案中使用。然而，如果你只是需要一個簡單的 HTTP 請求，並且想保持專案的輕量化，fetch 也是一個不錯的選擇。

fetch 在 React 中也可以使用，但既然 axios 是一種經過處理、更高階也更好入門的方式，現在又有 npm 的讓安裝與套件管理變得方便簡單，讓我們來學習 axios 的使用方式，請 ChatGPT 提供 axios 的教學。

axios 介紹與教學

請提供 axios 的詳細介紹與教學

當然，以下是關於使用 axios 的詳細介紹和教學：

什麼是 axios？

Axios 是一個基於 Promise 的 HTTP 客戶端，可以在瀏覽器和 Node.js 中使用。它能夠處理 HTTP 請求和回應，並提供了許多方便的功能，如處理錯誤、設定請求 headers 等。

安裝 axios

首先，在你的專案中安裝 axios：

```
npm install axios
```

接著，在需要使用 axios 的地方引入它：

```
import axios from'axios';
```

發送 GET 請求

以下是一個簡單的例子，展示如何使用 axios 發送 GET 請求：

```
axios.get('http://example.com/api')
  .then(response => {
    // 成功處理回應
    console.log(response.data);
  })
  .catch(error => {
    // 處理錯誤
    console.error('發生錯誤:', error);
  });
```

發送 POST 請求

要發送 POST 請求，可以使用 'axios.post'：

```
axios.post('http://example.com/api', {
    key1:'value1',
    key2:'value2'
  })
  .then(response => {
    // 成功處理回應
    console.log(response.data);
  })
  .catch(error => {
    // 處理錯誤
    console.error('發生錯誤:', error);
  });
```

設定請求 headers

你可以透過 'headers' 選項來設定請求 headers：

```
axios.get('http://example.com/api', {
  headers: {
   'Authorization':'Bearer myAccessToken'
  }
})
  .then(response => {
   // 成功處理回應
   console.log(response.data);
  })
  .catch(error => {
   // 處理錯誤
   console.error(' 發生錯誤 :', error);
  });
```

處理錯誤

在 axios 中，你可以使用 '.catch' 來處理請求過程中發生的錯誤，比
如網路錯誤或伺服器錯誤。

其他功能

除了上述基本的功能之外，axios 還提供了許多其他的功能，如處理
取消請求、設定請求超時、處理請求和回應的攔截器等等。

這只是一個簡單的介紹和教學，axios 還有許多其他強大的功能和選
項，你可以查閱官方文件以獲得更多資訊：axios 官方文件（https：
//axios-http.com/docs/intro）。

ChatGPT 說還有更多強大的功能跟選項，就順勢問有沒有更多深入的介紹。

請提供更多深入的介紹

當然，以下是一些更深入的介紹和使用範例：

1. 請求和回應攔截器

axios 允許你在請求和回應被發送或接收之前進行攔截和修改。這可
以用於添加全域的 headers、處理請求或回應的特定部分等。

```
// 請求攔截器
axios.interceptors.request.use(config => {
  // 在請求被發送之前做些什麼
  return config;
}, error => {
  // 錯誤處理
  return Promise.reject(error);
});

// 回應攔截器
axios.interceptors.response.use(response => {
  // 在回應被接收之前做些什麼
  return response;
}, error => {
  // 錯誤處理
  return Promise.reject(error);
});
```

2. 設定請求超時

你可以透過 'timeout' 選項來設定請求的超時時間（以毫秒為單位）。
如果請求超過了這個時間，將會被取消。

```
axios.get('http://example.com/api', {
  timeout: 5000 // 5 秒
})
  .then(response => {
    // 成功處理回應
    console.log(response.data);
  })
  .catch(error => {
    // 處理錯誤
    console.error(' 發生錯誤 :', error);
  });
```

3. 處理取消請求

你可以使用 'CancelToken' 和 'Cancel' 來實現取消一個請求。

```
const CancelToken = axios.CancelToken;
let cancel;
```

```
axios.get('http://example.com/api', {
  cancelToken: new CancelToken(function executor(c) {
    // executor 函式接收一個 cancel 函式作為參數
    cancel = c;
  })
})
  .then(response => {
    // 成功處理回應
    console.log(response.data);
  })
  .catch(thrown => {
    if (axios.isCancel(thrown)) {
      console.log('請求已取消：', thrown.message);
    } else {
      console.error('發生錯誤：', thrown);
    }
  });

// 取消請求
cancel('請求取消原因');
```

4. 使用 async/await

你可以在非同步函式中使用 'async/await' 來更清晰地處理請求和回應。

```
async function fetchData() {
  try {
    const response = await axios.get('http://example.com/api');
    console.log(response.data);
  } catch (error) {
    console.error('發生錯誤：', error);
  }
}

fetchData();
```

這些是一些高級功能，可以讓你更靈活地使用 axios 來滿足特定的需求。希望這些資訊對你有所幫助！如果你有任何其他問題，請隨時詢問。

axios 實作範例

基本語法和用法都介紹完了，請 ChatGPT 提供一個實際使用的範例。

 請提供一個使用範例

 當然，以下是一個使用 axios 的簡單範例，我將使用 TypeScript 來
示範：

首先，確保你已經安裝了 axios：

```
npm install axios
```

接著，在你的 TypeScript 檔案中引入 axios：

```
import axios from 'axios';
```

現在，我們來建立一個簡單的 React functional component，當按下
按鈕時，它會發送一個 GET 請求並印出回應的資料：

```
import React from 'react';
import axios from 'axios';

const ExampleComponent: React.FC = () => {
  const fetchData = async () => {
    try {
      const response = await axios.get('https://jsonplaceholder.typicode.
com/posts/1');
      console.log(response.data);
    } catch (error) {
      console.error(' 發生錯誤 :', error);
    }
  };

  return (
    <div>
      <h1> 使用 Axios 範例 </h1>
      <button onClick={fetchData}> 發送請求 </button>
```

```
      </div>
    );
  };

  export default ExampleComponent
```

這個範例中，我們建立了一個 'ExampleComponent' 函式元件。在這個元件中，我們使用了 'axios.get' 來發送一個 GET 請求，URL 是 JSONPlaceholder 提供的假資料 API。當按下按鈕時，'fetchData' 函式會被呼叫，並且處理回應或錯誤。

請記得在實際應用中，你應該更換 URL 成你自己的 API 位置。

這只是一個簡單的範例，實際應用中，你可能會需要更複雜的邏輯和處理方式，但這可以讓你開始使用 axios 進行 HTTP 請求。

ChatGPT 提供的這個範例中，有按鈕可以按下後觸發資料獲取，而且這個範例 API 是真的可以呼叫的。

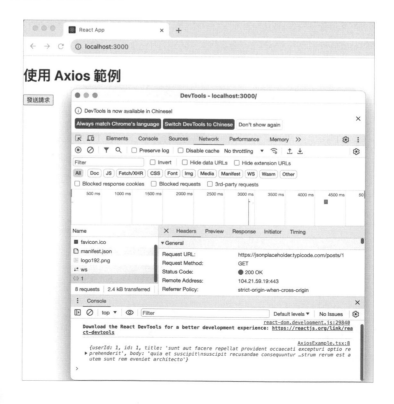

不過沒有把取得的資料顯示在畫面中，只有使用 Console.log 略為可惜，請 ChatGPT 修正。

 請繼續使用上面提供的範例 ExampleComponent

將取得的資料逐一顯示在畫面中

 當然，讓我們繼續修改 'ExampleComponent'，以便在獲得資料後逐一顯示在畫面上：

```
import React, { useState } from 'react';
import axios from 'axios';

const ExampleComponent: React.FC = () => {
  const [postData, setPostData] = useState<any>(null);

  const fetchData = async () => {
    try {
      const response = await axios.get('https://jsonplaceholder.typicode.
com/posts/1');
      setPostData(response.data);
    } catch (error) {
      console.error(' 發生錯誤 :', error);
    }
  };

  return (
    <div>
      <h1> 使用 Axios 範例 </h1>
      <button onClick={fetchData}> 發送請求 </button>

      {postData && (
        <div>
          <h2> 文章標題：{postData.title}</h2>
          <p> 文章內容：{postData.body}</p>
        </div>
      )}
    </div>
  );
```

```
    };

    export default ExampleComponent;
```

在這個修改後的 'ExampleComponent' 中，我們引入了 'useState' 鉤子，用於維護從 API 獲得的資料。當按下按鈕時，'fetchData' 函式會發送 GET 請求，成功後會將回應的資料存放在 'postData' 狀態中。

接著，我們在 JSX 中使用條件渲染，只有在 'postData' 不為 'null' 時才顯示文章的標題和內容。

這樣當你點擊按鈕後，會發送請求並在獲得回應後顯示文章的標題和內容。請記得這只是一個簡單的範例，實際應用中你可能需要更多的邏輯來處理不同的情況。

照著做之後，又接著發現 ChatGPT 給的這個 API 範例，網址最尾端帶入不同數字，就有不同結果，例如 '/post/2' 等編號有效範圍是 1~100。我們請 ChatGPT 再將功能進化，變成點下去之後會隨機取一篇，並請 ChatGPT 要加上 TypeScript 的語法。

已知 https：//jsonplaceholder.typicode.com/posts/

最後一格 query ，可以是 1~100，每一個數字帶入的結果都不同

例如 https：//jsonplaceholder.typicode.com/posts/45

回傳格式固定為

```
{
  "userId": number,
  "id": number,
  "title": string,
  "body": string
}
```

請搭配 TypeScript 並將上述的範例改寫成按下按鈕後，會隨機 1~100 取得一篇內容並顯示

好的，讓我們來改寫範例以符合你的要求。

首先，我們需要安裝 'axios' 和 'react' 的 types 定義：

```
npm install axios @types/react @types/react-dom
```

接下來，請使用以下程式碼：

```tsx
import React, { useState } from 'react';
import axios from 'axios';

interface PostData {
  userId: number;
  id: number;
  title: string;
  body: string;
}

const ExampleComponent: React.FC = () => {
  const [postData, setPostData] = useState<PostData | null>(null);

  const fetchData = async () => {
    try {
      const randomPostId = Math.floor(Math.random() * 100) + 1;
      const response = await axios.get('https://jsonplaceholder.typicode.
com/posts/${randomPostId}');
      setPostData(response.data);
    } catch (error) {
      console.error(' 發生錯誤 :', error);
    }
  };

  return (
    <div>
      <h1> 使用 Axios 範例 </h1>
      <button onClick={fetchData}> 隨機取得文章 </button>

      {postData && (
        <div>
```

```
          <h2> 文章標題：{postData.title}</h2>
          <p> 文章內容：{postData.body}</p>
        </div>
      )}
    </div>
  );
};

export default ExampleComponent;
```

這個範例中，我們將 'PostData' 的介面定義，以符合 API 回傳的格式。然後，我們在 'fetchData' 函式中，生成一個隨機的文章編號，並用這個編號來發送 GET 請求。當回傳成功後，我們將資料存放在 'PostData' 狀態中，並在畫面上顯示出來。

現在，當你按下按鈕，它將隨機取得一篇文章的內容並顯示在畫面上。希望這符合你的需求，如果有任何問題，請隨時詢問。

幾乎完美，最後請 ChatGPT 再改良一下，針對 axios 的回傳值標註 Type。

在上述 fetchData function 中
可以用 TypeScript 規範或指定 axios 的 request 或 response 的型別嗎

當然可以，我們可以使用 TypeScript 來規範 'axios' 的 request 和 response 的型別。以下是修改後的程式碼：

```
import React, { useState } from 'react';
import axios, { AxiosResponse } from 'axios';

interface PostData {
  userId: number;
  id: number;
  title: string;
  body: string;
```

```
}

const ExampleComponent: React.FC = () => {
  const [postData, setPostData] = useState<PostData | null>(null);

  const fetchData = async () => {
    try {
      const randomPostId = Math.floor(Math.random() * 100) + 1;
      const response: AxiosResponse<PostData> = await axios.get('https://
jsonplaceholder.typicode.com/posts/${randomPostId}');
      setPostData(response.data);
    } catch (error) {
      console.error(' 發生錯誤 :', error);
    }
  };

  return (
    <div>
      <h1> 使用 Axios 範例 </h1>
      <button onClick={fetchData}> 隨機取得文章 </button>

      {postData && (
        <div>
          <h2> 文章標題：{postData.title}</h2>
          <p> 文章內容：{postData.body}</p>
        </div>
      )}
    </div>
  );
};
export default ExampleComponent;
```

在這個程式碼中，我們從 'axios' 引入了 'AxiosResponse' 介面，並將
其應用於 'fetchData' 函式的回應型別。

這樣可以讓 TypeScript 正確地識別回應的型別，並在編譯時進行類
型檢查。這樣一來，你可以確保 'response.data' 符合 'PostData' 的
型別定義。

希望這滿足你的需求！如果你有任何其他問題，請隨時詢問。

標注前：實際的 response.data type 為 any。

```
const fetchData = async () => {
  try {
    const randomPostId = Math.floor(Math.random() * 100) + 1;
    const response = awai   (property) AxiosResponse<any, any>.data: any   com
    setPostData(response.data);
  } catch (error) {
    console.error('發生錯誤:', error);
  }
};
```

標註後：response.data 可以被標示為已知的設定格式 PostData，且提供自動型別提示。

```
const fetchData = async () => {
  try {
    const randomPostId = Math.floor(Math.random() * 100) + 1;
    const response: AxiosResponse<PostData> = await axios.get(`https://jsonpla
    setPostData(response.data.);
  } catch (error) {                body              (property) PostData.body: string
    console.error('發生錯           id
  }                                title
};                                 userId
```

然後我們看一下網頁成品成果，每次按下按鈕都會有不同的內容：

使用 CancelToken 取消請求

一開始針對 axios 的進階介紹中，有提到 axios 可以處理取消請求，我們請 ChatGPT 進行近一步的介紹。

針對 CancelToken 取消請求的部分，請提供深入介紹與教學

當你需要在中途取消一個 HTTP 請求時，'axios' 提供了 'CancelToken' 和 'Cancel' 來實現這個功能。以下是關於如何使用 'CancelToken' 來取消請求的深入介紹和教學：

首先，讓我們修改之前的範例，以便可以取消請求。首先，你需要安裝 'axios'：

```
npm install axios
```

接下來，我們來創建一個 React 元件，並添加取消請求的功能：

```
import React, { useState } from'react';
import axios, { CancelToken } from'axios';

const CancelRequestComponent = () => {
  const [data, setData] = useState(null);
  const [cancelTokenSource, setCancelTokenSource] = useState(null);

  const fetchData = async () => {
    // 如果之前的請求存在，先取消它
    if (cancelTokenSource) {
      cancelTokenSource.cancel(' 取消前一個請求 ');
    }

    const newCancelTokenSource = axios.CancelToken.source();
    setCancelTokenSource(newCancelTokenSource);

    try {
      const response = await axios.get('https://jsonplaceholder.typicode.com/posts/1', {
```

```
        cancelToken: newCancelTokenSource.token,
      });
      setData(response.data);
    } catch (error) {
      if (axios.isCancel(error)) {
        console.log(' 請求被取消：', error.message);
      } else {
        console.error(' 發生錯誤 :', error);
      }
    }
  };

  return (
    <div>
      <h1> 取消請求範例 </h1>
      <button onClick={fetchData}> 發送請求 </button>
      <button onClick={() => cancelTokenSource && cancelTokenSource.
cancel(' 手動取消請求 ')}> 取消請求 </button>

      {data && (
        <div>
          <h2> 文章標題：{data.title}</h2>
          <p> 文章內容：{data.body}</p>
        </div>
      )}
    </div>
  );
};

export default CancelRequestComponent;
```

在 這 個 範 例 中，我 們 使 用 'CancelToken.source()' 來 創 建 一 個 新 的 'CancelToken' 和 'CancelTokenSource' 對 象。當 按 下 " 發 送 請 求 " 按 鈕 時，我 們 將 這 個 'CancelToken' 傳 遞 給 'axios.get' 中 的 'CancelToken' 選項，以便在需要時取消請求。

同時，我們還提供了一個 " 取消請求 " 按鈕，當按下時，我們呼叫 'cancelTokenSource.cancel()' 來手動取消請求。這是一個有用的功能，當用戶需要隨時取消一個長時間執行的請求時，可以使用它。

請確保在元件卸載時，取消請求的 'CancelToken' 也被處理，以避免潛在的記憶體洩漏。在實際應用中，你可以在 'useEffect' 中處理這一部分。

這樣，你就可以使用 'CancelToken' 來取消 'axios' 的請求。希望這能幫助你實現取消請求的需求。

雖然在自訂指令中有要求要 TypeScript 版本的語法，但在介紹新內容時，ChatGPT 常常沒有幫我加上 TypeScript，然後取消的訊息也沒有顯示在畫面中，只好再追加要求 ChatGPT。

請加上 TypeScript，並在取消請求時，把取消請求的訊息顯示在畫面中

當然，以下是使用 TypeScript 的範例，並在取消請求時將取消請求的訊息顯示在畫面上：

首先，確保你已經安裝了 'axios' 和 '@types/react'（如果還未安裝的話）：

```
npm install axios @types/react @types/react-dom
```

接下來，使用 TypeScript 修改範例程式碼：

```
import React, { useState } from'react';
import axios, { AxiosResponse, CancelToken, CancelTokenSource }
from'axios';

interface PostData {
  userId: number;
  id: number;
```

```
  title: string;
  body: string;
}

const CancelRequestComponent: React.FC = () => {
  const [data, setData] = useState<PostData | null>(null);
  const [cancelTokenSource, setCancelTokenSource] =
useState<CancelTokenSource | null>(null);
  const [cancelMessage, setCancelMessage] = useState<string |
undefined>(undefined);

  const fetchData = async () => {
    // 如果之前的請求存在，先取消它
    if (cancelTokenSource) {
      cancelTokenSource.cancel(' 取消前一個請求 ');
    }

    const newCancelTokenSource = axios.CancelToken.source();
    setCancelTokenSource(newCancelTokenSource);

    try {
      const response: AxiosResponse<PostData> = await axios.get('https://
jsonplaceholder.typicode.com/posts/1', {
        cancelToken: newCancelTokenSource.token,
      });
      setData(response.data);
    } catch (error) {
      if (axios.isCancel(error)) {
        setCancelMessage(error.message); // 設定取消訊息
      } else {
        console.error(' 發生錯誤 :', error);
      }
    }
  };

  return (
    <div>
      <h1> 取消請求範例 </h1>
      <button onClick={fetchData}> 發送請求 </button>
```

```
            <button onClick={() => {
              if (cancelTokenSource) {
                cancelTokenSource.cancel(' 手動取消請求 ');
                setCancelMessage(' 手動取消請求 '); // 設定取消訊息
              }
            }}> 取消請求 </button>

            {cancelMessage && <p> 取消訊息：{cancelMessage}</p>}

            {data && (
              <div>
                <h2> 文章標題：{data.title}</h2>
                <p> 文章內容：{data.body}</p>
              </div>
            )}
        </div>
      );
    };

    export default CancelRequestComponent;
```

在這個修改後的程式碼中，我們新增了一個 'cancelMessage' 狀態，用於顯示取消請求的訊息。當請求被取消時，我們設定這個狀態以顯示相關的訊息。

現在，當你按下 " 取消請求 " 按鈕時，它會取消請求並在畫面上顯示相關的取消訊息。希望這滿足你的需求，如果有任何其他問題，請隨時詢問。

直接貼上 ChatGPT 所提供的程式碼來看看成果！

另外，為了讓取消動作來得及執行，我這邊點擊 F12 開啟 devTools 之後，還有特別限定網速，切成慢速 3G。如此一來，就來得及在按下「發送請求」之後，在資料回來之前點擊「取消請求了！

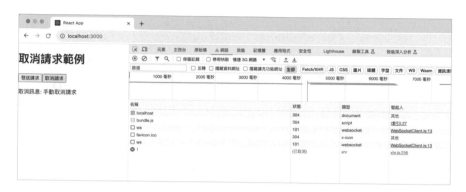

這種手動按按鈕來取消請求的情況，在真實使用上可能性較低。所以問一下 ChatGPT 像這樣做取消請求動作的應用有哪些。

 取消請求通常在什麼情境下會需要使用到

 取消請求通常在以下情境下會需要使用：

1. 用戶離開頁面或操作取消：當用戶在請求還在進行時離開了頁面，或者他們主動取消了某個操作，這時候你可能會想要取消相關的請求，以節省帶寬和資源。

2. 重複請求時取消前一個請求：當用戶連續進行多次相同或類似的請求，你可能會希望取消前一個請求，以避免過多的重複請求。

3. 長時間請求超時取消：如果一個請求花費的時間太長，而用戶不再需要它，你可能會希望取消這個請求，以釋放資源並避免不必要的等待。

4. 實現搜索建議：在用戶輸入時，你可能會發送多個請求來獲取搜索建議。如果用戶快速改變了他們的輸入，你可能會希望取消前一個請求，並發送一個新的請求以獲得最新的建議。

5. 批量操作時取消部分請求： 如果你正在進行一個批量操作，並且
　 只想取消其中一部分的請求，你可以使用取消功能來實現這一點。

總的來説，取消請求通常用於在用戶對請求進行了相應的操作（例如
離開頁面、取消操作等）或在特定條件下（例如超時）不再需要該請
求時。這樣可以避免浪費資源並提升用戶體驗。

在這些情境下，取消請求可以說是很實用，且為了效能開發相當重要的
功能。

相同配置重複使用：axios.create

有時候在開發上，可能會需要以相同的設定來進行 API 請求，或者說 API
請求大同小異。這時候如果每次發出 request 的時候都分開設定撰寫，往後若需
要更動設定，例如 API 的位置、header 要設置的內容等，就會變得很麻煩。來
問看看 ChatGPT 對於這類的問題有沒有什麼好解法！

 如果我在使用 axios 進行 API 請求的時候，時常需要多次使用相同配
置的請求，要怎麼寫比較好

 如果你需要多次使用相同的配置進行請求，你可以考慮使用 'axios.
create()' 方法來建立一個自定義的 axios 實例，並在這個實例中設定
共用的配置。

以下是一個示範：

```
import axios from 'axios';

// 創建一個自定義的 axios 實例
const customAxios = axios.create({
  baseURL: 'https://api.example.com', // 共用的基本 URL
  timeout: 5000, // 共用的超時時間
  headers: {
    'Content-Type': 'application/json', // 共用的請求 headers
    // 其他共用的 headers 可在此添加
  },
```

```
});

// 你現在可以使用這個自定義的 axios 實例來進行請求
customAxios.get('/endpoint1')
  .then(response => {
    // 處理回應
  })
  .catch(error => {
    // 處理錯誤
  });

customAxios.post('/endpoint2', { data:'someData'})
  .then(response => {
    // 處理回應
  })
  .catch(error => {
    // 處理錯誤
  });
```

透過這種方式，你可以在自定義的 axios 實例中設定共用的配置，並在多個地方重複使用這個實例進行請求。

這樣的好處是，你可以在不同的場合使用同樣的配置，同時也可以根據需要創建多個不同的自定義 axios 實例，來滿足特定場景的需求。

這是一個在實際應用中非常常見的做法，特別是當你需要在整個應用中使用相同的配置時。

ChatGPT 教了我們可以用 axios.create 創建實例！請 ChatGPT 再介紹詳細一點。

 請針對 axios.create 進行深入介紹與教學

 'axios.create' 是 Axios 提供的一個方法，可以用來建立一個自定義的 Axios 實例。這樣可以讓你在整個應用程序中使用相同的配置，或者在不同的場景下使用不同的配置。

以下是 'axios.create' 的深入介紹和教學：

使用方法

首先，你需要將 'axios' 導入你的程式中：

```
import axios from'axios';
```

接下來，使用 'axios.create' 來建立一個自定義的 Axios 實例：

```
const customAxios = axios.create(config);
```

這裡的 'config' 是一個物件，包含了你想要配置的選項，比如 'baseURL'、'headers'、'timeout' 等。

配置選項

以下是一些常用的配置選項：

- baseURL：設定所有請求的基本 URL。

- headers：設定請求 headers。

- timeout：設定請求的超時時間（以毫秒為單位）。

- withCredentials：設定是否發送跨域請求時携帶 cookies。

使用自定義 Axios 實例

建立了自定義的 Axios 實例之後，你可以使用這個實例來進行請求：

```
customAxios.get('/endpoint1')
  .then(response => {
    // 處理回應
  })
  .catch(error => {
    // 處理錯誤
  });

customAxios.post('/endpoint2', { data:'someData'})
  .then(response => {
    // 處理回應
  })
```

```
  .catch(error => {
    // 處理錯誤
  });
```

在整個應用程序中共用配置

這對於在整個應用程序中共用相同的配置非常有用。比如，你可以在一個地方設置 'baseURL'，然後在所有的請求中使用這個基本 URL。

```
const customAxios = axios.create({
  baseURL:'https://api.example.com',
  timeout: 5000,
  headers: {
   'Content-Type':'application/json',
  },
});
```

```
customAxios.get('/endpoint1') // 會發送請求到 https://api.example.com/
endpoint1
  .then(response => {
    // 處理回應
  })
  .catch(error => {
    // 處理錯誤
  });
```

創建多個自定義實例

你也可以根據需要創建多個不同的自定義 Axios 實例，以滿足不同場景的需求：

```
const instance1 = axios.create({
  baseURL:'https://api.example1.com',
  timeout: 5000,
});
```

```
const instance2 = axios.create({
  baseURL:'https://api.example2.com',
  timeout: 10000,
```

```
});

instance1.get('/endpoint1') // 會發送請求到 https://api.example1.com/
endpoint1
  .then(response => {
    // 處理回應
  })
  .catch(error => {
    // 處理錯誤
  });

instance2.get('/endpoint2') // 會發送請求到 https://api.example2.com/
endpoint2
  .then(response => {
    // 處理回應
  })
  .catch(error => {
    // 處理錯誤
  });
```

這樣，你可以在不同的場景中使用不同的配置。例如，在與不同的 API 進行交互時，可以使用相應的自定義實例。

總的來説，'axios.create' 提供了一個非常方便的方式來定制 Axios 的行為，並且可以幫助你在整個應用程序中統一管理配置。

最後，了解一下還有什麼情境或時機適合用這樣的方式來創建連接。

還有什麼情境下適合使用 axios.create

'axios.create' 適合用於以下情境：

1. 使用相同基本 URL 的多個請求： 如果你的應用中有多個請求都使用相同的基本 URL，那麼使用 'axios.create' 可以在多處設定一次基本 URL，然後在各處的請求中只需指定相對 URL。

2. 多個 API 的交互：如果你的應用需要與多個不同的 API 進行交互，每個 API 都有不同的設定（如超時時間、headers），那麼你可以為每個 API 創建一個自定義的 Axios 實例，以便在不同的場景中使用不同的配置。

3. 統一管理請求 headers： 如果你希望在整個應用程序中統一管理請求的 headers（例如添加身份驗證標頭），你可以在自定義 Axios 實例的配置中設定這些 headers。

4. 專門處理某種類型請求的實例： 有時你可能需要專門處理某一類型請求的實例，例如一個實例用於處理 GET 請求，另一個用於處理 POST 請求，以便在配置和管理上更具彈性。

5. 統一處理錯誤：如果你希望在整個應用程序中統一處理請求錯誤，你可以為自定義 Axios 實例添加錯誤攔截器，這樣可以統一處理錯誤的邏輯。

總之，'axios.create' 是一個強大的工具，可以幫助你更好地組織和管理 Axios 請求，並讓你在不同的情境中使用不同的配置。這在大型應用中特別有用，因為它提供了統一性和可維護性。

ChatGPT 小節統整

讓 ChatGPT 為我們這個小節進行一個內容的統整。

總和以上所有對話，統整重點並給一段結語

綜合以上對話，以下是關於 Axios、axios.create 以及取消請求的重點：

1. Axios 是一個強大的 JavaScript 庫，用於進行 HTTP 請求。 它支持瀏覽器和 Node.js 環境，提供了一個簡單易用的界面來處理網絡請求。

2. 使用 axios.create 可以創建自定義的 Axios 實例。 這允許你在整個應用程序中使用相同的配置，或者在不同場景下使用不同的配置。

3. 自定義實例可以統一管理配置。 你可以在自定義實例中設置共用的基本 URL、headers、超時時間等，使得在整個應用程序中統一管理這些配置。

4. 自定義實例可以處理不同類型的請求或不同 API 的交互。 如果你的應用中需要處理多個不同 API，每個 API 都有不同的配置，使用自定義實例可以使得管理和使用這些 API 更加方便。

5. 使用 CancelToken 可以取消請求。 這對於在用戶對請求進行了相應的操作（例如離開頁面、取消操作等）或在特定條件下（例如超時）不再需要該請求時非常有用。

結語：

Axios 是一個強大且靈活的工具，可以幫助你有效地管理和執行網絡請求。透過 axios.create，你可以更好地組織和管理 Axios 實例，以滿足不同場景的需求。同時，使用 CancelToken 可以使你在需要時有效地取消請求，從而提升用戶體驗。

無論是開發小型應用還是大型項目，熟悉並善用 Axios 及其相關功能，將有助於提升你的開發效率和程式碼的可維護性。希望這些訊息對你有所幫助，如果你有任何進一步的問題，請隨時向我詢問！

所以，透過 axios 來串接 API，對 React 來說是相當方便容易上手的選擇，提供了很多方便的功能和處理，也一樣也可以把 axios 串接的部分抽成一個 function 處理，搭配 axios.create 去封裝成符合自己需求的 function ！

4

ChatGPT 請教教我：
React 進階

　　這個章節開始要針對 React 中比較進階的主題來討論，主要是一些第三方套件，例如 Redux、Redux Thunk 等觀念與相似的 hook，以及除了 CRA 以外的 React 框架：Nx、NextJS。

4-1　React Redux 狀態管理

　　在第三章的時候介紹了 useState 這個管理、更改狀態的 hook，能夠透過

```
count [count, setCount] = useState<number>(0)
```

　　這樣的語法，讓我們拿到 count 這個狀態變數，以及 'setCount' 這個更改狀態的 function。

　　但在複雜的專案中，單用 'useState' 可能還是會造成管理混亂。'setCount' 的使用方式並沒有限制，在更改 state 的時候邏輯比較鬆散，可以隨意的指定像是 'setCount(count+2)' 或是 'setCount(count*2)'。

　　在大型且複雜專案的管理狀態上，還有另外一個工具可以更嚴謹的幫助我們在 React 中管理 state——React Redux

　　這個章節讓 ChatGPT 介紹什麼是 react redux，運作流程和方式又是什麼。本小結與 ChatGPT 的對話連結放在這邊：

　　https：//chat.openai.com/share/e64a60e8-ae89-40fa-847f-77e6616eaf16

React Redux 基礎介紹與教學

 react redux 是什麼？請介紹 redux 的基礎觀念

 嗨！當然可以，讓我來為你介紹一下 React Redux。

首先，React Redux 是一個用於管理 React 應用程式狀態的庫。它結合了 React 和 Redux，這兩者可以讓你更有效地管理你的應用程式狀態。

接下來，讓我來講解一些 Redux 的基礎觀念：

1. 單一資料來源 (Single Source of Truth)： Redux 的核心理念是將整個應用程式的狀態保存在一個稱為 "Store" 的物件中。這個 Store 是應用程式的單一資料來源，這表示所有的狀態都會以一個物件樹的形式存放在這個 Store 中。

2. 狀態是唯讀的 (State is Read-Only)： 在 Redux 中，狀態是唯讀的，這表示你無法直接修改狀態。如果你想要改變應用程式的狀態，你必須派發一個 "Action"。

3. 使用純粹函數 (Changes are made with pure functions)： 為了改變應用程式的狀態，你需要編寫一個稱為 "Reducer" 的純粹函數。Reducer 接收一個當前狀態和一個 Action，並回傳一個新的狀態。

4. 單向數據流 (Unidirectional Data Flow)： Redux 強調了單向數據流的概念，這表示資料的流動是單向的，從 Store 到 View，然後是從 View 到 Action。

5. 使用 Action 來描述事件 (Actions describe events)： Action 是一個用來描述發生了什麼事件的物件。它會携帶一些基本資訊，例如事件類型 (type) 和相關的資料。

總的來説，Redux 提供了一個有效的方法來管理應用程式的狀態，特別是在大型或複雜的應用程式中。透過將狀態統一儲存在一個 Store 中，並使用 Actions 和 Reducers 來管理狀態的改變，我們可以保持應用程式的可預測性和可維護性。

希望這份簡介對你有所幫助！如果你有任何其他問題或需要更多解釋，請隨時告訴我。

　　ChatGPT 講了一些觀念和新的專有名詞，像是「Store」、「Actions」、「Reducers」等。但光這樣介紹，可能還是太過抽象了，相當的咬文嚼字，讓 ChatGPT 用比較好懂的比喻來講述流程看看。

請用更易懂的比喻來描述 Redux 的運作流程，並提供各個環節的對照

當然！我用一個生活中的比喻來解釋 Redux 的運作流程：

想像你在玩一個角色扮演遊戲，你的角色身上有很多屬性，比如生命值、魔法值等等。這些屬性都存在於一個特別的袋子裡，稱為「屬性袋」。

1. Store（屬性袋）：

- 在 Redux 中，我們有一個特別的袋子叫做「Store」，裡面存放著所有的應用程式狀態，就像是你角色的所有屬性都在這個屬性袋裡。

2. Action（命令）：

- 當你想改變你角色的某個屬性，比如增加生命值，你會發出一個特定的指令，比如「加生命值」。

3. Reducer（處理器）：

- 這個指令會傳給一個處理器，就像是一個會根據你的指令執行特定動作的魔法師。這個魔法師會根據指令，把你的角色的生命值加上指定的數量。

4. 新的狀態（更新後的屬性袋）：

- 處理器完成工作後，會給你一個更新後的屬性袋，裡面的屬性已經被修改過了。

這樣就完成了一個簡單的 Redux 流程：

1. 你想要改變某個狀態，就像是想要增加生命值。

2. 你發出一個特定的指令（Action），比如「加生命值」。

3. 這個指令被傳給處理器（Reducer）。

4. 處理器根據指令，修改狀態，然後給你一個更新後的狀態（屬性袋）。

> 這樣，Redux 就像是一個角色扮演遊戲中的魔法師，幫助你管理角色
> 的屬性。希望這個比喻能讓你更容易理解 Redux 的運作流程！如果
> 你有任何問題，隨時告訴我。

　　雖然有些用詞很奇怪，但勉勉強強，列舉各項名詞和比喻之後好一點，接
著請 ChatGPT 來畫圖！

請用 mermaid 語法表示 redux 的運作流程

當然，我可以用 Mermaid 語法來表示 Redux 的運作流程。以下是一
個簡單的 Mermaid 流程圖，說明 Redux 的基本流程：

```
graph TD
  A[Action] -->| 觸發 | B[Reducer]
  B --> C[Store]
  C -->| 更新 | D[View]
  D -->| 互動 | A
```

在這個流程圖中，我們有以下幾個元素：

- Action（行動）：代表應用程式中的某個事件，它可以觸發狀態
  的改變。

- Reducer（處理器）：處理 Action，並根據 Action 的類型來修
  改應用程式的狀態。

- Store（儲存庫）：存放整個應用程式的狀態，是所有狀態的「單
  一來源」。

- View（視圖）：展示應用程式的介面，當狀態改變時，會更新並
  顯示新的資料。

流程如下：

1. 一個 Action 被觸發，通常是由使用者的操作或其他事件引起的。

2. 這個 Action 被送到 Reducer，Reducer 根據 Action 的類型來修改應用程式的狀態。

3. 修改後的狀態被存放在 Store 中，它是整個應用程式的狀態管理中心。

4. 當狀態改變時，View 會被更新以反映新的狀態。

5. 這個流程可以一直循環，每當有新的 Action 被觸發，就會再次進行狀態的修改和更新。

這就是 Redux 的基本運作流程。希望這個 Mermaid 流程圖有助於你更清楚地理解 Redux 的運作方式。如果你需要更多詳細資訊或有其他問題，請隨時告訴我。

複製 ChatGPT 給的流程語法，轉為流程圖的話就會是這樣：

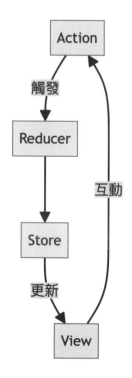

　　Redux 用這樣的模式來更新「Store」，也就是原本的狀態（State）集中整合成「Store」來保存控管。接著每次要更新狀態資料的時候，必須下達「動作指令（Action）」，再讓「處理器（Reducer）」根據指令去執行動作。

　　分成三個角色之後，每個角色的內容都變得單一、乾淨，要更新狀態時也只要呼叫封裝過的「動作指令」，不需要知道實作細節，又可以讓可閱讀性提高。

　　接下來，來看一下如何開始使用 Redux 以及範例程式碼。

React Redux 範例

請提供 React Redux 的介紹，並提供 functional component 搭配 hook 的製作 TODO LIST 的範例與教學

當然可以！首先，讓我為你介紹一下 React Redux。

關於 React Redux

React Redux 是一個結合了 React 和 Redux 的庫，用於更有效地管理 React 應用程式的狀態。它幫助你在 React 應用中更容易地使用 Redux。

React Redux 提供了兩個主要的元件來實現這個整合：

1. Provider： Provider 是一個 React 元件，它使你的整個應用程式能夠訪問 Redux Store。你只需要在你的應用程式的最上層使用 Provider，就可以讓所有的子元件都能使用 Redux。

2. connect 函式： connect 函式是一個用於連接 React 元件和 Redux Store 的函式。它會將 Store 中的狀態以及 Action 傳遞給相關的 React 元件。

現在，讓我們來製作一個簡單的 ToDo List 的範例，並使用 functional component 以及 hook 來實現它。

ToDo List 範例

步驟 1：建立 Redux Store

首先，你需要安裝 Redux 和 React Redux：

```
npm install redux react-redux
```

然後，在你的應用程式中建立一個 Redux Store：

```
// src/store.js
import { createStore } from'redux';
import rootReducer from'./reducers';

const store = createStore(rootReducer);

export default store;
```

步驟 2：建立 Reducer

建立一個簡單的 Reducer 來處理 ToDo List 的狀態：

```
// src/reducers/todoReducer.js
const initialState = {
  todos: [],
};

const todoReducer = (state = initialState, action) => {
  switch (action.type) {
    case'ADD_TODO':
      return {
        ...state,
        todos: [...state.todos, action.payload],
      };
    case'REMOVE_TODO':
      return {
        ...state,
        todos: state.todos.filter(todo => todo.id !== action.payload),
      };
    default:
      return state;
  }
};

export default todoReducer;
```

步驟 3：建立 Action Creators

創建一些 Action Creators 來描述你要進行的操作：

```javascript
// src/actions/todoActions.js
export const addTodo = (todo) => {
  return {
    type:'ADD_TODO',
    payload: todo,
  };
};

export const removeTodo = (id) => {
  return {
    type:'REMOVE_TODO',
    payload: id,
  };
};
```

步驟 4：建立 ToDoList 元件

使用 functional component 和 hook 來建立 ToDo List 元件：

```javascript
// src/components/ToDoList.js
import React, { useState } from'react';
import { useSelector, useDispatch } from'react-redux';
import { addTodo, removeTodo } from'../actions/todoActions';

const ToDoList = () => {
  const [input, setInput] = useState('');
  const todos = useSelector(state => state.todos);
  const dispatch = useDispatch();

  const handleAddTodo = () => {
    dispatch(addTodo({ id: Date.now(), text: input }));
    setInput('');
  };

  const handleRemoveTodo = (id) => {
```

```
      dispatch(removeTodo(id));
   };

   return (
     <div>
       <h2>ToDo List</h2>
       <div>
         <input
           type="text"
           value={input}
           onChange={(e) => setInput(e.target.value)}
         />
         <button onClick={handleAddTodo}>Add</button>
       </div>
       <ul>
         {todos.map(todo => (
           <li key={todo.id}>
             {todo.text}
             <button onClick={() => handleRemoveTodo(todo.id)}>Remove</
button>
           </li>
         ))}
       </ul>
     </div>
   );
 };

 export default ToDoList;
```

步驟 5：使用 Provider 連接應用程式

在你的應用程式的最上層，使用 Provider 來連接 Redux Store：

```
// src/App.js
import React from 'react';
import { Provider } from 'react-redux';
import store from './store';
import ToDoList from './components/ToDoList';
```

```
function App() {
  return (
    <Provider store={store}>
      <div className="App">
        <ToDoList />
      </div>
    </Provider>
  );
}


export default App;
```

這樣就完成了一個簡單的 ToDo List 應用程式，並且使用了 React Redux 來管理狀態。希望這份範例能對你有所幫助！如果你有任何問題或需要進一步的說明，請隨時告訴我。

照著上面的指示建立檔案結構，並將範例程式碼複製貼上之後，真的可以跑出一個很陽春的 TODO List 專案！

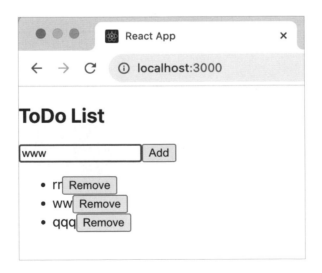

不過 ChatGPT 對於上述的實作語法相當的輕描淡寫帶過，也沒有使用 TypeScript。我們請 ChatGPT 在補上 TypeScript 的同時，也對語法做更詳細的解析。

React Redux & TypeScript

請使用上方的範例，在一樣的程式碼中加上 TypeScript 語法
並提供語法講解

當然，我會為你提供使用 TypeScript 的 ToDo List 範例，並提供語法
講解。

首先，讓我們來更新之前的程式碼以適應 TypeScript。

步驟 1：建立 Redux Store

首先，確保你的應用程式已經安裝了 Redux 和 React Redux。然後，
建立 Redux Store 的程式碼：

```ts
// src/store.ts
import { createStore } from'redux';
import rootReducer from'./reducers';

const store = createStore(rootReducer);

export default store;
```

在這個例子中，我們使用了 '.ts' 擴展名，表示這是 TypeScript 檔案。

步驟 2：建立 Reducer

更新 ToDo Reducer 以支援 TypeScript。在 'src/reducers/todoReducer.
ts' 中的程式碼如下：

```ts
// src/reducers/todoReducer.ts
interface Todo {
  id: number;
  text: string;
}

interface TodoState {
  todos: Todo[];
}
```

```
const initialState: TodoState = {
  todos: [],
};

type TodoAction = { type:'ADD_TODO'; payload: Todo } | { type:'REMOVE_
TODO'; payload: number };

const todoReducer = (state = initialState, action: TodoAction): TodoState
=> {
  switch (action.type) {
    case'ADD_TODO':
      return {
        ...state,
        todos: [...state.todos, action.payload],
      };
    case'REMOVE_TODO':
      return {
        ...state,
        todos: state.todos.filter((todo) => todo.id !== action.payload),
      };
    default:
      return state;
  }
};

export default todoReducer;
```

在這裡，我們使用 TypeScript 定義了 'Todo' 和 'TodoState' 介面，以及 'TodoAction' 類型，以確保我們的 Reducer 遵循正確的類型。

步驟 3：建立 Action Creators

更新 Action Creators 以支援 TypeScript。在 'src/actions/todoActions.ts' 中的程式碼如下：

```
// src/actions/todoActions.ts
interface Todo {
  id: number;
  text: string;
```

```
}

export const addTodo = (todo: Todo) => {
  return {
    type:'ADD_TODO',
    payload: todo,
  };
};

export const removeTodo = (id: number) => {
  return {
    type:'REMOVE_TODO',
    payload: id,
  };
};
```

在這裡，我們使用 'Todo' 介面來定義 Action 的 'payload'。

步驟 4：建立 ToDoList 元件

更新 ToDoList 元件以支援 TypeScript。在 'src/components/ToDoList.
tsx' 中的程式碼如下：

```
// src/components/ToDoList.tsx
import React, { useState } from'react';
import { useSelector, useDispatch } from'react-redux';
import { addTodo, removeTodo } from'../actions/todoActions';
import { RootState } from'../reducers/rootReducer'; // 引入根 Reducer 的類
型

const ToDoList: React.FC = () => {
  const [input, setInput] = useState<string>('');
  const todos = useSelector((state: RootState) => state.todoReducer.todos);
// 使用 RootState 來確保正確的類型
  const dispatch = useDispatch();

  const handleAddTodo = () => {
    dispatch(addTodo({ id: Date.now(), text: input }));
    setInput('');
```

```
    };

    const handleRemoveTodo = (id: number) => {
      dispatch(removeTodo(id));
    };

    return (
      <div>
        <h2>ToDo List</h2>
        <div>
          <input
            type="text"
            value={input}
            onChange={(e) => setInput(e.target.value)}
          />
          <button onClick={handleAddTodo}>Add</button>
        </div>
        <ul>
          {todos.map((todo) => (
            <li key={todo.id}>
              {todo.text}
              <button onClick={() => handleRemoveTodo(todo.id)}>Remove</
button>
            </li>
          ))}
        </ul>
      </div>
    );
  };

  export default ToDoList;
```

在這裡，我們使用了 'React.FC' 類型定義 ToDoList 元件，同時也使用了 'RootState' 來確保正確的類型。

步驟 5：使用 Provider 連接應用程式

最後，確保你的應用程式的最上層使用 Provider 來連接 Redux Store，這部分的程式碼不需要修改。

> 現在，你的 ToDo List 應用程式已經使用 TypeScript 進行了更新。這能確保你的程式在編譯時檢測到類型錯誤，有助於提高程式碼的可靠性。
>
> 希望這份 TypeScript 版的範例和說明對你有所幫助！如果你有任何問題或需要進一步的說明，請隨時告訴我。

語法變成 TypeScript 了，也針對 TypeScript 相關的型別定義進行了解釋，但是針對 Redux 專用的 function 或語法沒有講解多少。針對有疑惑的語法，還是直接問比較快！

useSelector & useDispatch

 useSelector 和 useDispatch 是什麼

 'useSelector' 和 'useDispatch' 是 React Redux 提供的兩個 hook，它們用於在 functional component 中使用 Redux。

useSelector

'useSelector' 是一個用來從 Redux Store 中選擇（或者說提取）狀態的 hook。它接收一個函式作為參數，這個函式接收整個 Redux State 作為參數，並返回你想要的狀態。

舉例來說，如果你的 Redux State 包含一個 'counter' 的狀態，你可以透過 'useSelector' 來選擇這個狀態：

```
import { useSelector } from 'react-redux';

const CounterComponent = () => {
  const counter = useSelector(state => state.counter);

  return <div>Counter: {counter}</div>;
};
```

這個例子中 'useSelector' 會返回 'state.counter' 的值，然後你可以在組件中使用這個值。

useDispatch

'useDispatch' 是一個用來發送 Action 到 Redux Store 的 hook。它返回一個 dispatch 函式，你可以使用這個函式來派發 Action。

舉例來說，如果你有一個 Action Creator 叫做 'increment'，你可以透過 'useDispatch' 來派發這個 Action：

```
import { useDispatch } from'react-redux';
import { increment } from'./actions';

const CounterComponent = () => {
  const dispatch = useDispatch();

  const handleIncrement = () => {
    dispatch(increment());
  };

  return (
    <div>
      <button onClick={handleIncrement}>Increment</button>
    </div>
  );
};
```

在這個例子中，當按下按鈕時，'handleIncrement' 會派發 'increment' Action 到 Redux Store。

簡單來說，'useSelector' 用來選擇狀態，而 'useDispatch' 用來派發 Action 到 Redux Store。

希望這能幫助你理解這兩個 hook 的作用！如果你有任何進一步的問題，請隨時告訴我。

學習完新語法，再把這些語法以及名詞的關係畫一個流程圖看看。

針對上述的整體範例，將 useSelector、useDispatch、reducer、action 之間的運作流程用 mermaid 簡單表示

當然，我可以使用 Mermaid 來簡單表示 'useSelector'、'useDispatch'、Reducer 和 Action 之間的運作流程。以下是一個簡單的流程圖：

```
graph TD
  A[Component] -->| 使用 useSelector| B[Redux Store]
  A -->| 使用 useDispatch| C[Redux Store]
  C -->|dispatch| D[Reducer]
  D -->| 處理 Action| E[ 新的狀態 ]
  E -->| 返回新的狀態 | B
```

在這個流程圖中，我們有以下幾個元素：

- Component（元件）：React 元件，使用 'useSelector' 和 'useDispatch' 來訪問 Redux Store 和派發 Action。

- Redux Store（Redux 儲存庫）：Redux 中的儲存庫，存放整個應用程式的狀態。

- Reducer（處理器）：處理 Action，根據 Action 來修改應用程式的狀態。

- Action（行動）：描述發生了什麼事件，使用 'useDispatch' 來派發到 Reducer。

- 新的狀態：處理後的狀態，由 Reducer 返回並存放在 Redux Store 中。

流程如下：

1. React 元件（Component）使用 'useSelector' 來選擇需要的狀態從 Redux Store 中提取。

2. React 元件（Component）使用 'useDispatch' 來派發 Action 到 Redux Store。

3. 派發的 Action 進入 Reducer（Reducer）處理。

4. Reducer 根據 Action 的類型，修改應用程式的狀態。

5. Reducer 返回新的狀態，並存放在 Redux Store 中。

這個流程圖簡單地展示了 React Redux 中 'useSelector'、'useDispatch'、Reducer 和 Action 之間的互動關係。希望這能幫助你更好地理解它們之間的運作方式！如果你有任何進一步的問題，請隨時告訴我。

ChatGPT 除了給予流程圖語法之外，也用文字講解了整個操作流程，用這些語法去對應我們小節一開始所提到的 Redux 運作流程，更具體的展示了在程式面上要用哪些語法去做對應的步驟。

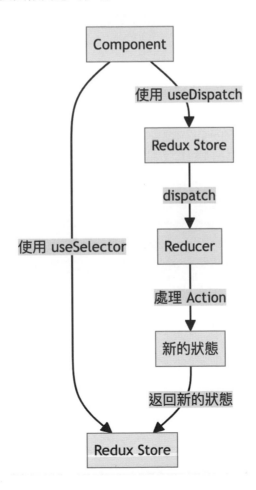

使用 Redux vs. 原本的 useState

　　使用了 Redux 之後語法和流程變得這麼麻煩，但總的來說有沒有使用 redux 的差異到底是什麼呢？我們請 ChatGPT 幫我們生成兩者的比較範例。

 請提供沒有使用 redux 的範例，比對兩者的優劣

 當然，我可以提供一個不使用 Redux 的 ToDo List 範例，並與之前的使用 Redux 的範例進行比較，讓你了解兩者的優劣。

不使用 Redux 的 ToDo List 範例

以下是一個不使用 Redux 的簡單 ToDo List 範例：

```
import React, { useState } from 'react';

const ToDoList = () => {
  const [input, setInput] = useState('');
  const [todos, setTodos] = useState([]);

  const handleAddTodo = () => {
    if (input.trim() !== '') {
      setTodos([...todos, { id: Date.now(), text: input }]);
      setInput('');
    }
  };

  const handleRemoveTodo = (id) => {
    setTodos(todos.filter(todo => todo.id !== id));
  };

  return (
    <div>
      <h2>ToDo List</h2>
      <div>
        <input
          type="text"
          value={input}
```

```
          onChange={(e) => setInput(e.target.value)}}
        />
        <button onClick={handleAddTodo}>Add</button>
      </div>
      <ul>
        {todos.map(todo => (
          <li key={todo.id}>
            {todo.text}
            <button onClick={() => handleRemoveTodo(todo.id)}>Remove</
button>
          </li>
        ))}
      </ul>
    </div>
  );
};

export default ToDoList;
```

在這個範例中,我們使用了 React 的 'useState'hook 來管理狀態,
而不是 Redux。狀態(todos)和操作(新增、刪除)都被包含在同
一個元件中。

比較優劣

使用 Redux 的優點:

1. 統一的狀態管理: Redux 提供一個統一的 Store 來管理應用程式
   的狀態,這使得狀態更容易追蹤和管理,特別在大型應用程式中。

2. 可預測性: Redux 的單向數據流和不可變的狀態修改使應用程式
   的行為更可預測,有助於減少錯誤。

3. 方便的開發工具: Redux 提供了強大的開發工具,可以輕鬆追蹤
   狀態變化、偵錯和時間旅行式除錯。

4. 跨元件共享狀態: Redux 允許多個元件輕鬆共享相同的狀態,而
   不需要通過 props 進行深層傳遞。

不使用 Redux 的優點：

1. 簡單性： 不使用 Redux 可以使代碼更簡單，特別是對於小型應用程式或簡單的元件來說，可以減少額外的 Redux 相關代碼。

2. 學習曲線： 如果你是初學者，學習 React 和 Redux 可能會有一定的學習曲線。不使用 Redux 可以讓你更快地開始建立應用程式。

總之，使用 Redux 的主要優勢在於管理複雜的狀態和提供開發工具，特別適用於大型應用程式。但對於小型應用程式或初學者來說，不使用 Redux 可能更簡單和快速上手。

選擇是否使用 Redux 取決於你的專案需求和個人偏好。對於大型應用程式，或需要高度可預測性和測試性的專案，Redux 可能是一個不錯的選擇。對於小型專案或初學者，不使用 Redux 也可以是一個合理的選擇。

就如 ChatGPT 所言，像上面這樣簡易的小專案，不使用 Redux 可以讓程式碼比較單純。但當程式碼複雜起來，狀態改變要跨元件、或是改變的方式很多但邏輯又需要共用等等，使用 Redux 可以建立更嚴謹、更好追蹤的 state 機制。

Reducer 原則

了解了這些語法用法之後，就可以來打造自己的 Reducer 了！但在開始前，由於以上的 Reducer 程式碼都是 ChatGPT 生成的，要學習寫符合自己工作商業邏輯的 Reducer 之間，必須先了解一下撰寫 Reducer 的處理時，是不是有一些規則需有遵守、有哪些眉眉角角需要注意的。

 reducer 中有什麼原則需要遵守？請針對各原則，各別提供正確與錯誤的舉例

 在撰寫 Redux 中的 Reducer 時，有一些重要的原則需要遵守，以確保程式碼的正確性和可維護性：

原則 1：純函式 (Pure Function)

正確示例：

```
const reducer = (state, action) => {
  switch (action.type) {
    case'INCREMENT':
      return { count: state.count + 1 };
    case'DECREMENT':
      return { count: state.count - 1 };
    default:
      return state;
  }
};
```

錯誤示例：

```
let count = 0;

const reducer = (action) => {
  switch (action.type) {
    case'INCREMENT':
      count++;
      return count;
    case'DECREMENT':
      count--;
      return count;
    default:
      return count;
  }
};
```

說明：Reducer 必須是純函式，這意味著它的執行結果必須完全由輸入決定，不得有副作用。純函式不會改變傳入的參數，也不會改變其他地方的狀態或資料。

原則 2：不得修改傳入的 state

正確示例：

```
const reducer = (state, action) => {
  switch (action.type) {
    case'ADD_TODO':
      return { ...state, todos: [...state.todos, action.payload] };
    case'REMOVE_TODO':
      return { ...state, todos: state.todos.filter(todo => todo.id !==
action.payload) };
    default:
      return state;
  }
};
```

錯誤示例：

```
const reducer = (state, action) => {
  switch (action.type) {
    case'ADD_TODO':
      state.todos.push(action.payload); // 修改了傳入的 state
      return state;
    case'REMOVE_TODO':
      state.todos = state.todos.filter(todo => todo.id !== action.payload);
// 修改了傳入的 state
      return state;
    default:
      return state;
  }
};
```

說明：Reducer 不得直接修改傳入的 state，應該返回一個新的狀態物件。這保證了 Redux 的單向數據流。

原則 3：返回一個新的狀態物件

正確示例：

```
const reducer = (state, action) => {
  switch (action.type) {
    case'SET_USER':
      return { ...state, user: action.payload };
    default:
```

```
      return state;
    }
};
```

錯誤示例：

```
const reducer = (state, action) => {
  switch (action.type) {
    case'SET_USER':
      state.user = action.payload; // 修改了原始狀態
      return state;
    default:
      return state;
  }
};
```

說明： Reducer 應該總是返回一個全新的狀態物件，而不是修改原始狀態。

原則 4：預設返回原始狀態

正確示例：

```
const reducer = (state = initialState, action) => {
  switch (action.type) {
    case'INCREMENT':
      return { count: state.count + 1 };
    case'DECREMENT':
      return { count: state.count - 1 };
    default:
      return state;
  }
};
```

說明：在 Reducer 中，應該總是返回一個合理的狀態。如果沒有匹配到任何 action type，則應該返回原始狀態。

這些原則是為了確保 Redux 應用程式的正確運作和易於維護。遵循這些原則能幫助你寫出高品質的 Redux 代碼。如果你有任何問題或需要進一步的說明，請隨時告訴我。

ChatGPT 小節統整

 總和以上對話內容，請統整重點並給一段結語

在這次的對話中，我們探討了以下主題：

1. React Redux：React Redux 是一個結合了 React 和 Redux 的庫，用於更有效地管理 React 應用程式的狀態。它提供了兩個主要的元件，'Provider' 和 'connect'，讓 React 元件能夠訪問 Redux Store。

2. 'useSelector' 和 'useDispatch'：這兩個是 React Redux 提供的 hook，用於在 functional component 中使用 Redux。'useSelector' 用於選擇狀態，'useDispatch' 用於派發 Action 到 Redux Store。

3. Reducer 的原則：

   - 純函式（Pure Function）：Reducer 必須是純函式，執行結果完全由輸入決定，不得有副作用。

   - 不得修改傳入的 state：Reducer 不得直接修改傳入的 state，應該返回一個新的狀態物件。

   - 返回一個新的狀態物件：Reducer 應該總是返回一個全新的狀態物件，而不是修改原始狀態。

   - 預設返回原始狀態：Reducer 應該總是返回一個合理的狀態，如果沒有匹配到任何 action type，則應該返回原始狀態。

總結來說，React Redux 是一個強大的工具，可以幫助我們更有效地管理 React 應用程式的狀態。'useSelector' 和 'useDispatch' 讓我們在 functional component 中更容易地使用 Redux。在編寫 Reducer 時，我們需要遵守一些重要的原則，如保持它們是純函式、不修改傳入的 state，並始終返回一個新的狀態物件。

選擇是否使用 Redux 取決於專案需求和個人偏好。Redux 適用於大型、複雜的應用程式，提供了一個統一的狀態管理解決方案。然而，對於小型應用程式或初學者來說，可能會覺得不使用 Redux 更簡單和直觀。

無論選擇了哪種方法，重要的是理解這些概念並遵循最佳實踐，以確保你的應用程式能夠保持可靠和易於維護。如果你有任何進一步的問題或需要協助，請隨時告訴我！

　　Redux 看起來真的會比較複雜，因此適合用在大型複雜的專案中，也尤其那種 State 要傳好幾個 Component、好多種動作需要更改同一種 State 內容的。

　　定義 Reducer 和 action 、還要寫 Action Creator 等等的程序看起來很繁雜，下一章節會介紹 Redux Toolkit ！由官方推出的 Toolkit，能夠用更簡易且整合的方式來定義 Reducer 與 Action ！

4-2　React Redux & Redux Toolkit ！

　　在上一小節中，在建立 Reducer 和 Action 的時候，有那麼「億」點點麻煩啊。雖然說，若用建立常數變數的方式，可以維護 Action 的 Type 和 Reducer 內的 case 拼字正確，但也僅於此而已，在設置上還是偏複雜。

　　本小節會直接來問問 ChatGPT 有沒有更簡潔、簡單上手的方式，可以將 Action 與 Reducer 的對應兩者一起管理、建立！先放上本次與 ChatGPT 的對話紀錄：

https：//chat.openai.com/share/787caf62-b90c-4228-a55d-f75b717532aa

在 react redux 中
針對建立 reducer 與 Action ，有沒有更簡潔或簡單上手的方法，可以一起管理建立

當你在 React Redux 中建立 reducer 和 action 時，可以使用一些簡潔且簡單上手的方法，特別是當你使用 TypeScript 時。以下是一個示範，我們將使用 Redux Toolkit，這是一個官方提供的工具，能夠簡化 Redux 的開發流程。

首先，確保你已經安裝了 redux 和 @reduxjs/toolkit：

```
npm install redux @reduxjs/toolkit
```

接下來，我們將創建一個 Redux 模塊，其中包含 reducer 和 action。

1. 創建一個新的檔案，例如 'counterSlice.ts'，這將是我們的 Redux 模塊。

```typescript
// counterSlice.ts

import { createSlice } from'@reduxjs/toolkit';

// 初始狀態
const initialState = {
  count: 0,
};

// 創建一個 Slice
const counterSlice = createSlice({
  name:'counter',
  initialState,
  reducers: {
    increment: (state) => {
      state.count += 1;
    },
    decrement: (state) => {
      state.count -= 1;
    },
  },
});

// 匯出 actions 和 reducer
```

```
export const { increment, decrement } = counterSlice.actions;
export default counterSlice.reducer;
```

2. 在你的 Redux store 中使用這個模塊。

```
// store.ts

import { configureStore } from'@reduxjs/toolkit';
import counterReducer from'./counterSlice';

const store = configureStore({
  reducer: {
    counter: counterReducer,
  },
});


export default store;
```

現在你已經設定好了 Redux，可以在 React 組件中使用它。

3. 在 React 組件中使用 Redux。

```
// Counter.js

import React from'react';
import { useSelector, useDispatch } from'react-redux';
import { increment, decrement } from'./counterSlice';

function Counter() {
  const count = useSelector((state) => state.counter.count);
  const dispatch = useDispatch();

  return (
    <div>
      <p>計數：{count}</p>
      <button onClick={() => dispatch(increment())}>增加 </button>
      <button onClick={() => dispatch(decrement())}>減少 </button>
    </div>
  );
```

```
    }

    export default Counter;
```

這是一個簡單的範例，使用 Redux Toolkit 簡化了 Redux 的設定和使用過程。它讓你能夠集中精力於編寫邏輯，而不必擔心繁瑣的 Redux 配置。希望這有助於你更輕鬆地管理 Redux 的 reducer 和 action。

　　ChatGPT 直接給 Redux Toolkit 的安裝方式與使用範本，還有用了一個我們沒看過的 'createSlice' 這個 function。接下來請 ChatGPT 提供有關這個 Redux Toolkit 的詳細教學與介紹。

Redux Toolkit

請提供有關 Redux Toolkit 的教學

當然，我很樂意為你提供 Redux Toolkit 的基本教學！ Redux Toolkit 是 Redux 官方提供的一個工具集，旨在簡化 Redux 的使用和開發流程。以下是一個簡單的步驟指南，讓你可以快速上手 Redux Toolkit。

步驟 1：安裝 Redux Toolkit

首先，你需要確保已經安裝了 redux 和 @reduxjs/toolkit：

```
npm install redux @reduxjs/toolkit
```

步驟 2：建立 Redux Slice

在 Redux Toolkit 中，你可以使用 Slice 來管理 reducer 和 action。Slice 是一個包含了 reducer 和 action 的單元，可以用來處理特定部分的應用狀態。

1. 創建一個新的檔案，例如 'counterSlice.ts'，這將是我們的 Redux 模塊。

```
// counterSlice.ts

import { createSlice } from'@reduxjs/toolkit';

// 初始狀態
const initialState = {
  count: 0,
};

// 創建一個 Slice
const counterSlice = createSlice({
  name:'counter',
  initialState,
  reducers: {
    increment: (state) => {
      state.count += 1;
    },
    decrement: (state) => {
      state.count -= 1;
    },
  },
});

// 匯出 actions 和 reducer
export const { increment, decrement } = counterSlice.actions;
export default counterSlice.reducer;
```

步驟 3：建立 Redux Store

在 Redux 中，你需要有一個 store 來管理整個應用的狀態。

```
// store.ts

import { configureStore } from'@reduxjs/toolkit';
import counterReducer from'./counterSlice';


const store = configureStore({
  reducer: {
```

```
      counter: counterReducer,
   },
});

export default store;
```

步驟 4：在 React 中使用 Redux

現在，你可以在 React 組件中使用 Redux 來管理狀態。

```
// Counter.js

import React from'react';
import { useSelector, useDispatch } from'react-redux';
import { increment, decrement } from'./counterSlice';

function Counter() {
  const count = useSelector((state) => state.counter.count);
  const dispatch = useDispatch();

  return (
    <div>
      <p>計數：{count}</p>
      <button onClick={() => dispatch(increment())}>增加 </button>
      <button onClick={() => dispatch(decrement())}>減少 </button>
    </div>
  );
}

export default Counter;
```

步驟 5：在應用中使用 Redux Store

在你的應用的入口處，通常是 'index.js' 或 'App.js' 中，將 Redux Store 提供給整個應用。

```
// index.js 或 App.js

import React from'react';
```

```
import ReactDOM from'react-dom';
import { Provider } from'react-redux';
import store from'./store';
import App from'./App';

ReactDOM.render(
  <Provider store={store}>
    <App />
  </Provider>,
  document.getElementById('root')
);
```

這樣就完成了 Redux Toolkit 的基本設置和使用。希望這能幫助你快速上手 Redux Toolkit！如果你有任何進一步的問題或需要更多的幫助，請隨時告訴我。

　　ChatGPT 從一開始的簡單範例中，延伸給了更完整的範例，包含 Provider 的設定，並在各步驟多了一些說明文字，大多數步驟看起來和 Redux 都很相似。接下來直接針對我們陌生的 function 'createSlice' 進行詢問。

CreateSlice

針對 createSlice，請提供更近一步的介紹

當然！'createSlice' 是 Redux Toolkit 提供的一個函式，它可以幫助你創建一個包含了 reducer 和 action 的 Slice，讓你更方便地管理 Redux 的狀態。

以下是 'createSlice' 的更進一步介紹：

'createSlice' 的基本結構

```
const slice = createSlice({
  name:'sliceName', // 這是 Slice 的名稱，也會成為 state 的屬性名稱
  initialState: {},  // 初始狀態
```

```
    reducers: {
      actionName: (state, action) => {
        // 在這裡定義 action 所對應的邏輯
      },
      // 可以添加更多的 reducers
    },
  });
```

屬性說明

- name：這是 Slice 的名稱，也會成為 state 的屬性名稱。在上面的例子中，'sliceName' 就是 Slice 的名稱。

- initialState：這是 Slice 的初始狀態。它是一個 JavaScript 物件，包含了 Slice 中所有的初始值。

- reducers：這是一個物件，其中包含了所有的 reducers。每個 reducer 都是一個 function，它接收兩個參數：'state' 和 'action'。在 reducer 中，你可以根據 action 的 type 來更新 state。

返回值

'createSlice' 會返回一個包含了自動產生的 action creators 和 reducer 的物件。你可以通過物件的屬性來使用它們。

例如，在上面的例子中，'slice.actions' 就包含了兩個自動產生的 action creators：'actionName' 和 'actionName2'。

使用 Slice

在你的應用中，你可以透過以下方式使用 Slice：

```
import { createSlice } from '@reduxjs/toolkit';

const slice = createSlice({
  name:'counter',
  initialState: {
    count: 0,
  },
```

```
  reducers: {
    increment: (state) => {
      state.count += 1;
    },
    decrement: (state) => {
      state.count -= 1;
    },
  },
});

export const { increment, decrement } = slice.actions;
export default slice.reducer;
```

上述例子中，我們創建了一個名為 'counter' 的 Slice，它包含了兩個 reducers：'increment' 和 'decrement'。然後我們將這些 action creators 匯出，以便在其他地方使用。

使用在 Redux Store 中

在 Redux Store 中，你可以這樣使用這個 Slice：

```
import { configureStore } from'@reduxjs/toolkit';
import counterReducer from'./counterSlice';

const store = configureStore({
  reducer: {
    counter: counterReducer,
  },
});

export default store;
```

這樣，你就可以在應用中使用這個 Slice 了。

希望這能幫助你更深入地了解 'createSlice' 的使用方式！如果你有任何進一步的問題，請隨時告訴我。

學習語法，ChatGPT 也充分完整的提供了範例與用法後，可以注意在範例中的 'createSlice'，會發現它裡面定義的 reducers 中，包含了這一段：

```
increment: (state) => {
    state.count += 1;
},
```

欸？欸欸欸？他直接更改了 state 的值了耶？

我們在上一篇有和 ChatGPT 確認，reducer 必須保持 pure 與 immutable，也就是必須回傳一個新的物件，而不能直接更動原本的 state 才是。因此來問問 ChatGPT 有關這個問題。

在 createSlice 中的 reducers 為什麼可以直接更動 state 的值

在 Redux Toolkit 的 'createSlice' 中的 reducers 可以直接更動 state 的值是因為 Redux Toolkit 使用了一個稱為 "Immer" 的庫，這個庫允許你以一種看似直接修改 state 的方式來編寫 reducers，但實際上是通過複製 state 並生成新的 immutable（不可變）版本來實現的。這樣可以確保 Redux 的不可變性原則得以遵守，同時使 reducers 的編寫更加簡單和直觀。

當你在一個 reducer 中對 state 進行更改時，實際上是 Immer 在後台處理這些更改，然後返回一個新的 immutable 的 state。這使得你無需手動複製 state，而只需關注要如何更新它，讓代碼更容易理解和維護。

以下是一個簡單的示例，展示了如何使用 Immer 在 reducers 中更新 state：

```
import { createSlice } from'@reduxjs/toolkit';

const counterSlice = createSlice({
  name:'counter',
  initialState: {
```

```
      count: 0,
    },
    reducers: {
      increment: (state) => {
        // 使用 Immer 來更新 state
        state.count += 1;
      },
      decrement: (state) => {
        // 使用 Immer 來更新 state
        state.count -= 1;
      },
    },
  });
```

這樣的代碼看起來就像是直接修改了 state 的值，但實際上 Redux Toolkit 會在背後處理它，確保生成一個新的 immutable 的 state，以符合 Redux 的設計原則。

總之，Redux Toolkit 的 'createSlice' 結合了 Immer 庫，讓 reducers 的編寫變得簡單且直觀，同時保持了 Redux 中的不可變性。這是 Redux Toolkit 的一個非常方便的特性。

好的，原來結合了 Immer 呀，所以可以直接更改沒關係，大大簡化了 reducer 的寫法。再另外，上面的範例裡面，都沒有傳入參數並使用參數的部分，請 ChatGPT 示範一下。

要怎麼在 createSlice 中的 reducers 中接受傳入參數？
請提供完整範例

在 'createSlice' 中的 reducers 中接受傳入參數，可以透過在 action creator 中返回一個函式，這個函式將接受傳入的參數並返回一個 action 物件。以下是一個示例：

```
import { createSlice } from'@reduxjs/toolkit';
```

```
const counterSlice = createSlice({
  name:'counter',
  initialState: {
    count: 0,
  },
  reducers: {
    incrementByAmount: (state, action) => {
      state.count += action.payload; // 使用 action.payload 來獲取傳入的參數
    },
  },
});

export const { incrementByAmount } = counterSlice.actions;
export default counterSlice.reducer;
```

在這個示例中，我們創建了一個名為 'incrementByAmount' 的 action creator，它接受一個參數 'amount'。在 reducer 中，我們使用 'action.payload' 來獲取傳入的參數 'amount'，並將它加到 state 中。

接下來，你可以在你的應用中使用這個 action creator：

```
import React from'react';
import { useSelector, useDispatch } from'react-redux';
import { incrementByAmount } from'./counterSlice';

function Counter() {
  const count = useSelector((state) => state.counter.count);
  const dispatch = useDispatch();

  const handleIncrement = () => {
    dispatch(incrementByAmount(5)); // 傳入參數 5
  };

  return (
    <div>
      <p>計數：{count}</p>
      <button onClick={handleIncrement}>增加 5</button>
    </div>
```

```
   );
  }

  export default Counter;
```

在這個例子中，當按下按鈕時，會呼叫 'handleIncrement' 函式，並調用 'dispatch(incrementByAmount(5))' 來傳入參數 5。

這樣就完成了在 'createSlice' 中的 reducers 中接受傳入參數的示例。希望這對你有所幫助！如果你有任何進一步的問題，請隨時告訴我。

了解用法之後，搭配上一篇的範例，用 CreateSlice 的方式，建立 TODO List ！

請搭配 createSlice，做一個 TODO List 的範例

當然，讓我們用 Redux Toolkit 的 'createSlice' 來實現一個簡單的 TODO List 範例。

首先，安裝 Redux 和 Redux Toolkit：

```
npm install redux @reduxjs/toolkit
```

接著，創建一個新的檔案 'todoSlice.js'：

```
import { createSlice } from'@reduxjs/toolkit';

const todoSlice = createSlice({
  name:'todos',
  initialState: {
    list: [],
  },
  reducers: {
    addTodo: (state, action) => {
      state.list.push({ id: Date.now(), text: action.payload, completed: false });
```

```
    },
    toggleTodo: (state, action) => {
      const todo = state.list.find(item => item.id === action.payload);
      if (todo) {
        todo.completed = !todo.completed;
      }
    },
    removeTodo: (state, action) => {
      state.list = state.list.filter(item => item.id !== action.payload);
    },
  },
});

export const { addTodo, toggleTodo, removeTodo } = todoSlice.actions;
export default todoSlice.reducer;
```

這裡我們創建了一個名為 'todos' 的 Slice，它有三個 reducers：
'addTodo' 用於新增一個 TODO，'toggleTodo' 用於切換 TODO 的完
成狀態，'removeTodo' 用於移除一個 TODO。

接下來，在你的應用中使用這個 Slice，並在畫面上顯示 TODO List：

```
import React, { useState } from 'react';
import { useSelector, useDispatch } from 'react-redux';
import { addTodo, toggleTodo, removeTodo } from './todoSlice';

function App() {
  const todos = useSelector(state => state.todos.list);
  const dispatch = useDispatch();
  const [newTodo, setNewTodo] = useState('');

  const handleAddTodo = () => {
    if (newTodo.trim() !== '') {
      dispatch(addTodo(newTodo));
      setNewTodo('');
    }
  };

  return (
```

```
    <div>
      <h1>TODO List</h1>
      <ul>
        {todos.map(todo => (
          <li key={todo.id}>
            <input
              type="checkbox"
              checked={todo.completed}
              onChange={() => dispatch(toggleTodo(todo.id))}
            />
            <span style={{ textDecoration: todo.completed ?'line-
through':'none'}}>
              {todo.text}
            </span>
            <button onClick={() => dispatch(removeTodo(todo.id))}> 刪除 </
button>
          </li>
        ))}
      </ul>
      <div>
        <input
          type="text"
          value={newTodo}
          onChange={(e) => setNewTodo(e.target.value)}
        />
        <button onClick={handleAddTodo}> 新增 </button>
      </div>
    </div>
  );
}

export default App;
```

這個範例中，我們使用了 React 和 Redux Toolkit，創建了一個簡單
的 TODO List 應用。你可以在畫面上新增、刪除和切換 TODO 的完
成狀態。

希望這個範例對你有所幫助！如果你有任何進一步的問題，請隨時告
訴我。

使用 Redux Toolkit 之後，在建立結構的時候簡潔許多，使用的時候也不會需要傳入 action type 的常數字串，不用再建立 Action Creators 等等，真的方便很多！

比較使用 Redux Toolkit vs 單用 Redux

讓 ChatGPT 幫我們統整兩者差異與優劣。

 使用 Redux Toolkit 和不使用 Redux Toolkit 的優劣是什麼

 使用 Redux Toolkit 和不使用 Redux Toolkit 各有其優劣，具體取決於你的應用和團隊的需求。以下是兩者的優劣點比較：

使用 Redux Toolkit 的優點：

1. 簡化 Redux 開發流程：

- Redux Toolkit 提供了一個簡潔且直觀的方式來定義 reducers 和 actions，減少了繁瑣的模板代碼。

2. 自動生成 actions 和 reducers：

- 'createSlice' 可以自動生成 reducers 和 action creators，省去了手動定義的步驟，減少了重複性代碼。

3. Immer 整合：

- Redux Toolkit 整合了 Immer，使得在 reducers 中更動 state 變得直觀且容易理解，同時保持了 Redux 的不可變性原則。

4. 更優雅的代碼：

- Redux Toolkit 提供了一個更優雅、簡潔的方式來編寫 Redux 代碼，讓開發人員可以更專注於業務邏輯。

5. DevTools 整合：

- Redux Toolkit 預設整合了 Redux DevTools，提供了一個方便的開發者工具來偵錯和監控應用的狀態變化。

使用 **Redux Toolkit** 的缺點：

1. 學習成本：

- 如果你已經熟悉傳統的 Redux，學習並適應 Redux Toolkit 可能需要一些時間。

不使用 **Redux Toolkit** 的優點：

1. 更細緻的控制：

- 不使用 Redux Toolkit 可以讓你對 Redux 的每個部分進行更細緻的控制，對於一些特殊需求可能更靈活。

2. 更清晰的理解 Redux 核心概念：

- 不使用 Redux Toolkit 可以讓你更深入地理解 Redux 的核心概念，這在某些情況下可能是一個優點。

不使用 **Redux Toolkit** 的缺點：

1. 繁瑣的模板代碼：

- 傳統的 Redux 需要手動定義大量的 action types 和 reducers，這可能會導致繁瑣的模板代碼。

2. 較高的學習曲線：

- 尤其對於初學者來說，理解並正確使用 Redux 可能需要花費較長的時間。

總的來說，選擇是否使用 Redux Toolkit 取決於你的項目需求、開發團隊的經驗水準以及個人喜好。對於大多數情況來說，Redux Toolkit 提供了一個更現代化、簡潔且簡單上手的方式來使用 Redux。

複數個 Reducer

接下來討論的是如果專案內需要多個 reducer 的情況。雖然 initialState 中可以放很多種屬性，但是不同類型的邏輯放一起仍然會造成混亂，直接請 ChatGPT 示範一下！

如果要在一個專案中用兩個處理不同邏輯的 reducer 要怎麼做？
可以給用 createSlice 的實際範例嗎

在一個專案中使用兩個處理不同邏輯的 reducer，你可以透過 Redux Toolkit 的 'createSlice' 來創建兩個不同的 Slice，每個 Slice 管理自己的狀態和相應的 reducers。

以下是一個實際範例，假設我們有一個專案，需要管理用戶的資訊和 TODO 列表：

首先，創建一個名為 'userSlice.js' 的檔案：

```
import { createSlice } from '@reduxjs/toolkit';

const userSlice = createSlice({
  name:'user',
  initialState: {
    userInfo: null,
  },
  reducers: {
    setUserInfo: (state, action) => {
      state.userInfo = action.payload;
    },
  },
});

export const { setUserInfo } = userSlice.actions;
export default userSlice.reducer;
```

這裡我們創建了一個名為 'user' 的 Slice，它包含了一個 reducer'set UserInfo' 來設定用戶的資訊。

接著，創建一個名為 'todoSlice.js' 的檔案：

```
import { createSlice } from '@reduxjs/toolkit';

const todoSlice = createSlice({
  name:'todos',
  initialState: {
```

```
      list: [],
    },
    reducers: {
      addTodo: (state, action) => {
        state.list.push({ id: Date.now(), text: action.payload, completed:
false });
      },
      toggleTodo: (state, action) => {
        const todo = state.list.find(item => item.id === action.payload);
        if (todo) {
          todo.completed = !todo.completed;
        }
      },
      removeTodo: (state, action) => {
        state.list = state.list.filter(item => item.id !== action.payload);
      },
    },
});

export const { addTodo, toggleTodo, removeTodo } = todoSlice.actions;
export default todoSlice.reducer;
```

這裡我們創建了一個名為 'todos' 的 Slice，它包含了三個 reducers
來管理 TODO 列表。

最後，在你的應用中使用這兩個 Slice：

```
// store.js

import { configureStore } from '@reduxjs/toolkit';
import userReducer from './userSlice';
import todoReducer from './todoSlice';

const store = configureStore({
  reducer: {
    user: userReducer,
    todos: todoReducer,
  },
```

```
  });

  export default store;
```

這樣，你就在你的專案中使用了兩個處理不同邏輯的 reducer，分別
為 'user' 和 'todos'。每個 Slice 管理自己的狀態和相應的 reducers，
使得代碼更清晰、組織更有結構。

使用 configureStore，就能輕鬆將兩個 reducer 結合，但還沒有看到使用範
例，實際呼叫 state 與 action 在 Component 使用的樣子，因此我們請 ChatGPT
繼續生成範例。

這兩個在實際使用上的範例請繼續提供

當然，我們可以繼續擴展這個範例，並在實際應用中使用這兩個
Slice。

假設你有一個 React 應用，以下是如何在組件中使用這兩個 Slice 的
範例：

1. 使用 userSlice：

```js
// UserComponent.js

import React from 'react';
import { useSelector, useDispatch } from 'react-redux';
import { setUserInfo } from './userSlice';

function UserComponent() {
  const userInfo = useSelector((state) => state.user.userInfo);
  const dispatch = useDispatch();

  const handleSetUserInfo = () => {
    dispatch(setUserInfo({ name:'John Doe', email:'john@example.com'}));
  };
```

```
    return (
      <div>
        <h2>User Info</h2>
        <p>Name: {userInfo?.name}</p>
        <p>Email: {userInfo?.email}</p>
        <button onClick={handleSetUserInfo}>Set User Info</button>
      </div>
    );
}


export default UserComponent;
```

在這個範例中，我們使用 'useSelector' 從 Redux Store 中獲取 'userInfo'，並使用 'useDispatch' 獲取 dispatch 函式。然後我們定義了一個 'handleSetUserInfo' 函式，它會調用 'dispatch(setUserInfo())' 來更新用戶信息。

2. 使用 todoSlice：

```
// TodoComponent.js

import React, { useState } from'react';
import { useSelector, useDispatch } from'react-redux';
import { addTodo, toggleTodo, removeTodo } from'./todoSlice';

function TodoComponent() {
  const todos = useSelector(state => state.todos.list);
  const dispatch = useDispatch();
  const [newTodo, setNewTodo] = useState('');

  const handleAddTodo = () => {
    if (newTodo.trim() !=='') {
      dispatch(addTodo(newTodo));
      setNewTodo('');
    }
  };


  return (
```

```
        <div>
          <h2>TODO List</h2>
          <ul>
            {todos.map(todo => (
              <li key={todo.id}>
                <input
                  type="checkbox"
                  checked={todo.completed}
                  onChange={() => dispatch(toggleTodo(todo.id))}
                />
                <span style={{ textDecoration: todo.completed ?'line-
through':'none'}}>
                  {todo.text}
                </span>
                <button onClick={() => dispatch(removeTodo(todo.id))}>Remove</
button>
              </li>
            ))}
          </ul>
          <div>
            <input
              type="text"
              value={newTodo}
              onChange={(e) => setNewTodo(e.target.value)}
            />
            <button onClick={handleAddTodo}>Add</button>
          </div>
        </div>
      );
  }

export default TodoComponent;
```

在這個範例中，我們使用了 'useSelector' 從 Redux Store 中獲取
TODO 列表，並使用 'useDispatch' 獲取 dispatch 函式。然後我們
定義了一個 'handleAddTodo' 函式，它會調用 'dispatch(addTodo())'
來新增一個 TODO。

最後，在你的應用中，你可以將 'UserComponent' 和 'TodoComponent' 集成到你的應用中，透過 Redux Store 來管理用戶信息和 TODO 列表。

這樣，你就在你的應用中成功使用了兩個處理不同邏輯的 reducer，分別為 'user' 和 'todos'。這種組織方式可以使你的代碼更有結構和清晰。

ChatGPT 小節統整

小節的結尾，讓 ChatGPT 做一個簡單的小節內容統整。

總結以上對話內容，統整重點並給一段結語

在以上對話中，我們探討了使用 Redux Toolkit 的 'createSlice' 來管理狀態的方法，並提供了以下重點：

1. Redux Toolkit 和 createSlice 介紹：

- Redux Toolkit 是 Redux 官方提供的一個工具集，旨在簡化 Redux 的使用和開發流程。'createSlice' 是其中的一個函式，用於創建包含了 reducers 和 action 的 Slice，使得代碼更為簡潔和直觀。

2. createSlice 的基本結構：

- 在創建 Slice 時，我們需要提供 'name'（Slice 的名稱）、'initialState'（初始狀態）以及 'reducers'（用於處理不同 action 的函式）。

3. reducers 的使用：

- reducers 可以直接更動 state 的值，這是因為 Redux Toolkit 整合了 Immer 庫，使得在 reducers 中看似直接修改 state 的操作實際上是通過生成新的 immutable 版本來實現的。

4. 接受傳入參數的 reducers：

- 可以通過在 action creator 中返回一個函式，來實現 reducers 接受傳入參數的功能，並使用 'action.payload' 來獲取傳入的參數。

5. 在一個專案中使用多個 reducers：

- 可以透過創建不同的 Slice 來管理不同部分的狀態和相應的 reducers，然後在 Redux Store 中整合這些 Slice。

總結來說，Redux Toolkit 和 'createSlice' 提供了一個簡潔、現代化的方式來管理應用的狀態，同時保持了 Redux 的核心原則。這種方式使得開發者可以更專注於業務邏輯，同時減少了繁瑣的模板代碼。如果你是一名初學者，或者希望提升開發效率，我強烈推薦使用 Redux Toolkit 來進行狀態管理。

希望這次的討論對你有所幫助，如果你有任何進一步的問題，請隨時告訴我。祝你在前端開發的道路上順利前行。

4-3 React Redux & Redux-thunk ！ API 參戰！

在上兩個小節中，分別講解了「單用 Redux」與「搭配 Redux Toolkit」兩種 Redux 的開發方式、語法等等。但不管是哪個，都必須遵守「Reducer 必須為純函數、不可依賴外部輸入、不可有副作用」的原則。

也就是說，不能在 Reducer 中存取 API 的內容，直接進行非同步的資料處理，所以為了 Reducer 中不要有非同步的部分，可能會寫成這樣：

```js
// slice.js
import { createSlice } from'@reduxjs/toolkit';

const initialState = {
```

```
      data:''
}
const mySlice = createSlice({
  name:'myData',
  initialState,
  reducers: {
    setData: (state, action) => {
      state.data = action.payload;
    },
  },
});
// 匯出 actions 和 reducer
export const { setData } = mySlice.actions;



// Component.jsx
import { useDispatch, useSelector } from'react-redux'
import { setData } from'./slice'
import axios from'axios'
 export default function Component(){
      const data = useSelector((state)=> state.myData.data)
      const dispatch = useDispatch()
      async function loadData(){
              const response = await axios.get('https://jsonplaceholder.typicode.
com/posts/1')
              dispatch(setData(response.data.body))
      }
      return (
       <>
          <button onClick={loadData}>取得資料 </button>
          <div>{data}</div>
       </>
      )
}
```

　　但如果要這樣寫，還不如用 useState 就好。Redux 的核心，就是希望把所有的動作包在 Action & Reducer 內。對 Component 來說，只要負責呼叫 Action 就好，不要處理內部的邏輯、隱藏實作細節，並且整合資料的流動方式。

　　因此這個章節會來討論要怎麼在 Redux 中處理 API 等非同步的處理，單用 Redux 的語法，以及搭配 Redux Toolkit 的語法都會走一次！本次對話的紀錄在這裡：

　　https：//chat.openai.com/share/7d17e9c3-f7c6-48e8-98d8-b4b690658d63

Redux + Redux Thunk

在 Redux 中
要如何在同一個 action 中獲取 api 資料，並將 store 資料更新
請給一個抓取 https：//jsonplaceholder.typicode.com/posts/1 的範例

在 Redux 中，如果你希望在同一個 action 中發起 API 請求並更新 store 資料，你可以使用 redux-thunk middleware 來處理異步操作。以下是一個以 TypeScript 撰寫的範例：

首先，確定你已經安裝了 redux-thunk：

```
npm install redux-thunk
```

接著，在你的 Redux store 的配置中，將 redux-thunk 加入 middleware：

```
// store.ts

import { createStore, applyMiddleware } from'redux';
import thunk from'redux-thunk';
import rootReducer from'./reducers';

const store = createStore(rootReducer, applyMiddleware(thunk));

export default store;
```

接著，你可以定義一個 action creator 來處理這個操作：

```
// actions.ts
```

```
import axios from'axios';
import { Dispatch } from'redux';

// 定義 action 類型
const FETCH_POST_SUCCESS ='FETCH_POST_SUCCESS';

interface FetchPostSuccessAction {
  type: typeof FETCH_POST_SUCCESS;
  payload: any; // 根據你的 API 返回的資料類型來定義
}

type ActionTypes = FetchPostSuccessAction;

// action creator
export const fetchPost = () => {
  return async (dispatch: Dispatch<ActionTypes>) => {
    try {
      const response = await axios.get('https://jsonplaceholder.typicode.
com/posts/1');
      dispatch({
        type: FETCH_POST_SUCCESS,
        payload: response.data,
      });
    } catch (error) {
      // 處理錯誤
    }
  };
};
```

最後，在你的 reducer 中處理這個 action：

```
// reducer.ts

import { FETCH_POST_SUCCESS } from'./actions';

const initialState = {
  postData: null,
};

const reducer = (state = initialState, action: ActionTypes) => {
```

```
      switch (action.type) {
        case FETCH_POST_SUCCESS:
          return {
            ...state,
            postData: action.payload,
          };
        default:
          return state;
      }
    };


  export default reducer;
```

這樣，當你呼叫 'fetchPost'action creator 時，它將發起一個 API 請求，並在成功後將資料更新到 store 中。請注意，你需要根據你的 API 返回的資料結構來定義 action 類型和 payload 的型別。

希望這個範例對你有所幫助！如果你有任何問題或需要進一步的說明，請隨時告訴我。

根據上面 ChatGPT 提供的方案，像我們推薦使用 redux-thunk 來處理。因此接下來請 ChatGPT 來詳細介紹 redux-thunk 這個套件！

Redux Thunk

 請提供 redux-thunk 的詳細教學與介紹

 當然可以！讓我們來詳細介紹 Redux Thunk 以及如何在你的前端應用中使用它。

Redux Thunk 是什麼？

Redux Thunk 是 Redux 的一個 middleware，它允許你創建 action creator，這些 action creator 不僅可以返回一個 action 物件，還可以返回一個函數。這個函數可以在稍後的時間點被執行，通常用於處理異步操作。

為什麼需要 **Redux Thunk**？

在 Redux 中，action 必須是一個純粹的 JavaScript 物件，它只能包含一些基本型別的資料，如字串、數字等。但是在實際的應用中，我們常常需要處理一些非同步操作，例如獲取 API 資料。這時候，Redux Thunk 就派上了用場，它讓我們可以在 action creator 中進行異步操作，並在完成後 dispatch 一個 action 物件。

如何使用 **Redux Thunk**？

首先，你需要在你的專案中安裝 redux-thunk：

```
npm install redux-thunk
```

接著，在你的 Redux store 配置中，將 redux-thunk 加入 middleware：

```ts
// store.ts

import { createStore, applyMiddleware } from'redux';
import thunk from'redux-thunk';
import rootReducer from'./reducers';

const store = createStore(rootReducer, applyMiddleware(thunk));

export default store;
```

接下來，你可以開始在 action creator 中使用 Redux Thunk：

```ts
// actions.ts

import { Dispatch } from'redux';

const FETCH_DATA_SUCCESS ='FETCH_DATA_SUCCESS';

interface FetchDataSuccessAction {
  type: typeof FETCH_DATA_SUCCESS;
  payload: any;
```

```
  }

  type ActionTypes = FetchDataSuccessAction;

  export const fetchData = () => {
    return async (dispatch: Dispatch<ActionTypes>) => {
      try {
        const response = await fetch('https://api.example.com/data');
        const data = await response.json();
        dispatch({
          type: FETCH_DATA_SUCCESS,
          payload: data,
        });
      } catch (error) {
        // 處理錯誤
      }
    };
  };
```

在這個例子中，'fetchData' 是一個 action creator，它返回了一個函數而不是一個 action 物件。這個函數接受一個 'dispatch' 參數，讓你可以在適當的時機 dispatch 一個 action。

最後，在你的 reducer 中處理這個 action：

```
// reducer.ts

import { FETCH_DATA_SUCCESS } from'./actions';

const initialState = {
  data: null,
};

const reducer = (state = initialState, action: ActionTypes) => {
  switch (action.type) {
    case FETCH_DATA_SUCCESS:
      return {
        ...state,
```

```
        data: action.payload,
    };
  default:
    return state;
  }
};


export default reducer;
```

這樣，當你呼叫 'fetchData'action creator 時，它會執行異步操作並在完成後 dispatch 一個 action 物件，將資料更新到 store 中。

這就是 Redux Thunk 的基本用法！希望這份教學對你有所幫助，如果你有任何問題或需要進一步的說明，請隨時告訴我。

middleware

　　ChatGPT 在介紹中提到了「middleware」這個詞，說「Redux Thunk 是 Redux 的一個 middleware」。middleware 是什麼？我們請 ChatGPT 介紹。

什麼是 middleware？

在軟體開發中，Middleware（中介軟體）是一個介於不同軟體系統或軟體元件之間的軟體層。它用於處理請求、回應或在不同軟體元件之間執行特定的操作。

在 Web 開發中，Middleware 通常是一個函數，它可以介入處理 HTTP 請求或回應。它位於 Web 應用程序的請求 - 回應循環中，可以在請求到達伺服器之前或回應發送給客戶端之前進行操作。

在不同的框架和環境中，Middleware 的功能和作用可以有所不同。以下是一些常見的用法：

1. Express 中的 Middleware：在 Node.js 的 Express 框架中，Middleware 是一個函數，可以介入處理 HTTP 請求。它可以用來執行日誌記錄、驗證、壓縮回應等操作。

2. Redux 中的 Middleware：在 Redux 中，Middleware 是一個位於 action 被發起和 reducer 之間的階段。它可以用於處理 action，例如處理異步操作、日誌記錄等。

3. Django 中的 Middleware：在 Python 的 Django 框架中，Middleware 是一個可以介入處理請求和回應的組件。它可以用來執行安全檢查、認證、日誌記錄等操作。

4. Redux Thunk：如前面所述，它是 Redux 的一個 Middleware，允許在 action creator 中處理異步操作。

總的來說，Middleware 提供了一個機制，讓你可以在系統的不同層面介入處理特定的操作，而不必修改核心邏輯。這使得軟體系統可以更容易擴展、定制和維護。

這個 Middleware 會介入 Redux 原有的處理流程，來了解一下加入了 Middleware 之後，整體處理流程的變化。

請描述 redux 中 包含 middleware 的順序流程

在 Redux 中，當一個 action 被 dispatch 時，它會通過一系列的 middleware，然後到達 reducer，最終更新應用程序的狀態。這是一個包含 middleware 的順序流程：

1. Action 被 Dispatch：

- 開發者在應用程序中呼叫 'dispatch(action)' 以觸發一個 action。

2. Middleware 被觸發：

- 當一個 action 被 dispatch 時，它會首先通過 Redux 的 middleware 階段。這個階段可以處理 action，例如日誌記錄、執行異步操作等。

3. Middleware 處理 Action：

- 每個 middleware 都可以選擇處理 action，也可以選擇將 action 傳遞給下一個 middleware。

4. Reducer 開始處理：

- 一旦 action 通過所有的 middleware，它將到達 reducer 階段。

5. Reducer 更新 State：

- Reducer 是一個純粹的函數，它接受目前的 state 和一個 action，然後返回一個新的 state。它根據 action 的類型來決定如何更新狀態。

6. 新的 State 被儲存在 Store 中：

- Reducer 返回的新 state 將被儲存在 Redux 的 store 中，取代舊的 state。

7. 通知訂閱者：

- 一旦 state 更新，Redux 會通知所有訂閱了 store 的地方，以便更新相應的界面或執行其他操作。

簡而言之，Redux 中的 middleware 允許在 action 被 dispatch 到達 reducer 之前，介入處理 action。這使得你可以在發送 action 到 reducer 之前執行額外的操作，例如處理異步請求、修改 action 等。

需要注意的是，middleware 是由開發者自行定義和配置的，它們的作用和功能可以根據需求來定制。例如，在 Redux 中使用 redux-thunk middleware 可以處理異步 action。

ChatGPT 提供了用文字條列流程，接下來為了更好吸收理解，讓他用 Mermaid 語法繪製成流程圖看看。

請將上述提及的 redux 與 middleware 的流程描述，轉換成 mermaid 的語法表示

以下是使用 Mermaid 流程圖語法表示 Redux 與 Middleware 的流程：

```
graph TD
    A[Action 被 Dispatch] --> B[Middleware 被觸發 ]
    B --> C[Middleware 處理 Action]
    C --> D[Reducer 開始處理 ]
    D --> E[Reducer 更新 State]
    E --> F[ 新的 State 被儲存在 Store 中 ]
    F --> G[ 通知訂閱者 ]
```

這個 Mermaid 流程圖清晰地顯示了 Redux 中包含 middleware 的流程，包括 action 被 dispatch、middleware 的介入、reducer 的處理、state 的更新以及通知訂閱者。希望這有助於你更好地理解這個流程！如果你有任何其他問題，請隨時提出。

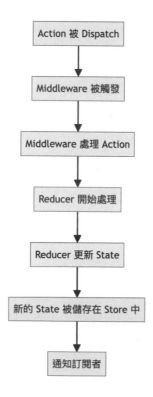

嗯，好。謝謝 ChatGPT 把剛剛條列的標題化成流程圖。

了解 middleware 所扮演的角色之後，我們再回來看他一開始給我們的範例，請 ChatGPT 解說一下為何加入 middleware 後，處理異步的動作時，action creator 是返回一個 function，在這之中的語法結構和規則又是什麼？

請詳細講解 redux-thunk Middleware 處理異步 action 的語法
解釋 action creator 返回值 與 dispatch 的關係

當你在 Redux 中使用 redux-thunk middleware 時，你可以在 action creator 中返回一個函數而不僅僅是一個 action 物件。這個函數可以接受 'dispatch' 和 'getState' 作為參數，並可以進行異步操作。

以下是一個使用 redux-thunk 處理異步 action 的範例：

```
// actions.ts

import axios from 'axios';

const FETCH_DATA_REQUEST = 'FETCH_DATA_REQUEST';
const FETCH_DATA_SUCCESS = 'FETCH_DATA_SUCCESS';
const FETCH_DATA_FAILURE = 'FETCH_DATA_FAILURE';

interface FetchDataRequestAction {
  type: typeof FETCH_DATA_REQUEST;
}

interface FetchDataSuccessAction {
  type: typeof FETCH_DATA_SUCCESS;
  payload: any;
}

interface FetchDataFailureAction {
  type: typeof FETCH_DATA_FAILURE;
  error: string;
}
```

```
type ActionTypes = FetchDataRequestAction | FetchDataSuccessAction |
FetchDataFailureAction;

export const fetchData = () => {
  return async (dispatch: Dispatch<ActionTypes>, getState: () => RootState)
=> {
    dispatch({ type: FETCH_DATA_REQUEST });

    try {
      const response = await axios.get('https://api.example.com/data');
      dispatch({
        type: FETCH_DATA_SUCCESS,
        payload: response.data,
      });
    } catch (error) {
      dispatch({
        type: FETCH_DATA_FAILURE,
        error: error.message,
      });
    }
  };
};
```

這裡有幾點需要注意的地方：

1. action creator 返回值：'fetchData' 這個 action creator 返回了
   一個函數，而不是一個 action 物件。這個函數接受 'dispatch' 和
   'getState' 作為參數，可以在其中進行異步操作。

2. 使用 dispatch：在這個函數中，我們可以使用 'dispatch' 來發起
   不同的 action，例如在開始請求時派發 'FETCH_DATA_REQUEST
   'action，在成功時派發 'FETCH_DATA_SUCCESS'action，在錯誤時
   派發 'FETCH_DATA_FAILURE'action。

3. 異步操作：在這個範例中，我們使用了 'axios' 函式庫來發起一個
   GET 請求，並在成功或失敗時發起對應的 action。

4. 可選的 getState：這個函數的第二個參數 'getState' 是一個可以獲
得當前 store 狀態的函數。

當你在應用程式中呼叫 'dispatch(fetchData())' 時，redux-thunk
會識別 'fetchData' 返回的是一個函數，然後執行這個函數並傳入
'dispatch' 和 'getState'。這樣就允許你在 action creator 中進行異步
操作並在需要時 dispatch 對應的 action。

希望這個範例能幫助你理解如何使用 redux-thunk 處理異步 action！
如果你有任何進一步的問題，請隨時提出。

處理異步的 Action creator 中，第二個參數 'getState' ChatGPT 只有簡單介
紹他是可選的、獲得當前 Store 狀態的函數。這邊請他再針對這個參數函數詳細
解說。

上述的 getState 是什麼

'getState' 是 Redux store 提供的一個函數，它用於獲取當前的應用
程式狀態（state）。

在 Redux 中，你可以透過 'getState' 函數來取得當前的應用程式狀
態，這包括了所有 reducers 所管理的資料。

例如，在一個 Redux action creator 中，你可以使用 'getState' 函數
來獲取當前的應用程式狀態，以便在進行一些邏輯處理時使用它。

以下是一個示例：

```
import { RootState } from'./reducers';

const myActionCreator = () => {
  return (dispatch, getState) => {
    const currentState = getState(); // 使用 getState 來取得當前的應用程式狀態

    // 在這裡可以使用 currentState 進行一些邏輯處理
```

```
        dispatch({ type:'SOME_ACTION', payload: currentState.someData });
    };
};
```

在這個示例中，'getState' 函數被用來獲取當前的應用程式狀態，並且可以在 action creator 中進行相應的邏輯處理。

需要注意的是，在使用 'getState' 時，你需要確保當前的 reducers 已經被配置並且有正確的回傳狀態，否則可能會得到意外的結果。

希望這能幫助你理解 'getState' 的用途！如果你有任何進一步的問題，請隨時提出。

總合以上內容，原本處理同步的邏輯時，Action creator 只要負責進行 Reducer 的動作 Type 指定，不會去取得目前的 state 或進行邏輯處理。但異步處理邏輯必須放到 Action creator 時，就不免會有需要取得 state 再搭配進行邏輯處理的時候，因此這時候有了 'getState' 就能夠順利取得資料並處理。

Redux Toolkit + createAsyncThunk

以上教學與討論內容，都是沒有搭配 Redux Toolkit ，單純用 redux + redux-thunk 的寫法。接下來要來了解一下搭配 Redux Toolkit 的話，語法要怎麼變換。

如果搭配 Redux Toolkit 的話，要怎麼進行 reducer 中的 api 處理呢

使用 Redux Toolkit 可以更加方便地管理 Redux 的狀態和 reducer。如果你要在 reducer 中處理 API 請求，可以使用 Redux Toolkit 提供的 'createAsyncThunk' 來進行異步操作。

以下是一個使用 Redux Toolkit 處理 API 請求的範例：

```
import { createSlice, createAsyncThunk } from'@reduxjs/toolkit';
import axios from'axios';
```

```
// 定義一個異步 action creator，這裡的 'fetchData' 將是一個 Redux Toolkit 的
thunk 函數
export const fetchData = createAsyncThunk('data/fetchData', async () => {
  const response = await axios.get('https://api.example.com/data');
  return response.data;
});

// 定義初始狀態
const initialState = {
  data: null,
  loading: false,
  error: null,
};

// 創建一個 slice
const dataSlice = createSlice({
  name:'data',
  initialState,
  reducers: {},
  extraReducers: (builder) => {
    builder
      .addCase(fetchData.pending, (state) => [
        state.loading = true;
      })
      .addCase(fetchData.fulfilled, (state, action) => {
        state.loading = false;
        state.data = action.payload;
      })
      .addCase(fetchData.rejected, (state, action) => {
        state.loading = false;
        state.error = action.error.message;
      });
  },
});

export const selectData = (state) => state.data.data;
export default dataSlice.reducer;
```

在這個範例中，我們使用 'createAsyncThunk' 創建了一個名為 'fetchData' 的異步 action creator。這個函數將發起一個 API 請求並返回資料。

在 'extraReducers' 中，我們處理了這個 action creator 的三個狀態：'pending'（正在進行中）、'fulfilled'（成功）、'rejected'（失敗）。在每個狀態中，我們更新了對應的狀態值（例如 loading、data、error）。

最後，我們導出了這個 reducer 和一個用於選擇資料的 selector（'selectData'）。

在你的應用程式中，你可以使用這個 reducer 和相應的 action creator 來進行 API 請求的處理。

希望這個範例對你有所幫助！如果你有任何進一步的問題，請隨時提出。

ChatGPT 幫我們示範了串接一個 API 的情況，使用 'createAsyncThunk' 包覆異步的邏輯，放在 extraReducers 中，再用 '.addCase' 串接各種 case。

Redux Toolkit + createAsyncThunk 複數異步範例

上面的示範都是簡單的情況。接下來請 ChatGPT 示範一些比較複雜的情況。像是：如果我們有兩個 action 都要用異步 API 呢？

如果有多個不同的 action 要處理 API 的話要怎麼寫

如果你有多個不同的 action 需要處理 API，你可以使用 Redux Toolkit 提供的 'createAsyncThunk' 函數來創建多個異步 action creator。

以下是一個示例，假設你有兩個不同的 action：'fetchData1' 和 'fetchData2'：

```
import { createSlice, createAsyncThunk } from'@reduxjs/toolkit';
import axios from'axios';
```

```javascript
// 定義第一個異步 action creator
export const fetchData1 = createAsyncThunk('data/fetchData1', async () => {
  const response = await axios.get('https://api.example.com/data1');
  return response.data;
});

// 定義第二個異步 action creator
export const fetchData2 = createAsyncThunk('data/fetchData2', async () => {
  const response = await axios.get('https://api.example.com/data2');
  return response.data;
});

const initialState = {
  data1: null,
  data2: null,
  loading1: false,
  loading2: false,
  error1: null,
  error2: null,
};

const dataSlice = createSlice({
  name:'data',
  initialState,
  reducers: {},
  extraReducers: (builder) => {
    builder
      .addCase(fetchData1.pending, (state) => {
        state.loading1 = true;
      })
      .addCase(fetchData1.fulfilled, (state, action) => {
        state.loading1 = false;
        state.data1 = action.payload;
      })
      .addCase(fetchData1.rejected, (state, action) => {
        state.loading1 = false;
        state.error1 = action.error.message;
      })
```

```
        .addCase(fetchData2.pending, (state) => {
          state.loading2 = true;
        })
        .addCase(fetchData2.fulfilled, (state, action) => {
          state.loading2 = false;
          state.data2 = action.payload;
        })
        .addCase(fetchData2.rejected, (state, action) => {
          state.loading2 = false;
          state.error2 = action.error.message;
        });
    },
});

export const selectData1 = (state) => state.data.data1;
export const selectData2 = (state) => state.data.data2;


export default dataSlice.reducer;
```

在這個範例中，我們創建了兩個異步 action creator：'fetchData1' 和 'fetchData2'。每個 action creator 都擁有自己的 action 類型和相應的 reducer 邏輯。

在 'extraReducers' 中，我們分別處理了兩個 action creator 的三個狀態（pending、fulfilled、rejected）。

最後，我們導出了這個 reducer 和兩個用於選擇資料的 selector（'selectData1' 和 'selectData2'）。

這樣你就可以在你的應用程式中分別使用這兩個 action creator 來進行不同 API 的處理。

希望這能回答你的問題！如果你有任何進一步的問題，請隨時提出。

再換個問題，如果是一個 action 中要處理兩個 API 呢？例如我要同時取得訂單資訊，也要取得顧客資訊，再把兩者結合等等。請 ChatGPT 來做個示範。

那麼如果是在同一個 action 中，要依序發送兩個以上的 API
等兩個 API 的資料都正確回傳，再把資料做整合更新的話要怎麼做

如果你需要在同一個 action 中依序發送兩個以上的 API 請求，等待
它們的資料都正確回傳後再進行整合並更新資料，可以使用 Redux
Toolkit 的 'createAsyncThunk' 結合 'async/await' 來實現。

以下是一個示例，假設你需要依序發送兩個 API 請求並整合它們的資
料：

```javascript
import { createSlice, createAsyncThunk } from '@reduxjs/toolkit';
import axios from 'axios';

// 定義一個異步 action creator
export const fetchAndCombineData = createAsyncThunk('data/
fetchAndCombineData', async () => {
  try {
    // 發送第一個 API 請求
    const response1 = await axios.get('https://api.example.com/data1');
    const data1 = response1.data;

    // 發送第二個 API 請求
    const response2 = await axios.get('https://api.example.com/data2');
    const data2 = response2.data;

    // 在這裡可以對 data1 和 data2 進行整合

    return { data1, data2 };
  } catch (error) {
    throw error; // 如果任何一個請求失敗，拋出錯誤
  }
});

const initialState = {
  combinedData: null,
  loading: false,
  error: null,
};
```

```
const dataSlice = createSlice({
  name:'data',
  initialState,
  reducers: {},
  extraReducers: (builder) => {
    builder
      .addCase(fetchAndCombineData.pending, (state) => {
        state.loading = true;
      })
      .addCase(fetchAndCombineData.fulfilled, (state, action) => {
        state.loading = false;
        state.combinedData = action.payload;
      })
      .addCase(fetchAndCombineData.rejected, (state, action) => {
        state.loading = false;
        state.error = action.error.message;
      });
  },
});

export const selectCombinedData = (state) => state.data.combinedData;
export default dataSlice.reducer;
```

在這個範例中，我們創建了一個名為 'fetchAndCombineData' 的異步 action creator，它首先發送了第一個 API 請求，等待回傳的資料後再發送第二個 API 請求，最後將兩個資料整合成一個物件返回。

在 'extraReducers' 中，我們處理了這個 action creator 的三個狀態（pending、fulfilled、rejected）。

最後，我們導出了這個 reducer 和一個用於選擇整合後資料的 selector（'selectCombinedData'）。

這樣你就可以在你的應用程式中使用 'fetchAndCombineData' 來執行這個整合兩個 API 資料的操作。

希望這個範例對你有所幫助！如果你有任何進一步的問題，請隨時提出。

ChatGPT 小節統整

有關 Redux + API 的部分就大概討論到這邊，最後請 ChatGPT 為這個小節稍微統整一下探討的內容。

 綜合以上對話內容，統整重點並給一段結語

 綜合以上的對話內容，我們可以得出以下幾個重要的要點：

1. Redux Thunk 是 Redux 的一個 middleware，它允許在 action creator 中返回函數，並處理異步操作。

2. 在使用 Redux Thunk 時，我們可以在 action creator 中進行異步操作，例如發送 API 請求，並在完成後 dispatch 對應的 action。

3. 使用 Redux Toolkit 可以更方便地管理 Redux 的狀態和 reducer，它提供了 'createAsyncThunk' 來簡化處理異步操作。

4. 如果你需要在同一個 action 中依序發送多個 API 請求並整合資料，可以使用 'createAsyncThunk' 結合 'async/await' 來實現。

總的來說，Redux Thunk 和 Redux Toolkit 為處理異步操作提供了強大的工具，使得在 Redux 應用中處理複雜的邏輯變得更加容易。

希望以上內容對你的學習和開發過程有所幫助！如果你有任何進一步的問題或需要進一步的協助，請隨時向我提問。祝你前端工程師的學習順利！

4-4　useReducer、useContext vs. Redux

在第三章介紹 Hook 的時候，ChatGPT 就有提到 useContext 和 useRedecer 這兩個 Hook。在學習完 Redux 之後，現在可以來探討這兩個 Hook 了！

為什麼這兩個會被跟 Redux 一起討論？ 這兩個 Hook 的作用和目的又是什麼？本小節會先了解這兩個 Hook 作用是什麼，再來討論和 Redux 的關聯與差異。本篇的對話紀錄在這邊：

https：//chat.openai.com/share/a9dfdc60-2538-4a7e-ab78-c606827ea083

useContext

首先來了解 useContext 這個 React 所提供的 Hook 的作用是什麼。

請提供 react 的 useContext hook 的完整教學
請搭配 TypeScript 提供一個實作範例

當然可以！首先，我們來詳細地介紹 React 的 'useContext' hook，並提供一個完整的 TypeScript 實作範例。

使用 useContext Hook

'useContext' 是 React 提供的一個 hook，它可以讓你在函數組件中使用 Context。Context 允許你在組件樹中傳遞數據，而無需一級一級地手動傳遞 props。

步驟一：建立 Context

首先，你需要建立一個 Context。Context 可以包含一個預設值，這個值將在沒有匹配的 Provider 時被使用。

```
// MyContext.tsx
import React, { createContext, ReactNode } from 'react';

// 定義 Context 的型別
interface MyContextType {
  // 這裡放置你想要共享的數據
  myData: string;
}

// 建立 Context
const MyContext = createContext<MyContextType | undefined>(undefined);
```

```
// Context Provider 的包裝元件
interface MyContextProviderProps {
  children: ReactNode;
}

const MyContextProvider: React.FC<MyContextProviderProps> = ({ children })
=> {
  // 在這裡設定你想共享的數據
  const myData =' 這是我要共享的數據 ';

  return <MyContext.Provider value={{ myData }}>{children}</MyContext.
Provider>;
};

export { MyContext, MyContextProvider };
```

步驟二：在應用程式中使用 Provider

接著，你需要在你的應用程式中使用這個 Provider。這通常會在你的
應用程式的最高層級進行。

```
// App.tsx
import React from'react';
import { MyContextProvider } from'./MyContext';

const App: React.FC = () => {
  return (
    <MyContextProvider>
      {/* 這裡放置你的應用程式內容 */}
    </MyContextProvider>
  );
};

export default App;
```

步驟三：在子組件中使用 useContext

最後，你可以在你的子組件中使用 'useContext' 來獲取 Context 中的
數據。

```tsx
// ChildComponent.tsx
import React, { useContext } from'react';
import { MyContext } from'./MyContext';

const ChildComponent: React.FC = () => {
  // 使用 useContext 來獲取 Context 中的數據
  const contextValue = useContext(MyContext);

  if (!contextValue) {
    throw new Error('useContext 必須在 MyContextProvider 內使用 ');
  }

  return <div>{contextValue.myData}</div>;
};

export default ChildComponent;
```

現在，當 'ChildComponent' 被渲染時，它會從 'MyContext' 中獲取 'myData'。

TypeScript 實作範例

這是一個 TypeScript 實作的範例：

```tsx
// 使用 App、MyContextProvider、ChildComponent 前面提供的程式碼

// 在 App.tsx 中
import React from'react';
import { MyContextProvider } from'./MyContext';
import ChildComponent from'./ChildComponent';

const App: React.FC = () => {
  return (
    <MyContextProvider>
      <ChildComponent />
    </MyContextProvider>
  );
};

export default App;
```

> 這個範例中，當 'ChildComponent' 被渲染時，它會從 'MyContext'
> 中獲取 'myData'，並顯示在畫面上。
>
> 希望這份教學對你有所幫助！如果有任何問題或需要進一步的說明，
> 請隨時告訴我。

所以，useContext 是為了解決層層的 props 傳遞。在 React 的開發中，我們
會把畫面中的功能，切成一塊一塊的 Component。但若這些 Component 層層嵌
套、又需要對同一個 state 進行更新或讀取，那程式碼就會變得相當複雜。我們
請 ChatGPT 提供一個這樣的反面範例。

請給需要一層層地傳遞 props 很不方便的例子

當然可以，我可以給你一個範例來說明在沒有使用 'useContext' 的情
況下，需要一層層地傳遞 props 的情況。

假設我們有一個包含多個組件的應用程式，它們需要共享一個名為
'userData' 的數據。

例子：使用 props 逐層傳遞數據

1. 最外層的父組件 'App'

```
import React from'react';
import ParentComponent from'./ParentComponent';

const App: React.FC = () => {
  const userData = {
    name:'John Doe',
    age: 30,
  };

  return <ParentComponent userData={userData} />;
};

export default App;
```

2. 第一層的子組件 'ParentComponent'

```
import React from'react';
import ChildComponent from'./ChildComponent';

interface Props {
  userData: {
    name: string;
    age: number;
  };
}

const ParentComponent: React.FC<Props> = ({ userData }) => {
  return <ChildComponent userData={userData} />;
};

export default ParentComponent;
```

3. 第二層的子組件 'ChildComponent'

```
import React from'react';
import GrandchildComponent from'./GrandchildComponent';

interface Props {
  userData: {
    name: string;
    age: number;
  };
}

const ChildComponent: React.FC<Props> = ({ userData }) => {
  return <GrandchildComponent userData={userData} />;
};
export default ChildComponent;
```

4. 最內層的子組件 'GrandchildComponent'

```
import React from'react';
```

```
interface Props {
  userData: {
    name: string;
    age: number;
  };
}

const GrandchildComponent: React.FC<Props> = ({ userData }) => {
  return (
    <div>
      <h2>User Data</h2>
      <p>Name: {userData.name}</p>
      <p>Age: {userData.age}</p>
    </div>
  );
};

export default GrandchildComponent;
```

這個例子中，我們從最外層的 'App' 組件開始，逐層將 'userData' 作為 props 傳遞給子組件，直到最內層的 'GrandchildComponent' 才使用這個數據。

如果我們使用了 'useContext'，我們可以在不需要一層層傳遞的情況下，在任何地方直接獲取到 'userData'。這樣可以減少了逐層傳遞 props 的麻煩，特別在複雜的應用程式中，這會變得非常方便。

　　ChatGPT 給我們看的例子情境是，中間的 Component 雖然完全沒有需要 'userData' 的資料與內容，但因為他的子元件需要，所以要把資料作為 Props，從 Props 取得資料，再直接傳遞給子 Component。請 ChatGPT 繪製一下在這個情境下，有使用 'useContext' 以及沒有使用的資料流程圖好了。

請用 mermaid 語法分別表示上述這個例子，有用 useContext 和沒有使用時

組件、props、useContext 之間資料傳遞關係的示意圖

以下是使用 Mermaid 語法分別表示上述例子中，有使用 'useContext' 和沒有使用 'useContext' 時，組件、props、以及 'useContext' 之間的資料傳遞關係的示意圖：

有使用 useContext 的示意圖

```
graph TD
  subgraph useContext
    A(App)
    A --> P(ParentComponent)
    P --> C(ChildComponent)
    C --> G(GrandchildComponent)
    style A fill:#FFE4B5,stroke:#333
    style P fill:#FFD700,stroke:#333
    style C fill:#FFD700,stroke:#333
    style G fill:#FFD700,stroke:#333
  end
  subgraph ContextProvider
    A -->|userData| Provider(MyContextProvider)
  end
  subgraph ContextConsumer
    G -->|userData| Consumer(MyContext)
  end
```

在 這 個 示 意 圖 中，'MyContextProvider' 提 供 了 'userData'，而 'MyContext' 作為 'Consumer' 被 'GrandchildComponent' 使用。

沒有使用 useContext 的示意圖

```
graph TD
  A(App)
  A -->|userData| P(ParentComponent)
  P -->|userData| C(ChildComponent)
  C -->|userData| G(GrandchildComponent)
```

```
style A fill:#FFE4B5,stroke:#333
style P fill:#FFD700,stroke:#333
style C fill:#FFD700,stroke:#333
style G fill:#FFD700,stroke:#333
```

在這個示意圖中，'userData' 逐層地作為 props 傳遞給子組件，直到 'GrandchildComponent'。這種傳遞方式會在組件層次多的情況下變得更加複雜和不便。

有使用 'useContext' 的時候，可以看作是把資料存在一個地方，需要該資料的 Component 只要在需要的時候，向提供共用的 ContextProvider 拿取就好。將 ChatGPT 提供的語法繪製出來的話，流程圖像這樣：

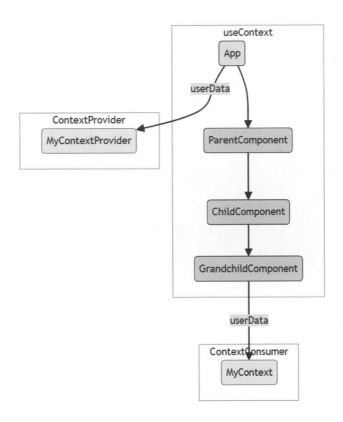

沒有使用 'useContext' 的時候，只因為子 Component 需要，就必須把這個 'userData' 像是接力賽一樣傳遞下去，流程示意圖如下：

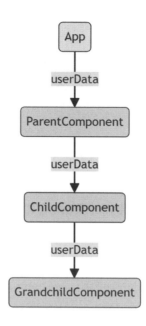

了解 useContext 能夠跨組件提供資料的好處有哪些後，再來繼續關注 'useContext' 的使用方式。上面的例子示範的是「讀取 state」，但沒有給出要對資料進行 update 的話該怎麼處理，因此繼續向 ChatGPT 來請教。

 如果深層的子組件更改 useContext 取得的 state 要怎麼做

 如果深層的子組件需要更改由 'useContext' 取得的狀態，你需要進行以下步驟：

1. 建立 Context 和 Provider

首先，確保你已經建立了相應的 Context 和 Provider，並在最高層級的父組件中使用了 Provider。

2. 在深層的子組件中使用 'useContext' 取得狀態

在你的深層子組件中，使用 'useContext' 來獲取 Context 中的狀態。

```
import React, { useContext } from'react';
import { MyContext } from'./MyContext';

const DeepChildComponent: React.FC = () => {
  const { myData, setMyData } = useContext(MyContext);

  const handleButtonClick = () => {
    // 在這裡更新狀態
    setMyData(' 新的數據 ');
  };

  return (
    <div>
      <p>{myData}</p>
      <button onClick={handleButtonClick}> 更改數據 </button>
    </div>
  );
};

export default DeepChildComponent;
```

注意，這裡假設 'MyContext' 中有一個 'myData' 狀態以及一個 'setMyData' 函數用於更新這個狀態。

3. 在 Provider 中提供更新狀態的函數

在 'MyContextProvider' 中，你需要提供一個函數來更新 'myData' 的狀態。

```
const MyContextProvider: React.FC<MyContextProviderProps> = ({ children })
=> {
  const [myData, setMyData] = useState(' 這是我要共享的數據 ');

  return <MyContext.Provider value={{ myData, setMyData }}>{children}</
MyContext.Provider>;
};
```

這樣，在子組件中就可以使用 'setMyData' 來更新 'myData' 的狀態了。

> 這樣，當你在深層子組件中調用 'setMyData' 時，會觸發 Context 中
> 的狀態更新，並且相應的組件將重新渲染以反映這個變化。
>
> 希望這能幫到你！如果你有任何進一步的問題，請隨時告訴我。

所以若是要在 useContext 中維護管理 state 的變化，更新資料的方式就是使用 useState，並把 state 和 setSate 都當作 Provider 的資料內容。簡單來說 useContext 只是負責給出東西，若是想要更變資料，就將更變資料用的 function 也當作資料的一部分，讓 useContext 去保管、存取。

複數 useContext

在上述的範例中用單一個 Provider 內包含多個 state 或資訊。接下來要討論能不能用多個 Provider 去管理、將資料狀態去做區隔，如果要這麼做的話，寫法又是如何。

可以使用多個 createContext 做出多個 Provider 嗎？

多個 Provider 之間的關係是什麼？

是的，你可以使用多個 'createContext' 來建立多個 Context，每個 Context 可以有自己的 Provider。這樣可以在應用程式中管理不同的狀態或數據，而且它們之間是獨立的。

多個 Context 和 Provider 之間的關係是平行的，也就是它們並不相依或嵌套。每個 Provider 可以提供一個獨立的數據或狀態，而在組件中，你可以使用 'useContext' 來選擇要使用哪個 Context。

以下是一個簡單的示例，演示如何使用多個 Context 和 Provider：

```
import React, { createContext, useContext } from 'react';

// 第一個 Context 和 Provider
const FirstContext = createContext<string | undefined>(undefined);

const FirstProvider: React.FC = ({ children }) => {
```

```
    const firstData =' 這是第一個 Context 的數據 ';

    return <FirstContext.Provider value={firstData}>{children}</FirstContext.
Provider>;
};

// 第二個 Context 和 Provider
const SecondContext = createContext<number | undefined>(undefined);

const SecondProvider: React.FC = ({ children }) => {
  const secondData = 42;

  return <SecondContext.Provider value={secondData}>{children}</
SecondContext.Provider>;
};

// 範例組件
const ExampleComponent: React.FC = () => {
  const firstData = useContext(FirstContext);
  const secondData = useContext(SecondContext);

  return (
    <div>
      <p> 第一個 Context 的數據：{firstData}</p>
      <p> 第二個 Context 的數據：{secondData}</p>
    </div>
  );
};

// 應用程式中使用多個 Provider
const App: React.FC = () => {
  return (
    <FirstProvider>
      <SecondProvider>
        <ExampleComponent />
      </SecondProvider>
    </FirstProvider>
  );
```

```
    };

    export default App;
```

在這個示例中，我們建立了兩個獨立的 Context 和 Provider，分別是 'FirstContext' 和 'SecondContext'。在應用程式的最高層級 'App'中，我們將 'ExampleComponent' 包裝在這兩個 Provider 中，以便在 'ExampleComponent' 中可以訪問到相應的數據。

這樣，你可以在不同的地方使用不同的 Context 和 Provider，以管理和共享不同的數據或狀態。

大概了解 useContext 的用法，以及複數個 useContext 的用法之後，來問問 ChatGPT，有關 useContext 的使用細節或是規則。

 useContext 有什麼注意事項或是規則要遵守

 當使用 'useContext' 時，有一些注意事項和規則需要遵守：

1. 必須在 Function Component 或自訂 Hook 中使用

'useContext' 只能在 Function Component 或自訂 Hook 中使用。不能在類別組件或普通 JavaScript 函數中使用。

2. 必須在 Provider 範圍內使用

使用 'useContext' 前，確保你的組件位於對應 Provider 的範圍內。如果你在 Provider 的外部使用 'useContext'，將會獲得預設值或 undefined。

3. 只能消費單一 Context

'useContext' 只能消費一個 Context，也就是一個 'createContext' 創建的 Context。

4. Context 必須有 Provider

確保你使用的 Context 必須有對應的 Provider。如果沒有 Provider，'useContext' 會返回 undefined。

5. Context 值的變更會引起重新渲染

當 Context 中的值發生變化時，使用這個 Context 的所有組件都會重新渲染。

6. 避免在 render 方法中使用

不要在 render 方法中使用 'useContext'，這可能會導致每次重新渲染都創建一個新的 Context。

總的來說，使用 'useContext' 是一種方便且有效的方式來在 React 中獲取 Context 的值，但要確保你在正確的範圍內使用它並遵守上述規則。

如果你有特定的情境或程式碼，可以提供給我，我可以幫助你確保它們符合這些注意事項和規則。

useReducer

接下來換來了解 useReducer 這個 Hook ！

 請提供 react 的 useReducer hook 的完整教學，並在教學中使用 TypeScript 範例

 當然，我們來提供 React 中使用 'useReducer'hook 的完整教學，並附上一個 TypeScript 實例。'useReducer' 是一個有助於管理較複雜狀態的 hook，通常用於處理涉及多個相關狀態的場景。

使用 useReducer Hook

步驟一：建立 Reducer 函數

首先，你需要建立一個 Reducer 函數，它將負責處理狀態的變化。
Reducer 是一個純函數，它接收當前的狀態和一個操作（action），
然後返回新的狀態。

```ts
// reducer.ts
type State = {
  count: number;
};

type Action =
  | { type:'increment'}
  | { type:'decrement'}
  | { type:'reset'};

const initialState: State = {
  count: 0,
};

const reducer = (state: State, action: Action): State => {
  switch (action.type) {
    case'increment':
      return { count: state.count + 1 };
    case'decrement':
      return { count: state.count - 1 };
    case'reset':
      return initialState;
    default:
      return state;
  }
};

export { initialState, reducer };
```

在這個示例中，我們建立了一個 Reducer 函數，它處理 'count' 狀態
的變化，可以進行增加、減少和重置操作。

步驟二：使用 'useReducer'Hook

現在，讓我們在你的 React 組件中使用 'useReducer'Hook。

```
import React, { useReducer } from'react';
import { initialState, reducer } from'./reducer';

const Counter: React.FC = () => {
  const [state, dispatch] = useReducer(reducer, initialState);

  return (
    <div>
      <p>Count: {state.count}</p>
      <button onClick={() => dispatch({ type:'increment'})}>Increment</
button>
      <button onClick={() => dispatch({ type:'decrement'})}>Decrement</
button>
      <button onClick={() => dispatch({ type:'reset'})}>Reset</button>
    </div>
  );
};

export default Counter;
```

在這個示例中，我們使用了 'useReducer' Hook，並傳入 Reducer
函數 'reducer' 和初始狀態 'initialState'。這將返回一個包含目前狀態
（'state'）和派發操作（'dispatch'）函數的陣列。

TypeScript 實例

這個示例是 TypeScript 實現的，所以你可以在 TypeScript 專案
中使用它。確保在 reducer 函數和組件中明確指定型別，以確保
TypeScript 的類型檢查正確運作。

現在，當你在按鈕上點擊時，它將呼叫 reducer 函數以更新 'count'
狀態，並且組件會根據新的狀態重新渲染。

希望這份教學對你有所幫助！如果有任何問題或需要進一步的說明，
請隨時告訴我。

哇，useReducer 跟我們知道的 React Redux 還真是非常像，只是他不需要處理 store 的連接、也不用在根目錄中掛載，只要在需要使用的當前目錄中使用即可。

那麼問題來了，useReducer 可以跨組件處理嗎？在 Redux 中，整個專案的 store（狀態庫）都是一致的、共通的，useReducer 也可以嗎？

---

 useReducer 的內容可以跨組件存取嗎

 'useReducer' 的狀態和 dispatch 函數是由 'useReducer' hook 維護的，並且它們只能在使用 'useReducer' 的那個組件內部存取。這意味著 'useReducer' 的內容不能直接跨越多個不同的組件存取。

如果你想要在多個組件之間共享 'useReducer' 的狀態和操作，有幾種方法可以實現：

1. 使用 Context

你可以將 'useReducer' 的狀態和 dispatch 函數存放在一個 Context 中，然後讓多個組件消費這個 Context。這樣，多個組件就可以訪問相同的狀態和操作。

```
// 在某個上層組件中定義 Context
const MyContext = createContext();

// 在提供狀態的組件中使用 useReducer
const [state, dispatch] = useReducer(reducer, initialState);

// 在上層組件的 value 中提供狀態和 dispatch
<MyContext.Provider value={{ state, dispatch }}>
  {/* 子組件可以消費 MyContext 並訪問狀態和操作 */}
  <ChildComponent />
</MyContext.Provider>
```

2. 使用 Redux 或其他狀態管理庫

Redux 是一個非常流行的狀態管理庫，它允許你在整個應用程式中共享狀態。如果你的應用程式需要跨多個組件共享狀態，那麼使用 Redux 或其他類似的狀態管理庫可能是一個更好的選擇。

3. 使用上層組件作為中介

你可以將 'useReducer' 的狀態和操作存放在一個上層組件中，然後透過 props 傳遞給需要訪問這些資訊的子組件。這種方法適用於簡單的情境，不需要引入額外的狀態管理庫或 Context。

```
// 上層組件中維護 useReducer 的狀態和操作
const [state, dispatch] = useReducer(reducer, initialState);

// 將狀態和操作透過 props 傳遞給子組件
<ChildComponent state={state} dispatch={dispatch} />
```

每種方法都有其適用的情境，具體取決於你的應用程式的需求和架構。選擇適合你項目的方法後，你可以實現在多個組件之間共享 'useReducer' 的狀態和操作。

嗯，答案是單使用 useReducer 不行呢。如果在不同的組件，都使用

```
const [state, dispatch] = useReducer(reducer, initialState);
```

效果跟 useState 比較相像，兩個組件的內容是獨立分開的。

所以 ChatGPT 跟我們說，哦～可以搭配 'useContext'！一個負責讓 state 可以直接跨組件存取，一個負責做狀態管理，合起來的功效就像是使用 Redux ！接下來讓 ChatGPT 提供一個兩者結合的完整範例程式碼。

useReducer + useContext

 請提供一個結合 Context 和 useReducer 的完整範例

 當然，以下是一個結合了 Context 和 'useReducer' 的完整範例。這個範例將演示如何在 React 中使用 Context 來共享 'useReducer' 的狀態和 dispatch 函數。

步驟一：建立 Context 和 Reducer

首先，我們需要建立一個 Context 和相應的 Reducer。

```tsx
// AppContext.tsx
import React, { createContext, useReducer, useContext, Dispatch }
from'react';

interface State {
  count: number;
}

type Action = { type:'increment'} | { type:'decrement'};

const initialState: State = {
  count: 0,
};

const AppContext = createContext<{ state: State; dispatch: Dispatch<Action>
} | undefined>(undefined);

const reducer = (state: State, action: Action): State => {
  switch (action.type) {
    case'increment':
      return { count: state.count + 1 };
    case'decrement':
      return { count: state.count - 1 };
    default:
      throw new Error('Unhandled action type');
  }
```

```
};

const AppProvider: React.FC = ({ children }) => {
  const [state, dispatch] = useReducer(reducer, initialState);

  return <AppContext.Provider value={{ state, dispatch }}>{children}</
AppContext.Provider>;
};

const useAppContext = () => {
  const context = useContext(AppContext);
  if (context === undefined) {
    throw new Error('useAppContext must be used within an AppProvider');
  }
  return context;
};

export { AppProvider, useAppContext };
```

步驟二：使用 Context Provider

在你的應用程式的最高層組件中使用 Context Provider。

```
// App.tsx
import React from'react';
import { AppProvider } from'./AppContext';
import Counter from'./Counter';

const App: React.FC = () => {
  return (
    <AppProvider>
      <Counter/>
    </AppProvider>
  );
};

export default App;
```

步驟三：在組件中使用 Context

現在，你可以在你的組件中使用 'useAppContext' hook 來獲取 'state'
和 'dispatch'。

```tsx
// Counter.tsx
import React from'react';
import { useAppContext } from'./AppContext';

const Counter: React.FC = () => {
  const { state, dispatch } = useAppContext();

  return (
    <div>
      <p>Count: {state.count}</p>
      <button onClick={() => dispatch({ type:'increment'})}>Increment</
button>
      <button onClick={() => dispatch({ type:'decrement'})}>Decrement</
button>
    </div>
  );
};

export default Counter;
```

現在，當你點擊按鈕時，它將使用 Reducer 更新 'count' 狀態，並且
相應的組件將重新渲染以反映這個變化。

這是一個完整的範例，演示了如何結合 Context 和 'useReducer' 來
管理全局狀態。希望對你有所幫助！如果有任何問題或需要進一步的
說明，請隨時告訴我。

　　useReducer + useContext 所呈現的效果，跟使用 React Redux 很相像。因此
來請 ChatGPT 分析比較一下，「使用 useReducer + useContext 」和「用 Redux
+ Redux Toolkit」的差異。

useReducer + useContext vs. Redux + Redux Toolkit

使用 useReducer + useContext 和直接使用 Redux+ Redux Toolkit 的差異是什麼

分別有什麼優點和缺點

使用 'useReducer'+'useContext' 與使用 Redux + Redux Toolkit 有一些重要的差異。以下是它們之間的比較，以及各自的優點和缺點：

使用 useReducer + useContext

優點：

1. 輕量級：不需要引入額外的庫，這使得代碼相對較輕，並且可以更容易地掌握。

2. 更靈活：可以更靈活地管理狀態和操作，不需要依賴外部庫的約定。

3. 學習曲線較低：對於小型應用程式或初學者來說，學習 'useReducer' 和 'useContext' 相對較容易。

缺點：

1. 需要手動管理全局狀態：你需要自己設計和管理全局狀態的結構，這可能需要更多的代碼和努力。

2. 不適合大型應用程式：對於大型應用程式，手動管理全局狀態可能變得複雜和困難。

3. 沒有內置的工具和中間件：相對於 Redux，缺少像 Redux DevTools 和中間件（例如 redux-thunk）等強大的工具和擴展。

使用 Redux + Redux Toolkit

優點：

1. 強大的工具和生態系統：Redux 提供了大量的工具，包括 Redux DevTools，以方便開發和調試。Redux Toolkit 簡化了 Redux 的用法，減少了模板代碼。

2. 適用於大型應用程式：Redux 的架構和中間件使其適合處理大型
應用程式的複雜狀態管理需求。

3. 社群和資源豐富：Redux 有一個龐大的社群和大量的資源，可以
幫助你解決各種狀態管理相關的問題。

缺點：

1. 學習曲線較陡：對於初學者來說，Redux 的概念和用法可能較難
理解。

2. 相對複雜：Redux 的設定和用法可能相對複雜，特別是在小型應
用程式中可能會感到過度工程。

3. 冗余的代碼：Redux 在某些情況下可能需要較多的代碼，因為它
要求你定義多個文件（例如 actions、reducers、selectors）。

總結來說，選擇使用 'useReducer'+'useContext' 還是 Redux +
Redux Toolkit 取決於你的應用程式規模和需求，以及你的經驗水平。
對於小型應用程式或初學者來說 'useReducer'+'useContext' 可能更
簡單。對於大型應用程式或需要更多工具和生態系統支持的專案來
說，Redux + Redux Toolkit 可能更適合。

最終，選擇取決於你的項目目標和你自己的舒適度水平。無論你選擇
哪種方法，都應該根據具體需求來決定。

ChatGPT 小節統整

 綜合以上對話內容，統整重點並提供一段結語

 這次的對話內容綜合了多個方面，主要討論了 React 中的 'useContext'
和 'useReducer' 的使用，以及與 Redux + Redux Toolkit 的比較。以
下是一些重要的要點：

- 'useContext' 可以用於在 React 應用程式中建立全局狀態並在組
件之間共享。

- 'useReducer' 是一個用於處理較複雜狀態的 hook，通常與 'useContext' 一起使用以共享全局狀態。

- 使用 'createContext' 和 'useReducer' 的組合，可以建立一個自定義的全局狀態管理系統。

- 在使 'useReducer' 和 'useContext' 時，必須遵守相關的規則，並確保它們在適當的範圍內使用。

- Redux 和 Redux Toolkit 是強大的狀態管理庫，特別適用於大型應用程式，提供了許多工具和生態系統支持。

- 選擇使用 'useReducer'+'useContext' 還是 Redux + Redux Toolkit 應基於應用程式的規模和需求，以及個人經驗水平進行考慮。

總結來說，React 提供了多種選擇來處理全局狀態，每種方法都有其優點和局限性。根據項目需求和個人偏好，你可以選擇適合你的方式。重要的是理解這些工具的使用方式，以便在需要時能夠選擇最合適的解決方案。無論你選擇哪種方法，都可以在 React 應用程式中有效地管理狀態並構建強大的應用程式。如果你需要進一步的幫助或資訊，請隨時提問。

好的！以上就是有關 'useReducer' & 'useContext' 兩個進階 Hook 的介紹與探討。如此一來第二章所提到的更多 React 內建的 Hook 也就認識完畢。

4-5　NextJS！路由系統！

在第二章進行 React 專案建置的時候，就有提到現在官方現在其實並不推薦 CRA 的建置了。但 CRA 還是相當簡易，且方便跟著 ChatGPT 一起建立專案，所以前面的篇章一直都在 CRA 建立的專案上運行，在非大型專案、簡易的練習時，CRA 可以省去一些運作設定的問題。

　　目前官方主要推薦 NextJS，說也是一樣相當輕量、簡易上手，而且能夠更方便的處理路由等優點，讓我們來看看介紹吧！本次和 ChatGPT 的對話紀錄在這裡：

　　https：//chat.openai.com/share/20f73dd7-370b-4577-8e74-73c713bb29e3

NextJS 介紹

 請提供 NextJS 的完整介紹

 當然可以，讓我來為你介紹一下 Next.js。

Next.js 是一個基於 React 的開源前端框架，它專注於建構高效能的網頁應用程式。以下是一些 Next.js 的重要特點：

1. SSR（Server-Side Rendering） 與 CSR（Client-Side Rendering）的無縫切換：Next.js 允許你在需要時選擇使用 Server-Side Rendering 或是 Client-Side Rendering，這使得應用程式可以在不同情境下提供最佳的效能。

2. 靜態網頁生成（Static Site Generation）：Next.js 允許你在編譯時預先生成網頁，這可以極大地提升網站的載入速度，尤其對於靜態內容來說效果顯著。

3. 路由系統：Next.js 提供一個簡單易用的路由系統，可以幫助你管理不同頁面之間的導航。

4. 自動 Code Splitting：它會自動將你的程式碼拆分成小塊，只載入當前頁面所需的部分，這可以提升應用程式的效能。

5. TypeScript 支援：由於你熟悉 TypeScript，你可以很容易地在 Next.js 專案中整合 TypeScript。

6. 簡單的 API 路由：你可以在 pages/api 資料夾中建立 API 端點，這使得建立後端功能變得非常容易。

7. 開發環境支援：Next.js 提供了一個方便的開發環境，包括熱模組替換（Hot Module Replacement）等功能，讓你在開發時更高效。

8. 豐富的生態系統：Next.js 有龐大的社群支援，也有許多相關的套件可以幫助你解決各種問題。

對於你來說，作為一名初學者，Next.js 提供了一個友好的學習環境。你可以從簡單的靜態網頁開始，然後逐步深入了解 SSR 和 CSR 等概念。

如果你有任何關於 Next.js 的具體問題或需要更多示例，請隨時告訴我，我會盡力提供幫助。

ChatGPT 在 介 紹 特 點 時 提 到 了 SSR（Server-Side Rendering） 與 CSR（Client-Side Rendering）。簡單的詢問一下這兩個名詞分別是什麼意思：

 什麼是 SSR 、什麼是 CSR

 好的，讓我用簡單明瞭的方式解釋 Server-Side Rendering (SSR) 和 Client-Side Rendering（CSR）。

1. Server-Side Rendering（SSR）：

- 簡單來說，SSR 意味著在每次用戶訪問網站時，伺服器會動態生成該頁面的 HTML 內容，然後將其傳送到用戶的瀏覽器。

- 這表示瀏覽器在請求網頁時會收到完全渲染的 HTML 文件，其中包含所有需要顯示的內容。

- SSR 的好處是對於搜尋引擎優化（SEO）來說非常友好，因為搜索引擎可以直接抓取到完整的網頁內容。

- 但 SSR 也可能會導致較長的載入時間，特別是對於複雜的應用程式或大型內容。

2. Client-Side Rendering（CSR）：

- 與 SSR 相反，CSR 意味著瀏覽器在接收到基本的 HTML、CSS 和 JavaScript 檔案後，會使用 JavaScript 動態地生成和更新網頁內容。

- 這意味著當用戶訪問網站時，瀏覽器會先接收到一個簡單的 HTML 頁面，然後再使用 JavaScript 進行渲染和更新，以顯示完整的內容。

- CSR 的優點是可以提供更快的用戶體驗，特別是對於複雜的前端交互式應用程式。

- 但 CSR 對於搜索引擎來說可能不太友好，因為它們無法直接看到完整的網頁內容。

總的來說，SSR 和 CSR 是兩種不同的前端渲染方法，每種都有其適用的場景。在實際開發中，你可以根據應用程式的需求和性能要求來選擇使用其中一種或兩者的組合。如果你需要進一步的範例或說明，請隨時告訴我。

我們前面所練習的 React 專案，都是 CSR 的，是根據 JS 去生成內容。若沒有 JS 的啟用，實際上的 HTML 內容只有這樣而已：

在一開始的頁面請求中，取得的 HTML 內容只有空殼，沒有結果畫面中的那些按鈕或是文字，實際上的內容是靠 JS 去渲染生成。

這邊另外舉一個 SSR 的範例，比如說像是每年舉辦鐵人賽的網站——iT 邦幫忙。

從伺服器那邊拿到的 HTML 就已經包含畫面中的文字內容、或是整體結構、樣式等等。左邊畫面內容有的文字，都可以在右邊監測到接收的 HTML 中找到。

先簡單有這些額外的先備知識後，接著來切入正題，了解 NextJS 該如何入門。

	請提供最新版本的 nextJS 的完整教學
	當然可以！以下是一份簡單的 Next.js 教學，以確保你能夠快速上手。請注意，這裡提供的是基於最新版本的 Next.js 的教學。
	步驟一：安裝 Node.js 和 npm
	首先，你需要確保你的電腦上安裝了 Node.js 和 npm。你可以在官方網站（https：//nodejs.org/）下載安裝程式，然後按照指示進行安裝。

步驟二：創建新的 **Next.js** 專案

打開終端機，選擇一個你想要創建專案的目錄，然後執行以下指令：

```
npx create-next-app@latest my-nextjs-app
cd my-nextjs-app
```

這將會創建一個新的 Next.js 專案並且將你切換到該目錄下。

步驟三：啟動開發伺服器

在終端機中執行以下指令，來啟動開發伺服器：

```
npm run dev
```

這將啟動 Next.js 的開發模式，你可以在瀏覽器中訪問 http：// localhost：3000 來預覽你的應用程式。

步驟四：建立你的第一個頁面

在 'pages' 資料夾中，你可以創建你的第一個頁面。例如，你可以在 'pages' 資料夾下創建一個檔案 'index.js'，並在其中加入以下程式碼：

```
export default function Home() {
  return <h1>Hello, Next.js!</h1>
}
```

然後你可以在瀏覽器中看到你的第一個 Next.js 頁面。

步驟五：繼續學習

這只是一個簡單的開始，接下來你可以學習如何處理路由、使用樣式、整合 API 等等。Next.js 提供了豐富的官方文件（https：//nextjs.org/ docs），你可以在那裡找到更多詳細的教學和範例。

另外，由於你熟悉 TypeScript，你可以在 Next.js 中輕鬆整合 TypeScript，這將會為你的開發過程提供額外的幫助。

如果你在學習的過程中遇到任何問題，隨時向我提問，我將盡力提供幫助。祝你在學習 Next.js 的過程中順利！

　　就這樣照著 ChatGPT 提供的步驟，在步驟二的建置安裝時，CLI 會問一些問題，基本上都選擇預設選項就 OK，而且 NextJS 預設就推薦使用支援 TypeScript 的配置。

　　唯獨當遇到其中一個問題：「would you like use App Router」這個問題的時候，若接下來要照著 ChatGPT 的教學走，建議先選 No（預設為 Yes）。

　　「App Router」的選項是後來 Next13 才推出的新功能，後續會再補充介紹，下圖是在 2023/10 月時建置的選項，隨著版本更新，日後這個介面選項可能會有細微不同，所以可以簡單參考就好。

　　繼續照著 ChatGPT 提供的步驟做完之後，確實跑出了一個專案，也成功透過更改 '/page/index.tsx' 這個檔案的內容程式碼，讓顯示在 http：//localhost：3000 的內容從專案建置的預設歡迎畫面，改為大大的「Hello, Next.js!」h1 標題。

　　ChatGPT 提到，我們學習 NextJS 的下一步可以從了解「如何處理路由」來著手，所以我們下一個探討的主題是：「路由」是什麼？

路由（Routing)

路由是什麼？

路由（Routing）是指在網頁應用程式中，根據用戶的請求（例如點擊連結或輸入特定網址）來導航到不同的頁面或視圖。

簡單來說，路由讓你可以在不同的頁面之間進行切換，就像在書籍中翻閱不同的頁面一樣。

在前端開發中，通常有兩種主要的路由模式：

1. 客戶端路由（Client-Side Routing）：

- 在這種模式下，當用戶切換頁面時，整個網頁不會重新載入，而是通過 JavaScript 動態地更新內容，使得切換頁面的體驗更加流暢。

- 這種模式通常使用在單頁應用程式（Single Page Application，SPA）中，例如 React 或 Vue.js 專案中。

2. 伺服器端路由（Server-Side Routing）：

- 在這種模式下，每次用戶切換頁面時，瀏覽器會向伺服器發送請求，然後伺服器會動態生成新的頁面並返回給瀏覽器。

- 這種模式通常使用在傳統的多頁應用程式（Multi-Page Application，MPA）中。

在 Next.js 中，你可以使用它的內建路由系統來進行客戶端路由，這使得在單頁應用程式中進行頁面切換變得非常容易。

> 總的來說，路由是前端開發中一個重要的概念，它允許用戶在不同的頁面間進行導航，提升了應用程式的用戶體驗。如果你對特定方面有更多的疑問，請隨時向我詢問！

在前面章節 CRA 建置的 React 專案中，我們並不會在切換頁面時去更改網址、不會使用 '<a href>' 的方式去切換頁面，而是傾向用 useState 等等的狀態控制，搭配條件渲染去控制目前要顯示哪個頁面。

這種 SPA（Single Page Application）類型的網頁，無法透過控制將網址更改為 '/about' 或是 '/photo/1' 等等的方式直接導向網頁中的某個頁面。

NextJS 的路由系統

接下來了解一下 NextJS 中的路由又是怎麼樣的、是怎麼處理的。

 NextJS 中是怎麼處理路由的

 在 Next.js 中，你可以使用內建的路由系統來處理客戶端路由。這個路由系統基於文件結構，非常直觀且容易使用。以下是處理路由的基本步驟：

1. 創建頁面：在 Next.js 專案中，你可以在 'pages' 資料夾下創建不同的檔案，每個檔案代表一個路由頁面。例如，創建一個檔案 'pages/about.js'，它將代表 '/about' 路徑。

2. 使用 Link：要在你的應用程式中建立連結，你可以使用 'Link' 元件。在你的 React 組件中，導入 'Link' 並使用它來包裝連結，例如：

```
import Link from 'next/link';

function MyComponent() {
  return (
    <div>
```

```
      <Link href="/about">
        <a>About</a>
      </Link>
    </div>
  );
}
```

這將會創建一個指向 '/about' 的連結。

3. 動態路由：如果你需要處理動態路由，例如帶有變數的路徑，你可以使用方括號 '[]' 來創建動態路由。例如，創建一個檔案 'pages/posts/[slug].js'，其中 'slug' 是一個變數，你可以在路由中使用它。

4. 取得路由參數：如果你在動態路由中使用變數，你可以使用 'useRouter' 鉤子來獲取路由參數。例如：

```
import { useRouter } from 'next/router';

function Post() {
  const router = useRouter();
  const { slug } = router.query;

  return <h1>Post: {slug}</h1>;
}
```

在這個例子中，'slug' 是從路由中獲取的變數。

5. 程式化導航：如果你需要在程式中進行導航，你可以使用 'useRouter' 鉤子來取得 'push' 和 'replace' 方法，它們可以用來導航到其他頁面或替換當前頁面的路由。

```
import { useRouter } from 'next/router';

function MyComponent() {
  const router = useRouter();

  const handleNavigation = () => {
    // 導航到 /about
```

```
    router.push('/about');
  };

  return (
    <div>
      <button onClick={handleNavigation}>Go to About</button>
    </div>
  );
}
```

這是 Next.js 中處理路由的基本步驟。透過這種方式，你可以輕鬆建立不同路由的頁面並實現客戶端路由導航。如有需要，你可以進一步探索 Next.js 的官方文件以深入瞭解更多路由相關的功能和選項。

ChatGPT 簡單介紹了 NextJS 透過檔案或是 NextJS 所提供的內建組件 '<Link>'、甚至提供了 'useRouter' 這樣的 Hook 去處理路由。再讓 ChatGPT 進行更詳細的教學與說明。

請針對 NextJS 的路由系統進行更深入的說明

當然可以！Next.js 的路由系統基於文件結構，並提供了豐富的功能來處理不同類型的路由需求。

以下是更深入的說明：

1. 基本的路由結構

在 Next.js 中，每個 '.js' 或 '.jsx' 檔案都代表一個可以訪問的路由。例如：

- 'pages/index.js' 對應到根路徑 '/'
- 'pages/about.js' 對應到 '/about'

這使得建立靜態網頁變得非常直觀和容易。

2. 動態路由

Next.js 允許你建立動態路由，這允許你在 URL 中使用變數。例如，你可以創建一個名為 '[id].js' 的檔案，這個檔案將對應到類似 '/posts/1' 或 '/posts/2' 的路徑。你可以透過 'useRouter' 鉤子來獲取這些變數。

```
// pages/posts/[id].js

import { useRouter } from'next/router';

function Post() {
  const router = useRouter();
  const { id } = router.query;

  return <h1>Post: {id}</h1>;
}

export default Post;
```

3. 嵌套路由

Next.js 支援嵌套路由，這意味著你可以在路由中嵌套子路由。例如，你可以在 'pages' 資料夾中創建一個名為 'posts' 的資料夾，並在其中放置一個 'index.js' 檔案，這樣就可以訪問 '/posts' 路徑。

4. 程式化導航

你可以使用 'useRouter' 鉤子來取得 'push'、'replace' 等方法，這允許你在 JavaScript 中進行程式化導航。

```
import { useRouter } from'next/router';

function MyComponent() {
  const router = useRouter();

  const handleNavigation = () => {
    // 導航到 /about
```

```
    router.push('/about');
  };

  return (
    <div>
      <button onClick={handleNavigation}>Go to About</button>
    </div>
  );
}


export default MyComponent;
```

5. 自定義錯誤頁面

你可以在 'pages' 資料夾中創建一個名為 '_error.js' 的檔案，這將會成為自定義的錯誤頁面。

6. 設定檔案路由

你可以在 'next.config.js' 中使用 'pageExtensions' 選項來設定你想要支援的路由檔案類型。例如：

```
module.exports = {
  pageExtensions: ['jsx','js','ts','tsx'],
};
```

這樣，你就可以在專案中使用 '.tsx' 或 '.ts' 檔案來建立路由。

這些是 Next.js 路由系統的一些更深入的功能和選項。希望這些資訊對你有所幫助！如果你需要進一步的說明或範例，請隨時向我詢問。

　　ChatGPT 微微地換句話說明，重新介紹了一次檔案與路由的設定，並補充了更多的細節，像是自定義錯誤畫面的設定等等。既然路由和檔案文件結構這麼息息相關，接下來再請 ChatGPT 跟我們介紹 NextJS 專案創建後的檔案結構。

請介紹 NextJS 的專案檔案結構

 當然可以！以下是一個基本的 Next.js 專案的檔案結構介紹：

```
my-nextjs-app/
|-- .next/           # Next.js 自動產生的檔案（不需要手動修改）
|-- node_modules/        # 專案的相依套件
|-- pages/               # 存放網頁的主要資料夾
|   |-- index.js         # 首頁，對應到根路徑 /
|   |-- about.js         # 關於頁面，對應到 /about
|   |-- posts/
|       |-- [id].js      # 動態路由，對應到 /posts/[id]
|-- public/          # 靜態檔案（例如圖片、樣式表）都放在這裡
|-- styles/              # 存放全域樣式的資料夾
|   |-- globals.css      # 全域 CSS 樣式
|-- .gitignore           # 設定哪些檔案要忽略版本控制
|-- next.config.js   # Next.js 的設定檔
|-- package.json         # 專案的相依套件和指令設定
|-- README.md            # 專案的說明文件
```

以下是對主要資料夾和檔案的簡要說明：

1. pages/：

這是 Next.js 中最重要的資料夾之一，裡面包含了所有的網頁路由。每個檔案代表一個可以訪問的網頁，例如 'index.js' 代表首頁，'about.js' 代表關於頁面，'posts/[id].js' 代表動態路由。

2. public/：

這個資料夾用於存放靜態檔案，例如圖片、樣式表等。這些檔案可以在你的網頁中進行引用。

3. styles/：

這裡是存放全域樣式的地方，例如 'globals.css' 可以包含全域的 CSS 規則。

4. .gitignore：

這是一個設定檔，指示 Git 哪些檔案或資料夾應該被忽略不加入版本控制。

5. next.config.js：

這是 Next.js 的設定檔，可以用來進行各種自定義設定，例如設定專案的路徑別名、設定自訂的 webpack 設定等。

6. package.json：

這是 Node.js 專案的設定檔，其中包含了專案的相依套件、指令設定等。

7. README.md：

這是專案的說明文件，通常包含了專案的介紹、安裝步驟、使用說明等。

8. .next/：

這是 Next.js 自動產生的檔案，一般情況下你不需要手動修改這裡的內容。

這只是一個基本的 Next.js 專案的檔案結構，實際上你可以根據專案的需求進行更多的自定義。如果你對特定部分有更深入的疑問，請隨時告訴我！

Server-Side Rendering (SSR)

回顧一下一開始 ChatGPT 提到的 NextJS 特點第一項：

Next.js 是一個基於 React 的開源前端框架，它專注於建構高效能的網頁應用程式。以下是一些 Next.js 的重要特點：

> 1. SSR（Server-Side Rendering） 與 CSR（Client-Side Rendering）
>   的 無 縫 切 換：Next.js 允 許 你 在 需 要 時 選 擇 使 用 Server-Side
>   Rendering 或是 Client-Side Rendering，這使得應用程式可以在
>   不同情境下提供最佳的效能。

是時候來問問有關 ChatGPT 所說的「SSR 與 CSR 無縫切換」是怎麼運作的。

一開始的介紹有提到

Next.js 可以在需要時選擇使用 Server-Side Rendering 或是 Client-Side Rendering

請提供深入教學

當然可以！讓我更深入地解釋在 Next.js 中如何選擇使用 Server-Side Rendering (SSR) 或 Client-Side Rendering (CSR)。

Server-Side Rendering (SSR)

在 Next.js 中，如果你希望在每次用戶訪問頁面時都在伺服器端動態生成頁面，你可以使用 Server-Side Rendering (SSR)。

在 'getServerSideProps' 中取得數據：

使用 'getServerSideProps' 函數，你可以在伺服器端取得數據，然後將其傳遞給頁面組件。

```
export async function getServerSideProps(context) {
  const res = await fetch('https://api.example.com/data');
  const data = await res.json();

  return {
    props: {
      data
    }
  };
}
```

```
function MyPage({ data }) {
  // 使用從伺服器獲得的數據來渲染頁面
}

export default MyPage;
```

1. 在上述示例中，'getServerSideProps' 函數在伺服器端執行，並返回 'props' 物件，其中包含要傳遞給頁面組件的數據。

2. 用於 SEO：SSR 對於搜索引擎優化（SEO）非常友好，因為搜索引擎可以直接獲取到完整的網頁內容。

Client-Side Rendering (CSR)

如果你希望用戶首先快速載入一個基本的 HTML 頁面，然後使用 JavaScript 來動態生成和更新內容，你可以使用 Client-Side Rendering (CSR)。

1. 在 'useEffect' 或事件處理函數中發起 API 請求：

在客戶端，你可以使用 'useEffect' 或事件處理函數來在瀏覽器中發起 API 請求，然後更新頁面。

```
import { useState, useEffect } from'react';

function MyPage() {
  const [data, setData] = useState(null);

  useEffect(() => {
    fetch('https://api.example.com/data')
      .then(res => res.json())
      .then(data => setData(data));
  }, []);

  return (
    <div>
      {data && <p>{data}</p>}
    </div>
```

```
  );
 }
```

在上述示例中，'useEffect' 會在組件載入後執行，然後發起 API 請求並更新頁面。

2. 快速載入：

CSR 可以讓用戶首先快速載入一個基本的 HTML 頁面，然後使用 JavaScript 來動態生成和更新內容，這提升了用戶體驗。

如何選擇？

通常情況下，你可以根據應用程式的需求來選擇使用 SSR 或 CSR，甚至在同一個應用程式中可以混合使用兩者。

- 使用 SSR：
  - 適用於需要 SEO 優化的頁面。
  - 適用於需要在每次用戶訪問時都動態生成的頁面。
- 使用 CSR：
  - 適用於需要快速載入並具有較快的用戶互動體驗的頁面。

總的來說，Next.js 提供了彈性的選擇，讓你根據應用程式的需求來選擇最適合的渲染方式。希望這份深入教學對你有所幫助！如果你有任何進一步的問題，請隨時向我詢問。

所以若維持原本 React 取得資料的寫法，使用 useEffect，就是繼續使用 CSR 的方式去渲染。然而只要使用 NextJS 所提供的 'getServerSideProps' 這個 function，就可以做到 SSR 的效果。

getServerSideProps 完整範例

 請提供一個 SSR 的 tsx 完整範例，包含實際執行異步請求的範例當然可以！以下是一個使用 TypeScript 的 Next.js SSR 範例，包含了實際執行異步請求的程式碼：

首先，創建一個新的 TypeScript 專案：

```
npx create-next-app@latest my-nextjs-app --typescript
cd my-nextjs-app
```

接著，創建一個新的頁面檔案 'pages/ssr.tsx'：

```tsx
// pages/ssr.tsx

import { GetServerSideProps } from'next';

interface Post {
  userId: number;
  id: number;
  title: string;
  body: string;
}

interface SSRProps {
  posts: Post[];
}

const SSRPage: React.FC<SSRProps> = ({ posts }) => {
  return (
    <div>
      <h1>Server-Side Rendering Example</h1>
      <ul>
        {posts.map(post => (
          <li key={post.id}>
            <h3>{post.title}</h3>
            <p>{post.body}</p>
          </li>
        ))}
      </ul>
    </div>
  );
```

```
};

export const getServerSideProps: GetServerSideProps<SSRProps> = async ()
=> {
  // 在伺服器端執行這個異步請求
  const res = await fetch('https://jsonplaceholder.typicode.com/posts');
  const posts = await res.json();

  return {
    props: {
      posts,
    },
  };
};

export default SSRPage;
```

這個範例展示了以下重點：

1. 我們創建了一個名為 'SSRPage' 的 React 函式組件，該組件接受
   一個名為 'posts' 的屬性。

2. 我們定義了一個介面 'Post' 來描述每一篇文章的型別。

3. 我們使用 'GetServerSideProps' 來定義在伺服器端執行的異步函
   數，並在其中執行了一個 API 請求以獲取文章列表。

4. 在 'getServerSideProps' 中，我們將獲得的文章列表作為屬性傳
   遞給頁面組件。

這樣，當用戶訪問 '/ssr' 路徑時，Next.js 會在伺服器端執行
'getServerSideProps' 並將獲得的數據作為屬性傳遞給頁面組件，實
現了 Server-Side Rendering。

請確保將 'npm run dev' 啟動開發伺服器，然後在瀏覽器中訪問
'http：//localhost：3000/ssr' 以查看結果。

希望這個範例能對你有所幫助！如果你有任何問題，請隨時向我詢
問。

照做之後，就可以看到成果變成這樣的頁面，從 server 拿到的頁面本身，就包含那些文字了。

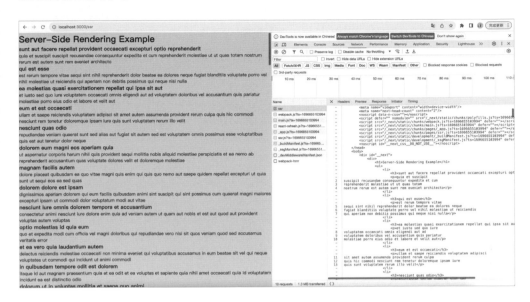

接著來個一樣的範例，但使用 CSR 處理：

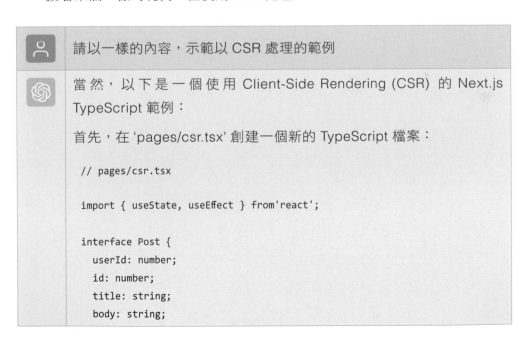

```
  }

  const CSRPage: React.FC = () => {
    const [posts, setPosts] = useState<Post[]>([]);

    useEffect(() => {
      // 在客戶端執行這個異步請求
      fetch('https://jsonplaceholder.typicode.com/posts')
        .then(response => response.json())
        .then(data => setPosts(data));
    }, []);

    return (
      <div>
        <h1>Client-Side Rendering Example</h1>
        <ul>
          {posts.map(post => (
            <li key={post.id}>
              <h3>{post.title}</h3>
              <p>{post.body}</p>
            </li>
          ))}
        </ul>
      </div>
    );
  };


  export default CSRPage;
```

這個範例中，我們：

1. 使用 'useState' 和 'useEffect' 來管理狀態和副作用。

2. 在 'useEffect' 中使用 'fetch' 來發起 API 請求，並在獲得數據後將
   其設置為狀態 'posts'。

3. 在頁面中渲染了獲得的文章列表。

這樣，當用戶訪問 '/csr' 路徑時，Next.js 將在客戶端執行 API 請求並
更新頁面，實現了 Client-Side Rendering。

> 請確保將 'npm run dev' 啟動開發伺服器，然後在瀏覽器中訪問 'http：//localhost：3000/csr' 以查看結果。
>
> 這就是一個使用 CSR 的 Next.js TypeScript 範例。希望這對你有所幫助！如果你有任何問題，請隨時向我詢問。

照做之後並比較一下，會發現拿到的資料一開始完全沒有資料，這就是 CSR。

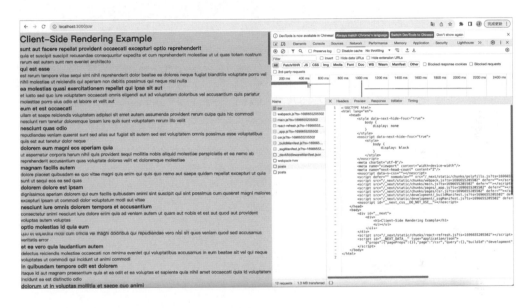

以上，就是透過 NextJS 進行 CSR 與 SSR 寫法的差別與範例 Demo。

額外補充：App Router vs. Pages Router

一開始提到在建立 NextJS 專案的時候，若要按照 ChatGPT 的方式建立路由，是否要用 App Router 的問題必須選「No」。這是因為在當時 NextJS 13 還沒推出的時候，都是使用「Pages Router」的方式去處理路由。由於這部分內容在 ChatGPT 的知識範圍外，因此接下來由我來介紹什麼是 App Router 與 Pages Router。

1. PageRouter

使用 PageRouter 就是 ChatGPT 提供的資料夾方式，在 'scr/page/' 這個資料夾之下新增的 '.jsx'、'.tsx' 檔案，每個都會被當成一個頁面，且元件必須 'export default'。

但就會有一個小問題，如果是子 component 的檔案呢？比如在某個主元件的旁邊，新增了一個 Child Component：

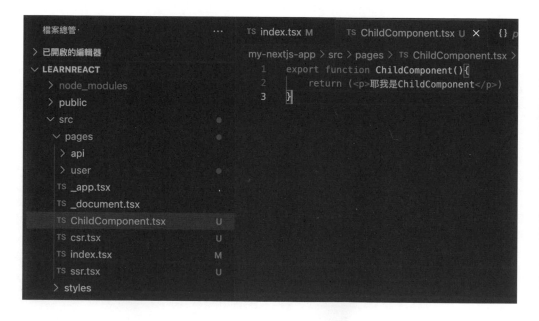

然後在要使用的元件中引入 Child Component 並使用，但是在 page 下的所有 tsx 檔案都會被視為一個頁面。

正常來說，如果是一個不存在的子路由可能是這樣，例如我訪問了 '/d'，得到的畫面就是正常的找不到這個路由。

但以使用 '/ChildComponent' 這個路徑的情況來說，雖然我們在程式碼中沒有使用 'export default'，不當作一個頁面匯出只有單純的 'export' 作為子元件。這時候如果訪問到這個頁面，就會跑出 Server Error 給使用者看。

雖然使用者可能沒有這麼巧，知道我們的子 component 名字和對應路由，但這樣的結果總是有點不正確吧？

因此在 Page Router 的模式下，子組件必須放到 page 這個資料夾之外的地方，再另外引用，讓組件和頁面分開放置。先說這個方式沒有錯，也有一種設計資料夾結構的方式，將 page 和 component 分開處理，能保持資料夾簡潔以及不要過度嵌套等等。

那麼 App Router 是怎麼一回事呢？一起來了解一下。

App Router

如果建置使用 App Router 的話，一開始起始看到的專案結構會是這樣：

在 App Router 模式下建構 NextJS 專案的話，會發現資料夾結構中沒有 '/page' 資料夾了！取而代之的是一個叫做 'page.tsx' 的檔案，內容會直接對應到根節點 http：//localhost：3000。

這時候會發現，即使在 'page.tsx' 旁邊，新增了一個 'user.tsx'，裡面的元件即使使用 'export default' 將元件匯出當作頁面，也沒辦法透過 http：//localhost：3000/user 這個路由來訪問這個頁面。

那要怎麼在 http：//localhost：3000/user 讀取我們的 'user.tsx' 呢？

答案是這樣：裝在 'src/app/user/page.tsx' 中。

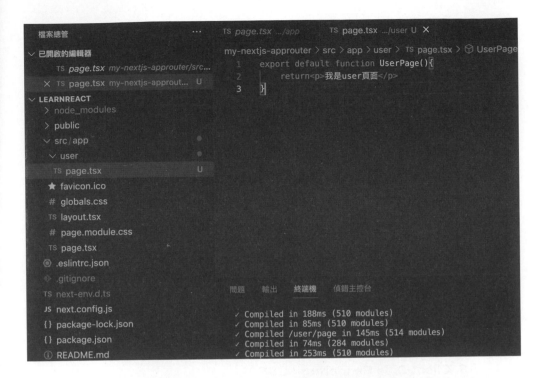

　　沒錯，App Router 的判斷方式，是以資料夾名稱作為路由，並使用其中檔名為 'page.tsx' 的檔案內容，如此一來，在資料夾中放其他的子 Component 也沒關係了，不會因為訪問到子 Component 的檔名路徑而出現 500 的錯誤，會正確的出現 404 頁面。

　　另外在 App Router 的模式下，自定義的 404 錯誤頁面，也只要叫做 error. tsx 就可以。

參考資料

1. 快速上手 NextJS v13 - 基礎觀念 AppRouter 篇 - Johnny Wang Blog
   https：//johnnywang1994.github.io/book/articles/js/next13-intro-approuter.html

2. 從 Next.js 13 認識 React Server Components
   https：//oldmo860617.medium.com/%E5%BE%9E-next-js-13-%E8%AA%8D%E8%AD%98-react-server-components-37c2bad96d90

ChatGPT 小節統整

小節的結尾，一樣請 ChatGPT 為我們總結一下本小節探討的 NextJS 內容。

根據以上對話內容，統整重點並給一段結語

在這段對話中，我們探討了 Next.js 中的重要概念，包括路由系統、Server-Side Rendering（SSR）和 Client-Side Rendering（CSR）。

1. 路由系統：

Next.js 使用基於文件結構的路由系統，讓你可以在 'page' 資料夾中創建不同的檔案來代表不同的路由。

2. Server-Side Rendering（SSR）：

SSR 允許在每次用戶訪問頁面時都在伺服器端動態生成內容，尤其適用於需要 SEO 優化的頁面。

3. Client-Side Rendering（CSR）：

CSR 允許用戶首先快速載入基本的 HTML 頁面，然後使用 JavaScript 來動態生成和更新內容，提升了用戶體驗。

4. 示範範例：

提供了使用 TypeScript 的 SSR 和 CSR 範例，包含了實際執行異步請求的程式碼。

總結而言，Next.js 提供了彈性的路由系統和渲染方式，使開發者能根據應用程式的需求進行選擇。這使得建立具有良好用戶體驗和 SEO 的現代網頁應用變得更加容易。

希望這些資訊對你在學習 Next.js 的過程中有所幫助！如果你有任何進一步的問題，隨時向我詢問。祝你在前端開發的旅程中取得成功！

框架的更新速度實在是非常快，2022/01 月的資料，對一個框架來說確實已經有一點久了，中間可能更新了一些版本，搭配著免費的 ChatGPT 的時候對於這塊就需要特別注意。如果實際演練操作上的內容跟 ChatGPT 說的有出入的話，也許就是版本有更新，需要另外追一下更新的內容有哪些。

NextJS 在效能優化以及 Routing 的部分做得非常方便，原本我是搭配一個 React-route 的套件來處理路由的，但有了 NextJS 之後，處理路由更簡單直覺，因此就不介紹 React-route 這個套件了！

簡易的 NextJS 前端的部分就探討到這邊。另外 NextJS 其實也支援 Static Site Generation（SSG）、Incremental Static Regeneration（ISR）的渲染方式，但那個部分跟 SSR 的效能優化比較有關係，ChatGPT 在提供這一連串的教學時也沒有提及，因此本小節並沒有往這個議題去做延伸，有興趣的讀者可以再自行去深入了解這兩種渲染方式。

4-6　Nx 框架！Monorepo 架構！

上一個小節我們介紹了 NextJS 這個 React 框架，為什麼我們又要來講框架呢？因為這個 Nx 框架其實是一個更高階層的架構，可以兼容各種框架與應用，在整合自動測試等套件的功能也很全面，因此特別開立一個小節來討論 Nx 框架，並針對 Nx 本身的功能與建置進行討論。本小節的對話紀錄在這邊：

https：//chat.openai.com/share/20fc90fc-a453-4fc2-8c05-b8f5e19d1b77

Nx 介紹

首先，來看看 Nx 的介紹吧！

請提供 React Nx 的完整介紹

當然可以，讓我來為你提供 React Nx 的完整介紹。

React Nx 是一個由 Nrwl 團隊開發的工具，它是針對複雜的前端應用程式開發所設計的。它可以幫助你有效地管理專案的架構，並提供了許多工具和功能，使得團隊合作和程式碼維護變得更加容易。

以下是 React Nx 的一些主要特點和優點：

1. 複雜專案管理：React Nx 支援將大型專案分解為許多微前端或子專案，每個子專案都可以獨立開發和測試。

2. 支援多程式語言：React Nx 可以與不同的程式語言一起工作，包括 TypeScript、JavaScript，甚至是多種框架。

3. 一致的架構：React Nx 提供了一個一致的專案架構，這對於新成員的加入或是專案的維護非常有幫助。

4. 強大的建置工具：React Nx 整合了強大的建置工具，可以幫助你優化程式碼的效能，並確保應用程式的穩定運行。

5. 支援測試：React Nx 內建了許多測試工具，可以幫助你撰寫高品質的測試，確保程式的正確性。

6. 易於整合：React Nx 可以輕鬆地整合其他工具和服務，例如 CI/CD 流程、狀態管理等。

7. 豐富的範例和文件：React Nx 提供了許多範例和詳細的文件，可以讓你快速上手並開始開發。

總的來說，React Nx 是一個非常強大且有助於團隊開發的工具，特別適合於大型或複雜的前端專案。透過它，你可以更有效率地開發、測試和維護你的應用程式。希望這個介紹對你有所幫助！如果你有任何進一步的問題，歡迎隨時提出。

　　ChatGPT 講述了一些 Nx 的優點，不過介紹的敘述都挺空泛的。先請他更具體的解釋 Nx 為什麼適合「複雜專案管理」？

針對 Nx 在複雜專案的管理方式請詳細介紹

當然，我會針對在複雜專案中使用 Nx 進行詳細介紹。

在複雜的前端專案中，管理程式碼和團隊合作是一個很大的挑戰。Nx 提供了一個結構化的方法來解決這些問題。

以下是在複雜專案中使用 Nx 的一些建議和做法：

1. Monorepo 架構：

Nx 鼓勵使用 Monorepo 架構，這意味著所有的專案和套件都存在於同一個版本控制儲存庫中。這樣可以更容易地管理專案之間的相依性。

2. 專案分割：

將大型專案分割成多個微前端或子專案，每個子專案都可以獨立開發、測試和建置。每個子專案都有自己的獨立建置和測試設定。

3. 程式碼共用：

Nx 提供了一個方便的方式來共用程式碼，稱為 Libraries。這使得多個專案可以共用相同的程式碼庫，從而減少了重複工作。

4. 依賴管理：

Nx 提供了強大的依賴管理工具，可以幫助你管理專案之間的相依性，確保版本的一致性。

5. 適當的檔案結構：

使用適當的檔案結構可以使專案更具可讀性和可維護性。Nx 提供了一套建議的檔案結構，可以參考來建立自己的專案結構。

6. 執行指令管理：

使用 Nx 提供的指令來執行常用的任務，例如建置、測試等。這些指令可以幫助你快速地執行常用的工作。

7. 持續整合和部署：

Nx 整合了許多 CI/CD 工具，可以幫助你建立自動化的建置和部署流程，確保程式碼的品質和穩定性。

總的來說，Nx 提供了一個結構化的方法來管理複雜的前端專案。透過合理的專案組織、程式碼共用和依賴管理，你可以更有效地開發和維護你的應用程式。希望這些資訊對你有所幫助！如果你有任何進一步的問題，歡迎隨時提出。

Nx 的最大特點就是使用了 Monorepo 架構，ChatGPT 也提到了「Nx 鼓勵使用 Monorepo 架構」，接著請 ChatGPT 繼續介紹什麼是 Monorepo 架構。

Monorepo 架構

Monorepo 架構是什麼？

請介紹並舉例

Monorepo 架構指的是將多個專案或程式庫（libraries）存放在同一個版本控制儲存庫（repository）中的一種開發方法。這樣的結構可以讓你在一個集中的地方管理多個相關的程式碼專案。

在前端開發中，使用 Monorepo 架構可以有以下優點：

1. 共用程式碼：不同的專案可以共用相同的程式碼或 libraries，減少重複開發。

2. 版本控制一致性：所有的程式碼都在同一個儲存庫中，可以確保不同專案間的版本控制一致性。

3. 相依性管理：可以方便地管理不同專案之間的相依性，避免版本衝突。

4. 整體一致性：所有專案都在同一個儲存庫中，可以保證專案之間的一致性，例如統一的工具版本、設定等。

現在讓我用一個例子來說明 Monorepo 架構：

假設你正在開發一個大型的 Web 應用程式，其中包含前台網站、後台管理系統以及一些共用的工具函式庫。

在 Monorepo 架構中，你會將這三個專案（前台、後台、共用函式庫）放置在同一個版本控制儲存庫中，像這樣：

```
/my-monorepo
    /frontend
        /web-app
    /backend
```

```
        /admin-system
    /libraries
        /utils
```

這樣，你可以在一個集中的地方管理所有相關的程式碼。如果你需要在前台和後台系統中使用相同的工具函式庫，你可以輕鬆地將其放置在 '/libraries/utils' 中，兩個專案都可以引用它。

透過 Monorepo 架構，你可以更有效地管理和維護複雜的前端專案，並促進團隊合作和程式碼共用。希望這能為你提供一個清晰的理解！如果你有任何進一步的問題，歡迎隨時提出。

因此 Nx 最大特色之一，是能夠在讓多個專案之間可以共用程式碼！

像是一些常用自己撰寫的功能，例如字串的全形轉半形、針對數字或亂數的處理等等。或是說 Type 的 interface 設定，多個專案都會重複的型別、Enum 設定等，甚至到共用的 UI，可能某些 UI、按鈕等等，在多個專案需要維持樣式風格一致。這時候就可以藉由這樣的架構來共用，修改時也更為方便、節省修改成本。

也包括前後端的程式碼也可以都放在一起，共用一些 API 的 Request Type、Response Type 等。

開始 Nx 專案建置

明白 Nx 的特點之後，接著來一起學習要如何建置一個使用 Nx 架構的專案。

請提供有關 Nx 的完整教學

當然，我會提供一份簡單的 Nx 使用教學。Nx 是一個強大的工具，可以幫助你管理大型複雜的前端專案。以下是一個基本的 Nx 教學：

步驟一：安裝 Nx CLI

首先，你需要安裝 Nx 的命令列介面（CLI）。打開終端機，執行以下指令

```
npm install -g nx
```

這將會在你的系統中安裝全局的 Nx CLI。

步驟二：創建一個新專案

使用以下指令來創建一個新的 Nx 專案：

```
npx create-nx-workspace@latest
```

這將會引導你進行一些設定，例如專案名稱、預設程式語言（例如 TypeScript）等等。

步驟三：新增一個應用程式

在 Nx 專案中，你可以包含多個應用程式。使用以下指令來新增一個 React 應用程式：

```
nx generate @nrwl/react:app my-app
```

這將會創建一個名為 'my-app' 的 React 應用程式。

步驟四：新增一個函式庫（Library）

函式庫可以用來共用程式碼，例如工具函式、UI 元件等等。使用以下指令新增一個函式庫：

```
nx generate @nrwl/react:library my-lib
```

這將會創建一個名為 'my-lib' 的函式庫。

步驟五：建置和執行

你可以使用 Nx 提供的指令來建置和執行你的應用程式和函式庫。例如：

- 執行應用程式：'nx serve my-app'

- 建置應用程式：'nx build my-app'
- 執行測試：'nx test my-app'

步驟六：相依性管理

Nx 提供了工具來管理專案之間的相依性。你可以使用以下指令來新增相依性：

```
nx add my-lib my-app
```

這將會把 'my-lib' 函式庫加入到 'my-app' 應用程式中。

步驟七：其他功能

除了上述的基本操作，Nx 還提供了許多其他功能，例如建置流程的配置、持續整合和部署的設定等等。

希望這份簡單的教學能夠幫助你開始使用 Nx。如果你需要更進一步的資訊，請參考 Nx 文件（https：//nx.dev/）。如果你有任何問題，隨時提出。

　　進行第二步的專案創建的時候，會發現 Nx 也支援直接搭配 NextJS，而且對於 CSS 的建置上，也有 CSS / SASS / LESS / styled-components / emotion / styled-jsx 等很多選項可以進行選擇。基本上選了這些額外的選項之後，Nx 就會直接幫你把相關的套件或環境、模板等創建出來。

```
[lalame888@lalame learnReact % npx create-nx-workspace@latest

 >  NX   Let's create a new workspace [https://nx.dev/getting-started/intro]

✓ Where would you like to create your workspace? · myNxApp
✓ Which stack do you want to use? · react
✓ What framework would you like to use? · nextjs
✓ Integrated monorepo, or standalone project? · integrated
✓ Application name · myApp
✓ Would you like to use the App Router (recommended)? · No
✓ Test runner to use for end to end (E2E) tests · cypress
✓ Default stylesheet format · css
✓ Enable distributed caching to make your CI faster · Yes

 >  NX   Creating your v16.10.0 workspace.

   To make sure the command works reliably in all environments, and that the pre
set is applied correctly,
   Nx will run "npm install" several times. Please wait.

✓ Installing dependencies with npm
✓ Successfully created the workspace: my-nx-app.
✓ NxCloud has been set up successfully
```

建置過程中的問題大概會有這些，這邊解釋一下我的選擇

- Where would you like to create your workspace?

  →專案資料夾名稱： myNxApp。

- Which stack do you want to use

  →選 React。

- What framework would you like to use?

  →接續上一小節的內容，因此選 NextJs，當然也可以選其他框架或選 None。

- Integrated monorepo, or standalone project?

  → monorepo（多專案架構）。

  若不是選擇 monorepo，就是單純當作單一應用架構，像 NextJS 這樣，但是享有 Nx 提供的整合功能。

- Application name

  →專案內預設的第一個應用的名稱：myApp。

  之後還可以建立很多個應用，只是先創一個預設的應用名稱。

- Would you like to use the App Router (recommended)?

  →針對 Next 的 App Rotuer 或 Page Roter 做選擇

  NextJS13 之後是推薦 App Rotuer、原本的 /Page 方式就是 Page Roter。

  雖然這個章節不太會針對 NextJS 的結構做介紹，不過就先選舊版的 No. (Page Router)。

- Test runner to use for end to end (E2E) tests

  →配置的 E2E 框架先選 Cypress。

  後面的章節會介紹 Cypress，之後若不搭建 E2E 測試也沒關係。

- Default stylesheet format

→ CSS

也可以選預設安裝的樣式管理套件，或是先選 CSS 之後需要再裝就好。

- Enable distributed caching to make your CI faster

  →處理 CI 用的選項，就直接選預設 Yes

完整照著 ChatGPT 的教學創建完最基本的專案之後，會發現上面講了不少的指令，連「創建 Library」都需要 CLI 指令來完成，接下來詢問看看完整的指令、常用的指令有哪些，並一起總覽 Nx 可以做哪些功能與整合。

Nx 的 CLI 指令有哪些？提供的功能有哪些？

Nx 提供了豐富的命令列介面（CLI）指令，用於管理和操作你的 Nx 專案。以下是一些常見的 Nx CLI 指令以及它們的功能：

1. create-nx-workspace：用於創建一個新的 Nx 專案工作區。它會引導你設定專案名稱、程式語言等基本資訊。

2. generate：用於生成新的程式碼。這是 Nx 中非常重要的指令，可以用於生成應用程式、函式庫、元件、服務、效果、測試等等。例如：'nx generate @nrwl/react：app my-app' 用於創建一個新的 React 應用程式。

3. run：用於執行你的應用程式、函式庫或其他生成的任務。例如：'nx run my-app：build' 用於執行 'my-app' 的建置任務。

4. build：用於建置你的應用程式或函式庫。例如：'nx build my-app' 用於建置 'my-app' 應用程式。

5. serve：用於啟動本地開發伺服器。例如：'nx serve my-app' 用於啟動 'my-app' 應用程式的本地伺服器。

6. test：用於執行測試。你可以使用這個指令來執行單元測試、端對端測試等。例如：'nx test my-app' 用於執行 'my-app' 應用程式的測試。

7. e2e：用於執行端對端測試。例如：'nx e2e my-app-e2e' 用於執行 'my-app-e2e' 端對端測試。

8. dep-graph：用於生成專案之間的相依性圖表。這可以幫助你了解專案之間的關係。

9. list：用於列出專案中可用的生成器。這可以幫助你查看可以使用的生成器列表。

10. affected：用於識別受到變更影響的應用程式和函式庫。這在持續整合和部署時非常有用。

11. migrate：用於將專案升級到新的 Nx 版本。

這僅是一些常見的 Nx CLI 指令。Nx 還提供了許多其他功能和工具，例如持續整合和部署設定、依賴管理、狀態管理等等，這些功能可以幫助你更有效地開發和維護前端專案。你可以透過 'nx help' 來查看完整的指令列表和說明。

希望這能夠幫助你更深入了解 Nx 的功能和使用方式！如果你有任何進一步的問題，歡迎提出。

以上幾乎是仰賴 CLI 指令來處理，來問看看有沒有使用 GUI 的方式。

nx 有使用 GUI（圖形操作介面）的方式嗎？

Nx 主要是基於命令列介面（CLI）的工具，但你可以使用第三方工具來提供圖形操作介面（GUI）以便更輕鬆地操作 Nx 專案。以下是一些常見的 GUI 工具，可以與 Nx 配合使用：

1. Nx Console：Nx Console 是一個 Visual Studio Code（VS Code）的擴充套件，它提供了一個圖形用戶界面，可以幫助你更輕鬆地管理和操作 Nx 專案。它可以顯示可用的生成器、任務列表、執行生成器等等。你可以在 VS Code 中安裝它，然後在側邊欄的 Nx Console 部分使用它。

2. Nx Cloud：Nrwl 公司提供了 Nx Cloud 服務，它包括一個 Web GUI，可用於監控、測試、分析和優化你的 Nx 專案。透過 Nx Cloud，你可以在瀏覽器中訪問這個圖形介面，並輕鬆地查看有關你的專案的詳細資訊。

雖然這些 GUI 工具可以幫助你更方便地操作 Nx 專案，但了解和熟悉 Nx CLI 仍然是很重要的，因為一些高級操作可能需要在命令列中執行。無論你是使用命令列還是 GUI 工具，Nx 都提供了豐富的功能來協助你管理和開發前端專案。

根據 ChatGPT 的回答，蠻推薦他所說的 VS Code 上的套件：Nx Console。可以用介面的方式，像下圖這樣，不但可以簡易的填寫必要的內容來生成語法句子，還能一併把其他選填的參數選項填齊，相當方便。

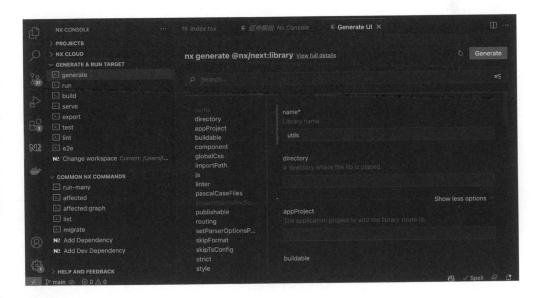

專案檔案結構

明白了 Nx 的指令、主要特色之後，來了解一下當專案內包含多個應用＆多個函式庫（Library）時，專案的檔案結構大概長什麼樣子。

請介紹 nx 專案的檔案結構

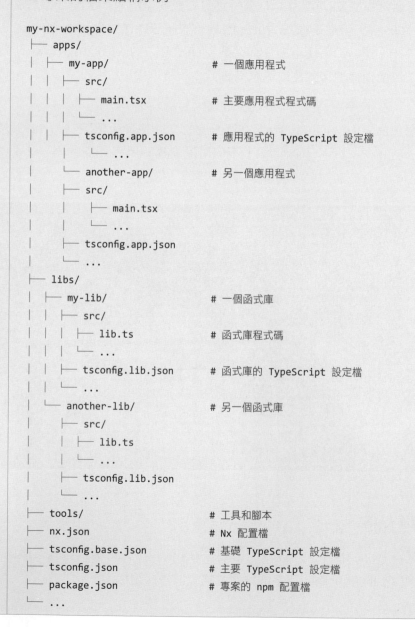 Nx 專案的檔案結構是經過精心設計的，旨在使多個專案和函式庫之間的相依性和共用程式碼變得更加清晰和簡單。以下是一個基本的 Nx 專案的檔案結構示例：

```
my-nx-workspace/
├── apps/
│   ├── my-app/              # 一個應用程式
│   │   ├── src/
│   │   │   ├── main.tsx       # 主要應用程式程式碼
│   │   │   └── ...
│   │   ├── tsconfig.app.json  # 應用程式的 TypeScript 設定檔
│   │   │   └── ...
│   │   └── another-app/       # 另一個應用程式
│   │       ├── src/
│   │       │   ├── main.tsx
│   │       │   └── ...
│   │       ├── tsconfig.app.json
│   │       └── ...
├── libs/
│   ├── my-lib/              # 一個函式庫
│   │   ├── src/
│   │   │   ├── lib.ts         # 函式庫程式碼
│   │   │   └── ...
│   │   ├── tsconfig.lib.json  # 函式庫的 TypeScript 設定檔
│   │   └── ...
│   └── another-lib/         # 另一個函式庫
│       ├── src/
│       │   ├── lib.ts
│       │   └── ...
│       ├── tsconfig.lib.json
│       └── ...
├── tools/                   # 工具和腳本
├── nx.json                  # Nx 配置檔
├── tsconfig.base.json       # 基礎 TypeScript 設定檔
├── tsconfig.json            # 主要 TypeScript 設定檔
├── package.json             # 專案的 npm 配置檔
└── ...
```

這是一個基本的 Nx 專案結構，其中包含了兩個應用程式（'my-app' 和 'another-app'）以及兩個函式庫（'my-lib' 和 'another-lib'）。

- apps/：這個目錄包含所有的應用程式。每個應用程式都有自己的資料夾，裡面包含了程式碼、設定檔等。

- libs/：這個目錄包含所有的函式庫。函式庫也有自己的資料夾，裡面包含了共用的程式碼、設定檔等。

- tools/：這個目錄包含一些工具和腳本，可以用於專案的開發和維護。

- nx.json：Nx 的配置檔，包含了一些專案層面的配置設定。

- tsconfig.base.json：Nx 專案的基礎 TypeScript 設定檔，可以用於設定共用的 TypeScript 設定。

- tsconfig.json：主要的 TypeScript 設定檔，可以在這裡進行特定於應用程式或函式庫的設定。

- package.json：專案的 npm 配置檔，包含了專案的相依套件和指令等。

透過這種結構，你可以輕鬆地管理多個應用程式和函式庫，並確保共用的程式碼能夠被有效地重用。這也使得相依性管理變得更加清晰。希望這能幫助你理解 Nx 專案的檔案結構！如果你有任何進一步的問題，歡迎提出。

Nx 的整合功能

Nx 最近在建置的時候，除了建立 Monorepo 架構之外，也提供單個 Project 的建置方式。若是單個 Project 要建置的話為什麼要選 Nx 呢？Nx 提供了哪些設定或進階功能呢？

在 NX 中，還有提供哪些進階設定或是整合功能？

在 Nx 中，除了基本的專案結構和 CLI 指令外，還提供了許多進階設定和整合功能，使得開發和維護前端專案更為靈活和高效。以下是一些進階設定和整合功能的示例：

1. Plugins：Nx 支援使用插件擴展功能。這些插件可以提供額外的功能或整合第三方工具，例如 Cypress、Jest 等。

2. CI/CD 整合：Nx 允許你整合各種持續整合和持續部署（CI/CD）工具，例如 Travis CI、Jenkins 等，以自動化建置和部署流程。

3. 狀態管理：Nx 集成了 NgRx 和 Akita，這兩者都是強大的狀態管理工具，可以幫助你管理應用程式的狀態。

4. Storybook 整合：Storybook 是一個用於開發和測試 UI 元件的工具，Nx 可以與 Storybook 整合，使得開發 UI 元件更加方便。

5. Nx Cloud 整合：Nx Cloud 是 Nrwl 公司提供的服務，它提供了一個線上平台，用於監控、測試、分析和優化你的 Nx 專案。透過 Nx Cloud，你可以在瀏覽器中進行這些操作。

6. 建置配置：Nx 允許你進一步配置建置選項，以滿足特定的需求，例如配置 Webpack、Bazel 等。

7. 路由整合：Nx 集成了 Angular 路由，可以幫助你管理應用程式的路由配置。

8. 前端框架支援：Nx 支援多種前端框架，包括 Angular、React、Vue 等，使得你可以根據需求選擇合適的框架。

9. Jest 和 Cypress 整合：Nx 預設整合了 Jest 和 Cypress 用於單元測試和端對端測試。

10. 影響分析：Nx 提供了 'nx affected' 指令，可以識別受到變更影響的應用程式和函式庫，這在持續整合和部署時非常有用。

這些僅僅是 Nx 提供的一些進階設定和整合功能的示例，實際上 Nx 還提供了許多其他功能和工具，可以幫助你更有效地開發和維護前端專案。你可以根據專案的需求，選擇性地使用這些功能。如果你想要深入了解特定功能的使用方法，建議查閱 Nx 的官方文件或相關的社群資源。

上述功能中，大多是一些與其他套件整合的功能，還有搭配許多測試套件，像是單元測試用的 Jest、E2E 測試的 Cypress、UI 展示文件與測試的 Storybook 等。

這些額外套件不一定要搭配 Nx 才能使用，但是 Nx 會幫你友善的建立並整合這些套件，接下來，來談談 Nx 中的環境配置選項有哪些！

環境配置管理

針對 Nx 中的環境配置，請提供更近一步的介紹與教學

在 Nx 中，環境配置是一個重要的主題，它允許你根據不同的環境（例如開發、測試、生產）設定不同的參數和選項。這使得你可以在不同的情境下進行開發、測試和部署。

以下是一些在 Nx 中進行環境配置的基本步驟和示例：

步驟一：建立環境設定檔

在專案中，你可以建立多個環境設定檔，以便在不同的情境下使用不同的設定。這些設定檔通常是以 'environment' 為名的 JSON 檔案。

例如，你可以在 'libs' 或 'apps' 資料夾中為每個應用程式或函式庫建立相應的環境設定檔：

```
my-nx-workspace/
├── libs/
│   └── my-lib/
│       ├── src/
```

```
|           └── environments/
|                 ├── environment.ts      # 預設環境設定
|                 ├── environment.dev.ts   # 開發環境設定
|                 ├── environment.prod.ts  # 生產環境設定
|                 └── ...
```

步驟二：讀取環境設定

在你的程式碼中，你可以使用 'process.env' 或其他方式來讀取環境設定。

例如，在 TypeScript 中，你可以使用以下方式讀取環境變數：

```typescript
import { environment } from './environments/environment';

console.log(environment.apiEndpoint);
```

步驟三：設定 Nx 工作區配置

在 'nx.json' 或 'workspace.json' 中，你可以指定使用哪個環境設定檔進行建置和執行。

```json
{
  "projects": {
    "my-app": {
      "architect": {
        "build": {
          "configurations": {
            "production": {
              "fileReplacements": [
                {
                  "replace": "src/environments/environment.ts",
                  "with": "src/environments/environment.prod.ts"
                }
              ]
            },
            "development": {
              "fileReplacements": [
                {
```

```
                    "replace": "src/environments/environment.ts",
                    "with": "src/environments/environment.dev.ts"
                }
            ]
        }
    }
  }
 }
}
```

這樣，在執行 'nx build my-app' 時，你可以通過指定 '--configuration' 選項來選擇使用哪個環境設定檔。

```
nx build my-app --configuration=development
```

這是一個簡單的環境配置的示例。你可以根據專案的需求，設定更多的環境變數和選項，以滿足不同情境下的需求。

希望這份介紹和教學能夠幫助你理解如何在 Nx 專案中進行環境配置。如果你有任何進一步的問題，歡迎提出。

ChatGPT 小節統整

綜合以上內容，請統整重點並提供一段結語

綜合以上內容，我們可以得出以下重點：

1. Nx 專案基本架構：

- Nx 專案通常包含 'apps' 目錄用於存放應用程式，以及 'libs' 目錄用於存放函式庫。

- 專案根目錄中會包含 'nx.json' 用於 Nx 配置，'tsconfig.base. json' 用於基礎 TypeScript 設定，以及其他相關設定檔。

2. 專案生成和管理：

- 使用 'nx generate' 指令可以快速生成新的應用程式、函式庫、元件等程式碼。

- 專案中的應用程式和函式庫可以根據需求進行生成和管理。

3. Monorepo 架構：

- Nx 鼓勵使用 Monorepo 架構，將所有專案和套件存放在同一個版本控制儲存庫中，以方便管理相依性和共用程式碼。

4. 環境配置：

- 可以透過建立不同的環境設定檔，在不同的情境下使用不同的設定，以便進行開發、測試和部署。

5. 進階功能：

- Nx 提供了許多進階功能，包括狀態管理、CI/CD 整合、路由整合、Jest 和 Cypress 整合等，以滿足專案的具體需求。

結語：

Nx 是一個功能豐富且強大的工具，專為幫助開發者有效地管理複雜的前端專案而設計。透過結構化的專案管理、程式碼共用、依賴管理等功能，Nx 提供了一個全面的解決方案。開發者可以利用 Nx 架構出高效、模組化的專案，並在不同的環境下進行開發、測試和部署。無論是初學者還是有經驗的前端工程師，Nx 都是一個強大的工具，值得學習和掌握。

以上就是有關 Nx 這個高階的架構的建置。同時，有關 React 的相關內容也在這個小節 一個段落。

下個章節，將要討論有關測試相關的工具與套件，使用 Nx 來整合這些工具能夠讓建置環境這件事情事半功倍，並可以更感受到透過 Nx 進行工具的整合魅力。

5

ChatGPT 請教教我：
自動測試

5-1　Jest 單元測試：基本介紹＆起始安裝

有關撰寫「測試」這件事情，可能多少都會有聽過像是「有助於提高程式碼的品質與穩定度」、「節省手動測試的時間」、「方便日後維護或重構」等優點。而單元測試是最容易入門、也最該撰寫的測試。這個章節會一步一步的了解單元測試，並學習使用 Jest 這個套件來撰寫單元測試。

這次的對話紀錄，會一次包含兩個小節的內容，本小節會介紹 Jest 單元測試與安裝步驟，下個小節則是探討有關語法、使用方法等。先把對話紀錄放這邊：

https：//chat.openai.com/share/65f2c43f-325f-46c1-910a-fbe938468343

簡介 Jest 單元測試

在一切安裝開始之前，要先來了解「單元測試」的運作流程、原理、好處、原則等。

 請介紹什麼是 Jest 單元測試，並介紹單元測試的好處與原因

 當然可以！讓我用簡單易懂的方式來介紹 Jest 單元測試以及它的好處。

首先，Jest 是一個由 Facebook 開發的單元測試框架，專門用於測試 JavaScript 和 TypeScript 的程式碼。它提供了一個簡潔且易於使用的測試環境，能夠讓你輕鬆地編寫和執行各種類型的測試。

單元測試是軟體開發中的一個重要步驟，它的主要目的是確保程式碼中的每個小單元（如函數、方法）都能正常運作。這樣可以確保程式在整合時不會因為小細節的錯誤而出現問題。

現在來談談單元測試的好處：

1. 偵測錯誤：單元測試可以幫助你在寫程式的同時，即時發現和修正錯誤。這樣可以節省後期修復錯誤的時間。

2. 提高信心：當你的程式碼被充分測試過，你會更有信心它能在各種
   情況下正常運行，不容易出現未知的錯誤。

3. 方便重構：如果你想對程式碼進行重構，單元測試可以幫助你確保
   重構後的程式碼仍然能正常運行。

4. 文件功能：測試也可以作為程式碼的文件，讓其他人能夠更容易地
   了解你的程式碼是如何運作的。

5. 節省時間：儘管開始時可能會花一些額外時間寫測試，但在開發
   的後期，它會幫你節省大量的時間，因為你不必手動測試每一個功
   能。

總的來説，Jest 單元測試是一個強大的工具，可以幫助你保證你的程
式碼的品質和可靠性。當然，一開始可能會需要一些時間來學習和習
慣，但它會讓你的開發過程更為順利和可靠。

這樣的說明有些空泛，我們請 ChatGPT 提供一些帶有情境的實際的例子來
輔助說明單元測試是怎麼運作的、為什麼能帶來以上的好處。

 請用一個情境説明測試的流程與好處

 當然，讓我用一個情境來説明測試的流程與好處：

情境： 你正在開發一個簡單的網頁應用程式，用來計算購物車中商品
的總價格。你已經寫了一個函數 'calculateTotalPrice'，它接收一個商
品清單，然後返回總價格。

測試流程：

1. 編寫測試案例：

首先，你會使用 Jest 框架來編寫測試案例。這個案例會檢查
'calculateTotalPrice' 函數是否正確地計算商品的總價格。

```
import { calculateTotalPrice } from'./shoppingCart';
```

```
test(' 計算總價格 ', () => {
  const products = [
    { name:' 商品 A', price: 100 },
    { name:' 商品 B', price: 50 },
    { name:' 商品 C', price: 30 },
  ];
  expect(calculateTotalPrice(products)).toBe(180);
});
```

2. 執行測試：

接著，你會執行這個測試案例。如果一切正常，Jest 會回報測試通過。

3. 修正錯誤（如果有的話）：

如果測試失敗，這可能表示你的函數有問題。你會回顧你的程式碼，找出問題所在並進行修正。

4. 重複步驟 1~3：

你會繼續編寫其他的測試案例，以確保函數在各種情況下都能正常運作。

好處：

1. 偵測錯誤：

如果你在 'calculateTotalPrice' 函數中犯了一個錯誤，測試會馬上通知你，這樣你可以立即修正它。

2. 確保功能正常：

通過編寫測試案例，你可以確保你的函數在各種情況下都能正確運作，而不僅僅是一個特定的情況。

3. 方便重構：

如果你決定要重構 'calculateTotalPrice' 函數，你可以放心地這樣做，因為你知道你的測試案例會告訴你是否出現了問題。

4. 節省時間：

儘管你需要花一些時間來編寫測試案例，但這樣做可以節省你在後期修復錯誤的時間，並提高你的開發速度。

總的來說，測試讓你能夠更加自信地開發程式碼，並保證它的正確性和可靠性。這種方法也使得團隊合作更為順暢，因為每個人都可以信任程式碼的品質。

我們還先不用看懂 Jest 的語法，先了解「測試」是怎麼一回事就好。

 針對上述的 expect(calculateTotalPrice(products)).toBe(180);
這句話的意思是什麼
先不用講解語法，講解意義就好

這句話的意思是：

" 期望（expect）'calculateTotalPrice(products)' 的結果應該是 '180'。"

換句話說，這個測試案例的目的是確保在給定一個特定的商品清單 'products' 時，'calculateTotalPrice' 函數返回的結果應為 '180'。這是我們事先預期的結果，如果測試通過，就代表函數正確運作。如果不符合預期，則表示函數可能有問題，需要檢查修正。

可以大致的理解為：在測試中不用管 function 的實作細節，只講究結果正確。範例中的 'calculateTotalPrice'，吃 'products' 這個陣列後，結果必須為 180。而這個 input 和 output 都是由我們自行設定的，是一開始就設定好「題目」和「答案」。

因此測試，就是要試驗 'calculateTotalPrice' 這個 function 能夠照預想的題目回答出預期的正確答案。

我們在撰寫、開發程式的時候常有一些概念與原則需要遵守，接下來一起來了解在撰寫單元測試的時候是否有相關的概念與原則需要了解。

請講解單元測試的概念和原則是什麼

當然可以，讓我來講解單元測試的概念和原則：

單元測試的概念：

單元測試是軟體開發中的一個階段，旨在驗證程式的最小可測試單元（如函數、方法）是否能正確運作。這種測試是獨立於其他部分的，以確保每個單元都符合預期。

單元測試的原則：

1. 獨立性（Independence）：

- 每個單元測試應該是相互獨立的，不應該依賴於其他測試的結果或執行順序。這確保了測試結果的準確性。

2. 可重複性（Repeatable）：

- 單元測試應該在相同的環境中，無論是開發者的機器還是持續整合的伺服器，都能重複通過。

3. 自動化（Automated）：

- 單元測試必須是自動執行的，不需要人工介入。這樣可以節省時間並確保測試的一致性。

4. 快速（Fast）：

- 單元測試應該在短時間內執行完成，這樣開發者可以快速得知程式碼的品質。

5. 專注（Focused）：

- 每個單元測試的目的應該是驗證一個特定的功能或情境，而不是多個功能的結合。這樣可以更容易定位並修正錯誤。

6. 清晰（Clear）：

- 測試案例的名稱和內容應該清晰明瞭，讓開發者能夠容易理解被測試的功能和期望的結果。

7. 反覆性（Iterative）：

- 單元測試是一個迭代的過程，隨著程式碼的更新和變化，測試也需要相應地進行調整和擴展。

總的來說，單元測試是一個保證程式碼品質和可靠性的重要手段。遵循這些原則可以幫助開發者確保他們的測試具有高效性、可靠性和可維護性。

從頭開始安裝 Jest 單元測試

在上個章節中，有提到 Nx 有自動整合 Jest 這個單元測試工具。因此這個章節的起始安裝會分成兩個部分：

1. 非使用 Nx 框架，從頭開始安裝 Jest 單元測試並運行

2. 使用 Nx 框架，撰寫 Jest 單元測試

第一種的方式，在 React 中無論是使用 CRA 還是 NextJS 框架，安裝設定的流程上都是一樣的，其他語言的框架理論上初始設定也不會差太多，步驟都一樣。

最後，在這個章節的語法只會牽涉到 JavaScript，和各框架專有的語法無關。

 請提供有關 Jest 單元測試的教學

 當然，以下是有關 Jest 單元測試的簡單教學。請記住，這是初學者友好的指南，並將以 TypeScript 語法為基礎，並使用最新的 ES6 語法和 'import'

步驟 1：安裝 Jest

首先，確保你的專案已經設定好 TypeScript，然後安裝 Jest。

```
npm install --save-dev jest @types/jest
```

步驟 2：創建一個 TypeScript 文件

創建一個 TypeScript 文件，這將是你要測試的模塊。例如，我們將創建一個簡單的 'math.ts' 文件，其中有一個函數 'add'。

```
// math.ts
export function add(a: number, b: number): number {
  return a + b;
}
```

步驟 3：創建單元測試

創建一個與要測試的模塊相對應的測試文件，通常命名為 'math.test.ts'

```
// math.test.ts
import { add } from'./math';

test('add 函數正確相加 ', () => {
  expect(add(1, 2)).toBe(3);
  expect(add(-1, 2)).toBe(1);
  expect(add(0, 0)).toBe(0);
});
```

步驟 4：運行測試

在專案的根目錄下，運行 Jest 測試：

```
npx jest
```

Jest 將運行所有測試並報告結果。

步驟 5：觀察結果

如果測試通過，你將看到以下輸出：

```
PASS  ./math.test.ts
  add 函數正確相加 (3 ms)


Test Suites: 1 passed, 1 total
Tests: 1 passed, 1 total
```

如果測試失敗，你將看到錯誤訊息和失敗的項目。

附加步驟：測試覆蓋率

你也可以生成測試覆蓋率報告，以確保你的測試涵蓋了程式碼的大部分部分

```
npx jest --coverage
```

這會生成一個 'coverage' 目錄，其中包含有關測試覆蓋率的詳細報告。

這就是一個簡單的 Jest 單元測試教學。你可以根據你的專案需求進一步擴展和改進測試。單元測試有助於確保你的程式碼的正確性和可靠性，因此是一個非常有價值的技能。

照著上面的步驟，做到步驟四的時候就會發現出現了異常訊息。

針對 import 這個部分，終端機噴出了錯誤訊息。但不怕不怕，有 ChatGPT 在旁邊，最不怕的就是翻車，直接把錯誤訊息整個丟給 ChatGPT，請教他如何處理。

跑出了 npx jest

FAIL src/utils/add.test.ts

- Test suite failed to run

Jest encountered an unexpected token

……

（給 ChatGPT 的錯誤訊息為完整訊息，但這邊以下省略）

這個錯誤是因為 Jest 預設不支援 TypeScript 模組的 'import' 語法，所以需要一些配置才能讓 Jest 正確解析 TypeScript 文件。以下是如何解決這個問題的步驟：

步驟 1：安裝所需的套件

首先，確保你已經安裝了所需的 Jest 相關套件以支援 TypeScript。你可以執行以下命令：

```
npm install --save-dev jest @types/jest ts-jest
```

步驟 2：創建 Jest 配置文件

在你的專案根目錄下，創建一個 Jest 配置文件 'jest.config.js'，並添加以下內容：

```
module.exports = {
  preset:'ts-jest',
  testEnvironment:'node',
  moduleFileExtensions: ['ts','tsx','js'],
  transform: {
   '^.+\\\\\\\\\\.(ts|tsx)$':'ts-jest',
  },
  testMatch: ['**/*.test.ts'],
};
```

這個配置文件告訴 Jest 使用 'ts-jest' 預設配置來處理 TypeScript 文件。

步驟 3：重啟測試

現在，你可以再次執行 Jest 測試：

```
npx jest
```

這次應該能夠正確執行你的 TypeScript 單元測試，並報告結果。

這樣，你就已經成功配置 Jest 來處理 TypeScript 文件，並執行單元測試。希望這能幫助你解決問題！

照著新增了 'jest.config.js' 這個檔案之後，果然 Do Re Mi So～成功了！

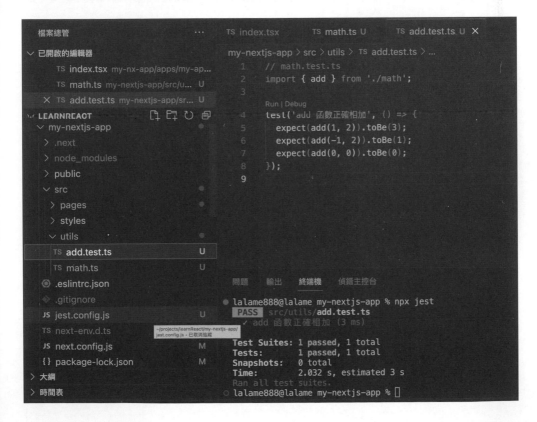

接著也跟著下了 'npx jest --coverage' 看看呼叫覆蓋率的指令結果。

```
問題    輸出    終端機    偵錯主控台

● lalame888@lalame my-nextjs-app % npx jest --coverage
  PASS  src/utils/add.test.ts
   ✓ add 函數正確相加 (3 ms)

-----------|---------|----------|---------|---------|-------------------
File       | % Stmts | % Branch | % Funcs | % Lines | Uncovered Line #s
-----------|---------|----------|---------|---------|-------------------
All files  |     100 |      100 |     100 |     100 |
 math.ts   |     100 |      100 |     100 |     100 |
-----------|---------|----------|---------|---------|-------------------
Test Suites: 1 passed, 1 total
Tests:       1 passed, 1 total
Snapshots:   0 total
Time:        2.775 s
Ran all test suites.
○ lalame888@lalame my-nextjs-app %
```

基於 Nx 框架開始 Jest 單元測試

接下來看看如果是在有 Nx 這個框架的環境下，想要開始進行 Jest 單元測試的話要怎麼做。

 假設我使用 Nx 框架的情況下，要怎麼開始 Jest 單元測試呢

在 Nx 框架下開始使用 Jest 單元測試是相對簡單的，因為 Nx 早已為我們處理了許多配置。

以下是在 Nx 專案中啟用 Jest 單元測試的步驟：

步驟 1：檢查是否已經安裝 Jest

首先，確保你的 Nx 專案已經安裝了 Jest 相關的套件。你可以在專案根目錄下的 'package.json' 中找到相關的設定。

步驟 2：創建一個新的 library

如果你想在一個新的 library 中開始使用 Jest，可以使用 Nx 提供的指令：

```
nx generate @nrwl/react:library my-library --buildable --unitTestRunner
jest
```

這個指令會創建一個新的 library 並配置它使用 Jest 進行單元測試。

步驟 3：添加你的程式碼和測試

在新建立的 library 中，你可以創建你的 TypeScript 文件以及對應的
單元測試。例如：

```
// src/lib/my-library.ts
export function add(a: number, b: number): number {
  return a + b;
}


// src/lib/my-library.spec.ts
import { add } from'./my-library';

describe('add function', () => {
  it('should add two numbers correctly', () => {
    expect(add(1, 2)).toBe(3);
  });

  it('should handle negative numbers', () => {
    expect(add(-1, 2)).toBe(1);
  });

  it('should handle zero', () => {
    expect(add(0, 0)).toBe(0);
  });
});
```

步驟 4：執行測試

在你的 terminal 中運行以下指令：

```
nx test my-library
```

這將會運行你的 Jest 單元測試，並顯示測試結果。

> 這樣，你就可以在 Nx 專案中開始使用 Jest 進行單元測試了。希望這
> 能幫助你開始寫單元測試！如果你有任何疑問，請隨時提問。

照著指示做之後，再運行 'nx test my-library'，很順利的就可以跑起來了。

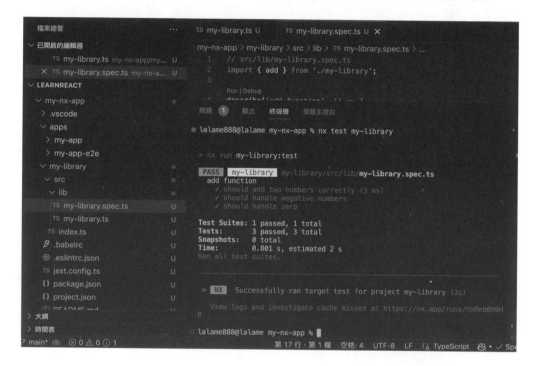

5-2　Jest 單元測試：完整語法＆教學

　　上一小結討論了 Jest 的基本介紹和安裝，這個章節要來討論 Jest 的語法以
及實際使用、設計。至於對話紀錄與上一篇是連在一起的，這邊就不重複附上
一樣的連結了。

語法總覽

 請提供 Jest 語法的完整教學

 當然，以下是 Jest 單元測試的基本語法和一些常用的功能：

1. 測試函數

使用 'test' 或 'it' 函數來定義一個測試案例。

```
test(' 測試條件描述 ', () => {
  // 測試邏輯
});
```

2. 斷言（Assertion）

使用 'expect' 函數來進行斷言，確保函數的輸出符合預期。

```
test('1 + 1 應該等於 2', () => {
  expect(1 + 1).toBe(2);
});
```

3. 匹配器（Matchers）

Jest 提供多種匹配器來檢查值。以下是一些常用的匹配器：

- toBe(value)：檢查是否等於特定值。
- toEqual(value)：檢查是否等於特定值（對象或數組）。
- not.toBe(value)：檢查是否不等於特定值。
- toBeNull()：檢查是否為 null。
- toBeDefined()：檢查是否已定義。
- toBeTruthy()：檢查是否為真值。
- toBeFalsy()：檢查是否為假值。
- toContain(value)：檢查數組或字串是否包含特定元素或子串。
- toHaveLength(value)：檢查數組或字串的長度。

- 等等。

4. 異步測試

如果你的函數是異步的，可以使用 'async/await' 或 '.then()' 來處理。

```
test(' 測試異步函數 ', async () => {
  const result = await asyncFunction();
  expect(result).toBe(expectedValue);
});
```

5. 測試運行前後的生命周期函數

有時你可能需要在每個測試案例運行前後做一些設置或清理工作。可以使用 'beforeEach' 和 'afterEach' 函數：

```
beforeEach(() => {
  // 在每個測試案例運行前執行
});

afterEach(() => {
  // 在每個測試案例運行後執行
});
```

6. 測試套件

你也可以使用 'describe' 函數來組織你的測試案例：

```
describe(' 測試套件描述 ', () => {
  test(' 測試案例 1', () => {
    // 測試邏輯
  });

  test(' 測試案例 2', () => {
    // 測試邏輯
  });
});
```

這樣可以更好地組織你的測試，並提供更清晰的描述。

7. 模擬函數

使用 'jest.fn()' 可以模擬一個函數，以測試函數的調用情況。

```
const mockFunction = jest.fn();

mockFunction();

expect(mockFunction).toHaveBeenCalled();
```

8. 模擬時間

你可以使用 'jest.useFakeTimers()' 來模擬時間：

```
jest.useFakeTimers();

setTimeout(() => {
  // 執行某些操作
}, 1000);
jest.runAllTimers(); // 立即執行所有計時器
```

這是一個簡單的 Jest 單元測試基礎語法和一些常用功能的介紹。透過這些功能，你可以開始撰寫有效的單元測試以確保你的程式碼的品質和可靠性。如果你有任何進一步的問題，請隨時提問！

　　在 Jest 中常用的類型與語法，ChatGPT 幫我們很粗略的舉出了以上幾點、並給予了簡單範例。接下來會針對各點去詳細的探討與了解，並逐步熟悉單元測試的語法。

1. 定義測試案例：test & it

延續以上內容，請針對「定義測試案例」的部分，進行詳細教學與說明

當你定義測試案例時，你實際上是在告訴 Jest 如何測試你的程式碼。以下是針對「定義測試案例」的詳細教學和說明：

1. 使用 test 或 it 函數

你可以使用 'test' 或 'it' 函數來定義一個測試案例。這些函數具有相同的功能，你可以根據個人喜好選擇其中之一。以下是如何使用 'test' 函數定義一個測試案例：

```
test(' 描述測試的條件 ', () => {
  // 測試邏輯
});
```

- ' 描述測試的條件 ' 是一個字串，用於描述這個測試案例的目的。它通常應該清晰地說明你正在測試什麼。

- 函數 '() => { /* 測試邏輯 */ }' 包含了實際的測試邏輯。在這個函數中，你將驗證你的程式碼是否符合預期。

2. 斷言（Assertion）

測試案例中的核心部分是斷言，它們是用來檢查程式碼的期望行為是否符合實際行為。你可以使用 'expect' 函數來進行斷言。以下是一個基本的示例：

```
test('1 + 1 應該等於 2', () => {
  expect(1 + 1).toBe(2);
});
```

在這個範例中，'expect(1 + 1)' 是一個斷言，它用來檢查 '1 + 1' 的結果是否等於 '2'。如果不等於，測試就會失敗。

Jest 提供許多內建的匹配器（matchers），你可以使用它們來進行更複雜的斷言。例如，使用 'toEqual' 來比較物件或數組，使用 'toBeTruthy' 或 'toBeFalsy' 來檢查真值或假值，等等。

3. 測試案例的結果

當你執行 Jest 測試時，它會運行你定義的測試案例並報告結果。結果可能有以下情況：

- 測試通過：如果所有斷言都符合預期，測試案例將通過。

- 測試失敗：如果任何一個斷言不符合預期，測試案例將失敗，並報告相關信息。
- 測試未運行：如果你未執行該測試案例，它將被忽略。

4. 測試案例描述的重要性

測試案例的描述非常重要，它應該清楚地說明你的目標和預期行為。這對於理解測試結果和問題排查非常有幫助。

5. 範例

以下是一個完整的範例，定義了一個測試案例，測試一個簡單的函數：

```
// 要測試的函數
function add(a, b) {
  return a + b;
}

// 測試案例
test('add 函數正確相加', () => {
  const result = add(2, 3);
  // 期望結果等於 5
  expect(result).toBe(5);
});
```

這個測試案例測試了 'add' 函數是否正確地相加兩個數字，並使用 'toBe' 匹配器來斷言結果是否等於 5。

希望這個詳細的說明能夠幫助你理解如何定義 Jest 測試案例以驗證你的程式碼。如果有進一步的問題，請隨時提問！

ChatGPT 進一步介紹了 'test' 或 'it' 是建立「一個測試案例」的語法，且 'test' 與 'it' 的效力或作用在 Jest 中是一樣的，根據個人喜好選擇就行。

2 & 3. 斷言（Assertion）＆匹配器（Matchers）

接下來繼續針對斷言的語法進行探討。由於斷言與匹配器基本上會接連著使用，所以這邊就讓 ChatGPT 一起介紹＆探討。

請針對 斷言（Assertion）＆匹配器（Matchers）進行詳細介紹與完整教學

 當進行單元測試時，斷言和匹配器（Matchers）是非常重要的工具，它們用於驗證程式碼的行為是否符合預期。以下是斷言和匹配器的詳細介紹和完整教學：

斷言（Assertion）：

在單元測試中，斷言用於檢查測試中的實際輸出是否符合預期結果。在 Jest 中，你可以使用 'expect' 函數來進行斷言。

使用方法：

```
test(' 描述測試的條件 ', () => {
  // 測試邏輯
  expect( 實際輸出 ). 匹配器 ( 預期輸出 );
});

例如：
test('1 + 1 應該等於 2', () => {
  expect(1 + 1).toBe(2);
});
```

在這個例子中，'expect(1 + 1)' 是一個斷言，它會檢查 '1 + 1' 的結果是否等於 '2'。

常用匹配器（Matchers）：

Jest 提供了多種匹配器來檢查值。以下是一些常用的匹配器：

1. toBe(value)：

檢查是否等於特定值。

```
test('1 + 1 應該等於 2', () => {
  expect(1 + 1).toBe(2);
});
```

2. toEqual(value)：

檢查是否等於特定值（對象或數組）。

```
test(' 對象相等 ', () => {
  const obj1 = { a: 1, b: 2 };
  const obj2 = { a: 1, b: 2 };
  expect(obj1).toEqual(obj2);
});
```

3. not.toBe(value)：

檢查是否不等於特定值。

```
test('1 + 1 不應該等於 3', () => {
  expect(1 + 1).not.toBe(3);
});
```

4. toBeNull()：

檢查是否為 'null'。

```
test(' 變量應該為 null', () => {
  const myNullValue = null;
  expect(myNullValue).toBeNull();
});
```

5. toBeDefined()：

檢查是否已定義。

```
test(' 變量應該被定義 ', () => {
  const myValue = 10;
  expect(myValue).toBeDefined();
});
```

6. toBeTruthy() 和 toBeFalsy()：

檢查是否為真值或假值。

```
test(' 變量應該為真值 ', () => {
  const myValue = true;
  expect(myValue).toBeTruthy();
});
```

```
test(' 變量應該為假值 ', () => {
  const myValue = false;
  expect(myValue).toBeFalsy();
});
```

7. toContain(value)：

檢查數組或字串是否包含特定元素或子串。

```
test(' 字串包含特定子串 ', () => {
  const str ='Hello, World!';
  expect(str).toContain('World');
});
```

```
test(' 數組包含特定元素 ', () => {
  const arr = [1, 2, 3, 4];
  expect(arr).toContain(3);
});
```

8. toHaveLength(value)：

檢查數組或字串的長度。

```
test(' 字串長度為 10', () => {
  const str ='Hello, Jest!';
  expect(str).toHaveLength(10);
});
```

```
test(' 數組長度為 4', () => {
  const arr = [1, 2, 3, 4];
  expect(arr).toHaveLength(4);
});
```

這只是一些常用的匹配器，Jest 還提供了許多其他匹配器以滿足不同的測試需求。

希望這些詳細的介紹和示例可以幫助你理解斷言和匹配器的使用方法。如果你有任何進一步的問題，請隨時提問！

綜合上述，匹配器是 Jest 所提供的 function，用來判斷結果是否為特定範圍、類型或數值結果等。繼續詢問 ChatGPT 是否有更多的內建 functuon 匹配器可以使用。

還有更多常見的匹配器（Matchers）嗎

當然！除了上述提到的常用匹配器之外，Jest 還提供了許多其他常見的匹配器，以下是其中一些：

1. toBeGreaterThan(value) 和 toBeLessThan(value)：

檢查數字是否大於或小於特定值。

```
test('10 應該大於 5', () => {
  expect(10).toBeGreaterThan(5);
});
```

```
test('3 應該小於 5', () => {
  expect(3).toBeLessThan(5);
});
```

2. toBeGreaterThanOrEqual(value) 和 toBeLessThanOrEqual(value)：

檢查數字是否大於等於或小於等於特定值。

```
test('10 應該大於等於 5', () => {
  expect(10).toBeGreaterThanOrEqual(5);
});
```

```
test('3 應該小於等於 5', () => {
  expect(3).toBeLessThanOrEqual(5);
});
```

3. toBeCloseTo(value, numDigits)：

用於比較浮點數，確保它們在特定小數位數下相等。

```
test('0.1 + 0.2 應該接近 0.3', () => {
  expect(0.1 + 0.2).toBeCloseTo(0.3, 5); // 5 表示小數點後五位
});
```

4. toMatch(pattern)：

用於檢查字串是否與正則表達式模式匹配。

```
test(' 字串匹配正則表達式 ', () => {
  expect('hello').toMatch(/h/);
});
```

5. toThrow(error?)：

用於測試函數是否拋出了一個特定的錯誤。

```
function throwError() {
  throw new Error('This is an error');
}

test(' 函數應該拋出錯誤 ', () => {
  expect(throwError).toThrow();
  expect(throwError).toThrow(Error);
  expect(throwError).toThrow('This is an error');
});
```

6. toContainEqual(item)：

用於檢查數組是否包含特定元素，可以用於深度比較。

```
test(' 數組包含特定元素 ', () => {
  const arr = [{ id: 1 }, { id: 2 }, { id: 3 }];
  expect(arr).toContainEqual({ id: 2 });
});
```

7. toBeInstanceOf(Class)：

用於檢查值是否屬於特定類別的實例。

```
class MyClass {}
const instance = new MyClass();
```

```javascript
test(' 變量應該是 MyClass 的實例 ', () => {
  expect(instance).toBeInstanceOf(MyClass);
});
```

8. toHaveProperty(keyPath?, value?)：

用於檢查對象是否具有特定屬性，或者該屬性的值是否符合預期。

```javascript
const myObject = {
  prop1:'value1',
  prop2: {
    subprop:'value2',
  },
};

test('myObject 應該具有特定屬性 ', () => {
  expect(myObject).toHaveProperty('prop1');
  expect(myObject).toHaveProperty('prop2.subprop','value2');
});
```

這只是一部分常用的匹配器，Jest 還提供了許多其他匹配器，可以根據需要查閱 Jest 官方文檔以獲得更詳細的資訊。希望這些匹配器能夠滿足你的測試需求！如果你有任何進一步的問題，請隨時提問！

ChatGPT 上述的舉例蠻充分的，針對各種結果可以用各種方式去判斷是否符合預期，不管是等於、包含、大於小於、浮點數處理、長度、是否定義、是否符合格式、是否拋出錯誤，連物件的比較、類別的實例、確認是否有某些屬性等等判斷，也都有支援並提供範例。

如果實際使用上有其他的需求或疑問，就可以像這樣直接問 ChatGPT，這邊就不當作字典來詢問了。

4. 異步測試

 針對異步測試進行詳細介紹與完整教學

 異步測試是用於測試非同步程式碼的一種方式。在 JavaScript 中，異步程式碼通常涉及到使用回呼函數、Promise、async/await 等特性。在 Jest 中，你可以使用特定的方法來處理異步測試。

以下是異步測試的詳細介紹和完整教學：

使用 'done'：

在 Jest 中，你可以使用一個叫做 'done' 的參數，來告訴 Jest 這是一個異步測試，當異步操作完成時，你需要呼叫 'done' 函數來通知 Jest 測試已完成。

例如，假設你有一個異步函數 'fetchData'：

```
function fetchData(callback) {
  setTimeout(() => {
    callback('hello world');
  }, 1000);
}
```

你可以使用 'done' 參數來測試這個異步函數：

```
test('fetchData 函數應該返回 "hello world"', (done) => {
  function callback(data) {
    expect(data).toBe('hello world');
    done(); // 告訴 Jest 測試已完成
  }
  fetchData(callback);
});
```

使用 Promise：

如果你的異步函數返回一個 Promise，你可以使用 'return' 來告訴 Jest 等待 Promise 完成。

例如，假設你有一個返回 Promise 的異步函數 'fetchData'：

```
function fetchData() {
  return new Promise((resolve) => {
    setTimeout(() => {
      resolve('hello world');
    }, 1000);
  });
}
```

你可以使用 'return' 來等待 Promise 完成：

```
test('fetchData 函數應該返回 "hello world"', () => {
  return fetchData().then(data => {
    expect(data).toBe('hello world');
  });
});
```

使用 async/await：

如果你的異步函數返回一個 Promise，你也可以使用 'async/await' 來編寫更簡潔的測試。

例如：

```
async function fetchData() {
  return new Promise((resolve) => {
    setTimeout(() => {
      resolve('hello world');
    }, 1000);
  });
}

test('fetchData 函數應該返回 "hello world"', async () => {
  const data = await fetchData();
  expect(data).toBe('hello world');
});
```

透過 'async/await'，我們可以在測試中像同步程式碼一樣進行撰寫，讓程式碼更易讀且易於理解。

超時設置：

Jest 預設情況下，會等待測試函數執行完畢，但你也可以使用 'setTimeout' 來模擬長時間運行的異步操作。

```
test(' 測試異步函數 ', () => {
  return new Promise((resolve) => {
    setTimeout(() => {
      resolve('hello world');
    }, 5000);
  }).then(data => {
    expect(data).toBe('hello world');
  });
}, 10000); // 設定超時時間為 10 秒
```

在這個例子中，測試函數會等待最多 10 秒，如果超過這個時間，測試會被標記為失敗。

希望這個詳細的介紹和完整的教學能幫助你理解如何在 Jest 中進行異步測試。如果你有任何進一步的問題，請隨時提問！

5. 測試生命周期函數

針對「測試運行前後的生命周期函數」進行詳細介紹與完整教學

在 Jest 中，你可以使用生命周期函數來在每個測試案例運行前或運行後執行特定的代碼。這允許你進行一些初始化或清理的工作，以確保測試的環境是符合預期的。

以下是 Jest 中常用的生命周期函數：

1. beforeAll 和 afterAll：

'beforeAll' 會在所有測試案例運行之前執行一次，而 'afterAll' 會在所有測試案例運行完成後執行一次。

```
beforeAll(() => {
  // 在所有測試案例運行之前執行一次的代碼
});

afterAll(() => {
  // 在所有測試案例運行完成後執行一次的代碼
});
```

2. beforeEach 和 afterEach：

'beforeEach' 會在每個測試案例運行前執行，而 'afterEach' 會在每個
測試案例運行後執行。

```
beforeEach(() => {
  // 在每個測試案例運行前執行的代碼
});

afterEach(() => {
  // 在每個測試案例運行後執行的代碼
});
```

完整示例：

假設你有一個簡單的計算函數：

```
// math.js
function add(a, b) {
  return a + b;
}

module.exports = add;
```

你想要在測試運行前後輸出一些信息：

```
// math.test.js
const add = require('./math');


beforeAll(() => {
  console.log(' 所有測試案例開始執行前 ');
```

```
});

afterAll(() => {
  console.log(' 所有測試案例完成後 ');
});

beforeEach(() => {
  console.log(' 每個測試案例開始前 ');
});

afterEach(() => {
  console.log(' 每個測試案例結束後 ');
});

test('1 + 1 應該等於 2', () => {
  expect(add(1, 1)).toBe(2);
});

test('2 + 2 應該等於 4', () => {
  expect(add(2, 2)).toBe(4);
});
```

當你運行這些測試時，控制台會輸出如下：

```
所有測試案例開始執行前
每個測試案例開始前
1 + 1 應該等於 2
每個測試案例結束後
每個測試案例開始前
2 + 2 應該等於 4
每個測試案例結束後
所有測試案例完成後
```

這樣你可以在測試運行前後執行一些初始化或清理的工作，以確保測試環境的正確性。

希望這個詳細的介紹和完整的教學能幫助你理解 Jest 中的生命周期函數。如果你有任何進一步的問題，請隨時提問！

經過 ChatGPT 這樣的解釋，更了解在 Jest 中的「生命周期」函數是怎麼一回事。但上面只介紹了語法、作用順序等，繼續來詢問實際上的使用面，比較常在什麼樣的情況下會用到這些函數。

 上述的四個函數，常於什麼情況下使用

 這 四 個 生 命 周 期 函 數（'beforeAll'、'afterAll'、'beforeEach' 和 'afterEach'）在 Jest 中通常用於以下情況：

1. beforeAll：

- 初始化共享資源：當你的測試套件中的多個測試案例需要共享一些資源（例如初始化一個數據庫連接），你可以在 'beforeAll' 中執行這些初始化操作。

- 設置環境：如果你需要在所有測試案例運行前設置特定的環境，可以使用 'beforeAll' 來執行相關的設置。

2. afterAll：

- 清理資源：在所有測試案例完成後，你可以使用 'afterAll' 來進行清理工作，例如關閉數據庫連接或釋放其他資源。

- 還原環境：如果你在 'beforeAll' 中進行了一些環境設置，可能需要在所有測試案例完成後還原環境。

3. beforeEach：

- 初始化每個測試案例：當你需要在每個測試案例運行前執行一些初始化操作時，可以使用 'beforeEach'。

- 重置狀態：如果你的測試案例影響了某些狀態，你可以在 'beforeEach' 中重置這些狀態，以保證每個測試案例的獨立性。

4. afterEach：

- 清理每個測試案例：當你需要在每個測試案例運行後進行一些清理操作時，可以使用 'afterEach'。

> - 驗證結果：你可以在 'afterEach' 中檢查每個測試案例的結果或進行其他相關的操作。
>
> 總的來説，這些生命周期函數提供了一個在測試運行前後執行代碼的機會，以確保測試環境的正確性和獨立性。
>
> 請注意，這些生命周期函數可以在測試套件中的任何位置進行定義，它們的執行順序是按照它們被定義的順序來執行的。

6. 分類測試案例：describe

針對 describe 進行詳細介紹與完整教學

'describe' 函數是 Jest 中一個用於組織和描述測試套件的功能。它允許你將多個測試案例分組到一個共同的描述內，以提高測試代碼的可讀性和組織性。以下是 'describe' 的詳細介紹和完整教學：

使用 describe：

你可以使用 'describe' 函數來創建測試套件，並將相關的測試案例放在該測試套件中。'describe' 接受兩個參數：描述文字和一個函數，該函數包含了該測試套件中的測試案例。

```
describe(' 描述文字 ', () => {
  // 在這裡定義測試案例
});
```

完整示例：

假設你有一個 'math.js' 檔案，其中包含一個簡單的加法函數：

```
// math.js
function add(a, b) {
  return a + b;
}

module.exports = add;
```

你可以使用 'describe' 來組織測試案例：

```
const add = require('./math');

describe(' 加法函數 ', () => {
  test('1 + 1 應該等於 2', () => {
    expect(add(1, 1)).toBe(2);
  });

  test('2 + 2 應該等於 4', () => {
    expect(add(2, 2)).toBe(4);
  });
});
```

在這個示例中，我們使用 'describe' 創建了一個測試套件，名稱為 " 加法函數 "，然後在該測試套件中包含了兩個測試案例，分別測試 1 + 1 和 2 + 2 的結果。

好處：

- 組織性：'describe' 允許你按功能或模組組織你的測試案例，使測試代碼史易於埋解和維護。

- 可讀性：描述文字可以提供對測試套件內容的説明，使其他開發者能夠快速理解你的測試用例。

- 狀態隔離：'describe' 可以幫助你在測試之間創建狀態隔離，以確保測試獨立運行。

- 運行控制：你可以選擇運行特定的測試套件，從而更快地運行相關的測試。

巢狀 describe：

你可以嵌套 'describe' 函數以更深入地組織你的測試套件，這特別適用於複雜的測試情境。

```
describe(' 外層測試套件 ', () => {
  describe(' 內層測試套件 1', () => {
    test(' 測試案例 1', () => {
```

```
    // 測試邏輯
  });

  test(' 測試案例 2', () => {
    // 測試邏輯
  });
});

describe(' 內層測試套件 2', () => {
  test(' 測試案例 3', () => {
    // 測試邏輯
  });

  test(' 測試案例 4', () => {
    // 測試邏輯
  });
  });
});
```

這樣的結構可以更清晰地表示測試用例之間的關係。

希望這個詳細的介紹和完整的教學有助於你理解如何使用 'describe' 函數來組織和描述測試套件。如果你有任何進一步的問題，請隨時提問！

所以 'describe' 是比 'it' 或 'test' 更外一層的組織語法，能夠將多個小測試根據測試的功能或類別分開來。除此之外還能夠和其他語法如何搭配呢？請 ChatGPT 繼續介紹。

describe 還有其他什麼作用

除了用於組織和描述測試套件，'describe' 還可以用於以下一些進階的測試情境：

1. 異步測試：

可以在 'describe' 內部使用 'beforeAll'、'afterAll'、'beforeEach'、'afterEach' 等函數來初始化或清理異步操作的資源。

```
describe(' 異步測試 ', () => {
  let data;

  beforeAll(async () => {
    data = await fetchData();
  });

  test(' 資料應為 "hello world"', () => {
    expect(data).toBe('hello world');
  });
});
```

2. 只運行特定的測試：

可以在 'describe' 區塊內使用 'test.only' 或 'it.only' 來指定只運行該區塊的測試。

```
describe(' 僅運行這個測試 ', () => {
  test.only(' 這個測試將被執行 ', () => {
    // 測試邏輯
  });

  test(' 這個測試不會被執行 ', () => {
    // 測試邏輯
  });
});
```

3. 略過特定的測試：

可以在 'describe' 區塊內使用 'test.skip' 或 'it.skip' 來指定跳過該區塊的測試。

```
describe(' 略過這個測試 ', () => {
  test.skip(' 這個測試將被略過 ', () => {
    // 測試邏輯
```

```
    });

    test(' 這個測試會被執行 ', () => {
      // 測試邏輯
    });
  });
```

4. 共用變數和設定：

可以在 'describe' 區塊內部設定變數或配置，讓所有的測試案例都可以使用。

```
describe(' 共用變數和設定 ', () => {
  let sharedVariable;

  beforeAll(() => {
    sharedVariable =' 共用的變數 ';
  });

  test(' 第一個測試案例 ', () => {
    expect(sharedVariable).toBe(' 共用的變數 ');
  });

  test(' 第二個測試案例 ', () => {
    expect(sharedVariable).toBe(' 共用的變數 ');
  });
});
```

這樣，'sharedVariable' 變數可以在所有測試案例中共享使用。

5. 動態生成測試案例：

可以在 'describe' 內部動態生成測試案例，這在某些情況下非常有用。

```
describe.each([
  [1, 1, 2],
  [2, 2, 4],
  [3, 3, 6],
])(' 加法函數 ', (a, b, expected) => {
  test('${a} + ${b} 應該等於 ${expected}', () => {
```

```
    expect(add(a, b)).toBe(expected);
  });
});
```

在這個示例中，'describe.each' 會根據提供的數組動態生成測試案例，這樣可以測試多組不同的輸入。

總的來說，'describe' 非常靈活，可以應用於許多不同的測試情境，幫助你組織、執行和控制測試套件。

單單能夠將測試進行組織，就可以衍生這麼多應用與搭配，像是搭配前面介紹的生命週期函數，或是可以透過語法去控制哪些區域要被執行、要被跳過，當然框選出了測試的組織範圍，也連帶影響到變數的區域範圍等等。

學會了 'describe' 的靈活用法後，我們繼續逐一探討剩下的兩點：模擬函數與模擬時間。

7. 模擬函數

針對 模擬函數提供詳細介紹與完整教學

模擬（mocking）在測試中是一個常見的技巧，用於替代實際的物件、函數或服務，以便進行測試。在 Jest 中，你可以使用 Jest 的模擬功能來模擬函數、模組、類別等，以簡化測試的設置和確保測試環境的控制。以下是模擬的詳細介紹和完整教學：

模擬函數：

1. 模擬函數的基本用法：

要模擬一個函數，你可以使用 'jest.fn()' 創建一個模擬函數，然後可以設置它的行為，例如返回特定的值或拋出特定的錯誤。

```
const myFunction = jest.fn();
```

```
// 設置模擬函數的行為
myFunction.mockReturnValue(42);

// 呼叫模擬函數
console.log(myFunction()); // 輸出：42
```

2. 模擬函數的參數和返回值：

你可以使用模擬函數的 'mockImplementation' 方法設置函數的實現，可以根據參數返回不同的值。

```
const add = jest.fn((a, b) => a + b);

console.log(add(2, 3)); // 輸出：5
console.log(add(4, 5)); // 輸出：9
```

3. 驗證模擬函數的調用：

你可以使用 'expect' 斷言來驗證模擬函數的調用次數和傳入的參數。

```
const myFunction = jest.fn();

myFunction(1, 2);

// 驗證模擬函數被呼叫一次
expect(myFunction).toBeCalledTimes(1);

// 驗證模擬函數被傳入 1 和 2 作為參數
expect(myFunction).toBeCalledWith(1, 2);
```

模擬模組：

1. 模擬模組的基本用法：

你可以使用 'jest.mock()' 函數模擬模組的行為，這樣當測試中引入該模組時，將使用模擬版本。

```
// math.js
export function add(a, b) {
  return a + b;
```

```
}

// math.test.js
jest.mock('./math'); // 模擬 math 模組

import { add } from'./math';

// 現在 add 函數已經是一個模擬函數
add.mockReturnValue(42);

console.log(add(2, 3)); // 輸出：42
```

2. 模擬模組的實際內容：

你可以使用 'jest.requireActual()' 來引入模組的實際內容，然後根據需要模擬特定部分。

```
// math.js
export function add(a, b) {
  return a + b;
}

export function subtract(a, b) {
  return a - b;
}

// math.test.js
import * as math from'./math';

// 引入模組的實際內容
jest.requireActual('./math');

// 模擬 subtract 函數
math.subtract = jest.fn();
math.subtract.mockReturnValue(10);

console.log(math.add(2, 3)); // 實際的 add 函數
console.log(math.subtract(5, 3)); // 模擬的 subtract 函數，輸出：10
```

模擬類別：

你可以使用 'jest.mock()' 來模擬類別的行為，

這樣在測試中創建類別的實例時，將使用模擬版本。

```
// MyClass.js
export default class MyClass {
  getValue() {
    return 42;
  }
}


// myClass.test.js
jest.mock('./MyClass'); // 模擬 MyClass 類別

import MyClass from'./MyClass';

const instance = new MyClass();

// 設置模擬函數的行為
instance.getValue.mockReturnValue(100);

console.log(instance.getValue()); // 輸出：100
```

這些是 Jest 中模擬的基本用法和一些進階應用情境。模擬讓你可以在測試中控制特定的函數、模組或類別的行為，使測試更容易進行和維護。

上面 ChatGPT 為我們介紹了「模擬函數」這樣的語法以及範例，但是沒有提到實際應用層面、使用時機等，因此請 ChatGPT 提供更具體的使用時機與應用場景。

什麼時候會需要用到模擬函數，請列舉後個別提供範例

模擬函數在測試中的使用情境如下：

1. 依賴外部資源：當函數依賴於外部資源（例如網絡請求、數據庫查詢等）時，你可以使用模擬函數來模擬這些外部資源的返回值，以保證測試的獨立性。

```
// 假設有一個 fetchUserData 函數，它進行了一個網絡請求以獲取用戶數據
function fetchUserData() {
  return fetch('https://api.example.com/user').then(res => res.json());
}

// 在測試中，使用模擬函數來模擬網絡請求的返回值
jest.mock('node-fetch');

import fetch from'node-fetch';

test('fetchUserData 測試 ', async () => {
  fetch.mockResolvedValue({ id: 1, name:'John Doe'});

  const userData = await fetchUserData();

  expect(userData).toEqual({ id: 1, name:'John Doe'});
});
```

2. 函數有副作用：當函數執行時會對外部狀態進行更改（例如修改全局變數、寫入文件等），你可以使用模擬函數來檢查它的副作用。

```
// 假設有一個函數 addToCounter，它會將傳入的數字加到全局計數器上
let counter = 0;

function addToCounter(num) {
  counter += num;
}

// 在測試中，使用模擬函數來模擬函數的執行
test('addToCounter 測試 ', () => {
  addToCounter = jest.fn();

  addToCounter(5);
```

```
    expect(addToCounter).toHaveBeenCalledWith(5);
  });
```

3. 函數非常複雜：當函數的實現非常複雜，而你只關心它的返回值，
   你可以使用模擬函數來簡化測試。

```
// 假設有一個很複雜的函數，我們只關心它是否返回了期望的結果
function complexFunction() {
  // 一長串的複雜邏輯 ...
}


// 在測試中，使用模擬函數來簡化測試
test('complexFunction 測試 ', () => {
  complexFunction = jest.fn().mockReturnValue('expected result');

  const result = complexFunction();

  expect(result).toBe('expected result');
});
```

4. 測試錯誤情境：當你希望測試函數在特定情境下拋出錯誤，你可以
   使用模擬函數來模擬這種情境。

```
// 假設有一個函數，當傳入特定參數時會拋出一個錯誤
function throwErrorIfInputIsNegative(num) {
  if (num < 0) {
    throw new Error('Input must be non-negative');
  }
  return num;
}


// 在測試中，使用模擬函數來模擬拋出錯誤的情境
test('throwErrorIfInputIsNegative 測試 ', () => {
  throwErrorIfInputIsNegative = jest.fn().mockImplementation(num => {
    if (num < 0) {
      throw new Error('Input must be non-negative');
    }
    return num;
```

```
  });

  expect(() => throwErrorIfInputIsNegative(-1)).toThrow('Input must be
  non-negative');
  });
```

這些是使用模擬函數的一些常見情境和相應的範例。模擬函數允許你
在測試中對特定行為進行控制，確保你可以有效地進行測試並驗證你
的程式碼的行為。

ChatGPT 所說的第一種情形與第二種情形是最容易發生的，也是最常需要
使用模擬函數的情境。當我們想要測試的 function 內會有需要連接資料庫、和真
實資料進行交互、影響其他變數或資料等等情形，因為要測試的是「在特定資
料下該 function 的反應正確」，若真實與資料表進行存取，除了會有影響到線上
資料的風險之外，也會無法預判得到的資料是否為預期。

因此使用模擬函數控制這些外部資料所回傳的「結果」，才能準確控制、
設定該 function 的預期結果是什麼，就像純函數中進行測試時去控制輸入一樣。
可說模擬函數是在單元測試非常重要的　個技巧。

接著一起看看最後一個模擬時間功能的介紹！

8. 模擬時間

針對模擬時間進行介紹與完整教學

在測試中模擬時間是一個常見的需求，特別是當你的應用程序中涉及
到時間相關的操作時（例如定時器、時間戳等）。Jest 提供了一個稱
為 'jest.useFakeTimers()' 的功能，可以讓你輕鬆地模擬時間。以下
是模擬時間的詳細介紹和完整教學：

使用 jest.useFakeTimers()：

首先，在你的測試文件中，你需要在測試開始前調用 'jest.useFakeTimers()'，這將啟用 Jest 的時間模擬功能。

```
beforeEach(() => {
  jest.useFakeTimers();
});


afterEach(() => {
  jest.useRealTimers(); // 恢復真實的時間
});
```

模擬定時器：

1. setTimeout：

你可以使用 'jest.advanceTimersByTime(ms)' 來模擬定時器，它會將時間向前推進指定的毫秒數。

```
test(' 測試 setTimeout', () => {
  const callback = jest.fn();
  setTimeout(callback, 1000);

  jest.advanceTimersByTime(1000);// 將時間向前推進 1000 毫秒

  expect(callback).toBeCalled();
});
```

2. setInterval：

對於 'setInterval'，你可以使用 'jest.advanceTimersByTime(ms)' 來模擬多次調用。

```
test(' 測試 setInterval', () => {
  const callback = jest.fn();


  setInterval(callback, 1000);

  jest.advanceTimersByTime(1000); // 將時間向前推進 1000 毫秒，模擬第一次調用
  jest.advanceTimersByTime(1000); // 將時間再向前推進 1000 毫秒，模擬第二次調用
```

```
  expect(callback).toHaveBeenCalledTimes(2);
});
```

模擬當前時間：

你可以使用 'Date.now()' 來模擬當前的時間。

```
test(' 模擬當前時間 ', () => {
  const now = Date.now();

  // 模擬當前時間為 1609459200000 (2023-01-01T00:00:00.000Z)
  jest.spyOn(Date,'now').mockImplementation(() => now);

  expect(Date.now()).toBe(now);
});
```

測試異步操作：

當你的代碼中包含異步操作時（例如 Promise、setTimeout、setInterval 等），你可以使用模擬時間來進行測試。

```
test(' 測試異步操作 ', () => {
  const callback = jest.fn();
  setTimeout(callback, 1000);
  jest.advanceTimersByTime(1000);// 將時間向前推進 1000 毫秒

  expect(callback).toBeCalled();
});
```

這樣，你可以在測試中控制時間的前進，以確保異步操作被正確地執行。

總的來說，使用 Jest 的時間模擬功能可以幫助你測試與時間相關的代碼，確保其行為正確。這在處理定時器、異步操作等情境中非常有用。

取得時間、計時器等也都算是帶有副作用的動作，Jest 為了可以控制測試中的時間，特別有這樣一系列的模擬函數可以使用。

ChatGPT 小節統整

綜合以上內容，統整條列重點並給予結語

綜合以上內容，以下是有關 Jest 測試的主要重點：

1. 單元測試的基本概念和原則：

- 單元測試是一種軟體測試方法，用於驗證程式中的個別組件（函數、模組、類別等）的行為。

- 單元測試的目標是確保每個組件按照預期運作，並提前發現和修復錯誤。

2. Jest 簡介：

- Jest 是一個流行的 JavaScript 測試框架，特別適用於 React、Node.js 和前端開發。

- Jest 具有內建斷言庫和豐富的功能，使測試更容易進行。

3. Jest 單元測試的基本教學：

- 使用 'describe' 函數來組織測試套件，以提高測試代碼的可讀性和組織性。

- 使用 'test' 函數來定義測試案例，並使用斷言來驗證結果。

- 使用 'beforeEach' 和 'afterEach' 函數來執行測試之前和之後的操作。

4. 斷言（Assertion）和匹配器（Matchers）：

- 使用斷言來檢查測試結果是否符合預期。

- Jest 提供多種匹配器，例如 'expect(x).toBe(y)'、'expect(array).toContain(value)' 等，用於不同的比較情境。

5. 模擬函數、模組和類別：

- 使用 'jest.fn()' 來模擬函數的行為，並設定其返回值和調用驗證。

- 使用 'jest.mock()' 來模擬模組的行為，特別是當模組依賴外部資源時。

- 使用 'jest.spyOn()' 來模擬類別方法的行為。

6. 模擬時間：

- 使用 'jest.useFakeTimers()' 來模擬時間，特別是在測試中涉及定時器或異步操作時。

- 使用 'jest.advanceTimersByTime()' 來控制時間的前進，以確保異步操作被執行。

結語：Jest 是一個強大且靈活的測試框架，它提供了豐富的工具和功能，使單元測試變得更容易。透過遵循上述的基本原則，你可以建立健壯、可維護且可靠的測試套件，幫助你開發更高品質的軟體。無論你是初學者還是有經驗的前端工程師，Jest 都是一個有用的工具，可幫助你在專案中實行單元測試。

5-3　Storybook：UI 文件與測試

接下來要討論的套件，是針對 Component 進行文件化與測試的一個工具，叫做 Storybook。他和 Jest 一樣，這個 Storybook 套件也是有被 Nx 框架所整合。因此教學中的起始設定一樣會分成從頭安裝以及倚賴 Nx 框架時處理。

不過 Storybook 的安裝與設定，即使沒有 Nx 框架整合起來，單獨安裝我個人覺得非常友善！相當簡易！繼續看下去。

本小節有許多範例程式碼的部分，與 ChatGPT 的對話與連結在這邊：

https：//chat.openai.com/share/c91901d8-528b-4c4d-88fd-2ae6a8748bbe

Storybook 簡介 & 從頭開始安裝

 請提供 storybook 的詳細介紹

 當然可以！首先，讓我來為你詳細介紹一下 Storybook。

Storybook 介紹

Storybook 是一個用於開發用戶界面（UI）元件的工具，它允許你在獨立的環境中建立、展示以及測試元件。這對於前端工程師來說是一個非常有用的工具，尤其是在開發較大型專案或跟團隊協作時。

以下是 Storybook 提供的一些主要功能：

1. 獨立展示元件

Storybook 允許你將每個元件獨立地展示在一個隔離的環境中。這意味著你可以輕鬆地檢視、測試及驗證元件的外觀和功能，而無需依賴於整個應用程式。

2. 多種視角

你可以為每個元件創建多個 Story，這些 Story 可以展示不同的使用情境、狀態或屬性。這讓你可以全面測試元件在各種情況下的表現。

3. 支援多種框架和程式語言

Storybook 不僅支援 React，還支援許多其他前端框架，例如 Vue、Angular 等，這意味著你可以在不同的專案中保持一致的開發流程。

4. 易於擴展

你可以輕鬆地擴展 Storybook，添加新的插件或整合其他工具，以滿足你的專案需求。

5. 自動化測試

透過 Storybook，你可以自動化測試你的元件，確保它們在各種情況下都能正常運作。

Storybook 的安裝與使用

以下是一個簡單的安裝與使用步驟：

1. 安裝 Storybook：

開啟你的專案目錄，使用指令安裝 Storybook：

```
npx sb init
```

2. 建立 Story：

在你的專案目錄中，建立一個新的 '.stories.js' 檔案，並在其中定義你的元件 Story。

```
// 例如：Button.stories.js
import React from'react';
import { Button } from'./Button';

export default {
  title:'Button',
  component: Button,
};

export const Primary = () => <Button primary>Primary Button</Button>;
export const Secondary = () => <Button secondary>Secondary Button</Button>;
```

3. 啟動 Storybook：

使用以下指令啟動 Storybook 服務：

```
npm run storybook
```

這將會啟動一個本地伺服器，並在你的瀏覽器中打開 Storybook 介面。

現在你可以在 Storybook 中輕鬆地管理和測試你的元件了！

希望這份介紹對你有所幫助！如果你對任何部分有疑問，請隨時詢問。

　　照著 ChatGPT 的指示執行，在執行的第一步驟 'npx sb init' 指令結束時，就突然自動幫我們執行 'npm run storybook'，開啟了 Storybook 的頁面。此外還有把必要的設置都處理完，以及內建一套範例檔，基本上第二第三步驟都自動執行完畢。

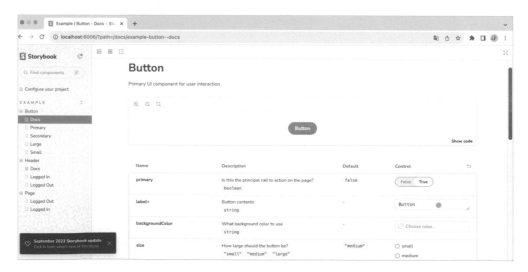

搭配 Nx 開始 Storybook 安裝

上述不倚賴 Nx 來安裝 Storybook 就只需要一個指令就完成了，那麼倚賴 Nx 的時候，又要如何建置呢？

如果我是使用 Nx 框架，要怎麼開始 storybook

若你在使用 Nx 框架，你可以透過以下步驟來開始使用 Storybook：

安裝 Nx Storybook 插件：

開啟你的專案目錄，使用以下指令來安裝 Nx Storybook 插件：

```
nx generate @nrwl/react:storybook-configuration <project-name>
```

請將 '<project-name>' 替換為你要添加 Storybook 的專案名稱。

建立 Story：

在你的專案目錄中，建立一個新的 '.stories.js' 或 '.stories.tsx' 檔案，並在其中定義你的元件 Story。

```
// 例如：Button.stories.js
import React from'react';
import { Button } from'./Button';

export default {
  title:'Button',
  component: Button,
};

export const Primary = () => <Button primary>Primary Button</Button>;
export const Secondary = () => <Button secondary>Primary Button</Button>;
```

啟動 Storybook：

使用以下指令啟動 Storybook 服務：

```
nx run <project-name>:storybook
```

> 請將 '<project-name>' 替換為你的專案名稱。
>
> 這將會啟動一個本地伺服器，並在你的瀏覽器中打開 Storybook 介面。
>
> 現在你可以在 Storybook 中輕鬆地管理和測試你的元件了！
>
> 希望這份指南對你有所幫助！如果你有任何疑問，隨時向我詢問。

因為這次測試用的專案取名為 'my-app'，所以下的指令是：'nx generate @nrwl/react：storybook-configuration my-app'。下完指令之後，就會自動建立 .storybook 的資料夾，並自動建置相關檔案。

另外在這份預設 'main.ts' 的起始檔案內有指定說，後續的 stories 檔會放在 'components' 這個資料夾下，所以我手動建立了這個資料夾，並把元件放進去、把 ChatGPT 提供的 '.stories.tsx' 內容放進去。

　　接著呼叫 'nx run my-app：storybook' 開啟，就可以看到 localhost：4400 上有 Storybook 的 UI 運行頁面了！

　　在 storybook 的安裝上，單純安裝與依賴 Nx 的過程與結果都差不多，不會有太大差異。在版本更新方面上，ChatGPT 所知道的資料版本到 6.4.0 為止，而本篇章進行使用時的最新版本是 7.4.6，雖說版本有些許差異，但教學仍然可以順利進行。

storybook 語法教學

　　接下來直接用安裝時附贈的程式碼範例，請 ChatGPT 邊講解邊教學。以下是安裝附贈的程式碼：

```
// Button.stories.ts
import type { Meta, StoryObj } from'@storybook/react';

import { Button } from'./Button';

const meta = {
  title:'Example/Button',
  component: Button,
  parameters: {
    layout:'centered',
  },
  tags: ['autodocs'],
  argTypes: {
    backgroundColor: { control:'color'},
  },
} satisfies Meta<typeof Button>;

export default meta;
type Story = StoryObj<typeof meta>;


export const Primary: Story = {
  args: {
    primary: true,
    label:'Button',
```

```
    },
  };

  export const Secondary: Story = {
    args: {
      label:'Button',
    },
  };

  export const Large: Story = {
    args: {
      size:'large',
      label:'Button',
    },
  };

  export const Small: Story = {
    args: {
      size:'small',
      label:'Button',
    },
  };




  // Button.tsx
  import React from'react';
  import'./button.css';

  export interface ButtonProps {
    primary?: boolean;
    backgroundColor?: string;
    size?:'small'|'medium'|'large';
    label: string;
    onClick?: () => void;
  }

  export const Button = ({
    primary = false,
```

```
    size ='medium',
    backgroundColor,
    label,
    ...props
}: ButtonProps) => {
    const mode = primary ?'storybook-button--primary':'storybook-button--secondary';
    return (
      <button
        type="button"
        className={['storybook-button','storybook-button--${size}', mode].join('')}
        {...props}
      >
        {label}
        <style jsx>{'
          button {
            background-color: ${backgroundColor};
          }
        '}</style>
      </button>
    );
};
```

```
/* button.css*/
.storybook-button {
  font-family:'Nunito Sans','Helvetica Neue', Helvetica, Arial, sans-serif;
  font-weight: 700;
  border: 0;
  border-radius: 3em;
  cursor: pointer;
  display: inline-block;
  line-height: 1;
}
.storybook-button--primary {
  color: white;
  background-color: #1ea7fd;
}
.storybook-button--secondary {
```

```
  color: #333;
  background-color: transparent;
  box-shadow: rgba(0, 0, 0, 0.15) 0px 0px 0px 1px inset;
}
.storybook-button--small {
  font-size: 12px;
  padding: 10px 16px;
}
.storybook-button--medium {
  font-size: 14px;
  padding: 11px 20px;
}
.storybook-button--large {
  font-size: 16px;
  padding: 12px 24px;
}
```

　　這個範例看起來已經很完整了，提供的介面操作也很完善，接下來請 ChatGPT 來講解這個程式碼，藉此了解 Storybook 是怎麼運作的。把只有 stories 的部分貼給 ChatGPT 就可以了。

請假設我已經安裝好 storybook

請針對以下內建好的範例程式碼，進行語法說明與教學

（以下省略）

這份範例程式碼是一個使用 Storybook 建立的元件故事（stories）。讓我依序針對程式碼中的每個部分進行說明與教學：

1. import 與 type 聲明

```
import type { Meta, StoryObj } from'@storybook/react';
import { Button } from'./Button';
```

- 'import type { Meta, StoryObj } from'@storybook/react';'：這行程式碼是用來引入 Storybook 所提供的型別定義。'Meta' 是用來描述 story 的物件，'StoryObj' 則描述 story 的類型。

- 'import { Button } from'./Button';'：這行引入了一個名為 'Button' 的元件。

2. meta 物件

```
const meta = {
  title:'Example/Button',
  component: Button,
  parameters: {
    layout:'centered',
  },
  tags: ['autodocs'],
  argTypes: {
    backgroundColor: { control:'color'},
  },
} satisfies Meta<typeof Button>;
```

- 'title：'Example/Button''：這是 story 的標題，將會顯示在 Storybook 的側邊欄中。

- 'component：Button'：這是這個 story 所使用的元件，這裡是引入的 Button 元件。

- 'parameters：{ layout：'centered'}'：這個部分設置了 story 的參數，這裡是設置了 'layout' 為 'centered'，表示元件會在 Canvas 中置中顯示。

- 'tags：['autodocs']'：這個部分是為 story 加上標籤，這裡是加上了一個 'autodocs' 的標籤，用來指示 Storybook 生成自動文檔。

- 'argTypes：{ backgroundColor：{ control：'color'} }'：這個部分是設置 story 的參數（args）的類型，這裡是設置了一個 'backgroundColor' 參數，並指定其控制項為一個顏色選擇器。

3. Story 型別定義

```
export default meta;
type Story = StoryObj<typeof meta>;
```

- 'export default meta;'：這行程式碼將 'meta' 物件作為默認導出，這將允許 Storybook 使用這個物件來顯示相應的 story。

- 'type Story = StoryObj<typeof meta>;'：這行程式碼定義了一個 'Story' 型別，其基於 'StoryObj' 且使用了 'meta' 作為參數。

4. Story 的定義

```
export const Primary: Story = {
  args: {
    primary: true,
    label:'Button',
  },
};

export const Secondary: Story = {
  args: {
    label:'Button',
  },
};

export const Large: Story = {
  args: {
    size:'large',
    label:'Button',
  },
};

export const Small: Story = {
  args: {
    size:'small',
    label:'Button',
  },
};
```

這部分定義了幾個不同的 stories：

- Primary：這是一個主要的按鈕，設置了 'primary' 參數為 'true'，並指定了 'label' 為 'Button'。

- Secondary：這是一個次要的按鈕，僅指定了 label 為 'Button'。
- Large：這是一個大型的按鈕，設置了 'size' 為 'large'，並指定了 'label' 為 'Button'。
- Small：這是一個小型的按鈕，設置了 'size' 為 'small'，並指定了 'label' 為 'Button'。

教學總結：

這份範例程式碼演示了如何使用 Storybook 建立元件的 stories。通過定義不同的 stories，你可以輕鬆地測試你的元件在不同情況下的表現。

如果你對這份教學還有任何疑問，請隨時向我詢問！

從上面的資料來看，stories 是由「meta 物件」、「Story 型別定義」、「Story 的定義」這三個部分組成，ChatGPT 也逐句地解釋每一句程式碼的作用。接下來將個別來詢問、了解這三個部分的語法與概念。

Meta data（詮釋資料）

Storybook 中的 meta 物件 是什麼？

有哪些是必要的內容？

meta 中還有哪些項目可以選填？

請針對 meta 的各項內容進行詳細介紹

在 Storybook 中，'meta' 物件是用來描述一個 story 的元資訊。它包含了許多屬性，用來定義 story 的特性、標題、所使用的元件等等。

以下是 'meta' 物件中可能包含的屬性以及它們的功能：

1. title（必要）

- 功能：'title' 屬性用於定義 story 的標題，將會顯示在 Storybook 的側邊欄中。

- 範例：'title：'Example/Button''

2. component（必要）

- 功能：'component' 屬性用於指定這個 story 所使用的元件。
- 範例：'component：Button'

3. parameters

- 功能：'parameters' 用於設置 story 的參數，例如畫布的排版方式等。
- 範例：'parameters：{ layout：'centered'}'
- 可選項目：'layout'：控制 story 在 Canvas 中的排版方式，可以設置為 'fullscreen'（滿屏顯示）或 'centered'（置中顯示）等。

4. tags

- 功能：'tags' 用來為 story 加上標籤，可以用來進行分類或者指示 Storybook 執行相應的動作。
- 範例：'tags：['autodocs']'

5. argTypes

- 功能：'argTypes' 用來設置 story 中的參數（args）的類型，以及它們的控制方式。
- 範例：'argTypes：{ backgroundColor：{ control：'color'} }'
- 可選項目：'control'：指定控制項的類型，例如 'text'（文字輸入框），'color'（顏色選擇器）等。

6. decorators

- 功能：'decorators' 用來在 story 的呈現過程中進行裝飾，例如添加外框、風格等。
- 範例：

```
decorators: [
  (Story) => <div style={{ margin:'3em'}}><Story /></div>
]
```

7. excludeStories

- 功能：'excludeStories' 用來排除特定的 stories，使其不會顯示在 Storybook 中。

- 範例：'excludeStories：['Large','Small']'

8. includeStories

- 功能：'includeStories' 用來指定要包含的 stories，其他未列出的 stories 將不會顯示在 Storybook 中。

- 範例：'includeStories：['Primary','Secondary']'

9. subcomponents

- 功能：'subcomponents' 用 來 定 義 元 件 中 的 次 要 元 件（subcomponents），以便在 story 中進行測試。

- 範例：'subcomponents：{'SubcomponentName'：Subcomponent }'

這些就是 'meta' 物件中可能包含的屬性以及它們的功能。請根據你的需求來使用這些屬性，以便準確描述和呈現你的 story。

如果你有任何進一步的問題，請隨時向我詢問！

Storybook 的 meta 的設定，主要是在設定這個測試介面的參數有哪些選項、增加參數名稱與說明，像下圖這樣在 UI 主頁中，所有可選參數一目瞭然。

Story 型別定義

 請針對 story 的定義 進行詳細介紹與教學

'Story' 型別定義是為了明確地描述一個 story 的結構和類型，這樣在使用 Storybook 時可以提供更好的開發體驗和類型安全。

讓我來針對 'Story' 型別定義進行詳細介紹：

1. Story 的定義

```
type Story = StoryObj<typeof meta>;
```

- 'type Story = ...'：這行程式碼定義了一個型別 'Story'，它是基於 'StoryObj' 型別，並以 'meta' 為參數。

2. StoryObj

'StoryObj' 是 Storybook 提供的一個泛型型別，它用於描述一個 story 的結構。在這裡，'StoryObj' 的泛型參數被設置為 'typeof meta'，這表示它的結構和 'meta' 物件相符。

為什麼要進行 Story 型別定義？

1. 提供開發者友好的提示和文檔：通過定義 'Story' 型別，開發者可以清楚地知道一個 story 的結構，這在開發過程中提供了更好的提示和文檔。

2. 類型安全：使用 TypeScript 進行開發時，定義 'Story' 型別可以提供類型安全的保障，確保你在 story 中傳遞的參數和屬性符合預期的類型。

3. 代碼自動完成功能：IDE（整合開發環境）可以根據 'Story' 型別提供更準確的自動完成功能，這有助於加快開發速度。

4. 易於維護和修改：當你需要修改或者擴展一個 story 時，通過 'Story' 型別定義，你可以快速地理解 story 的結構，這使得維護和修改變得更加容易。

> 總的來說，Story 型別定義提供了更好的代碼結構和開發體驗，尤其在大型專案或者團隊協作中，這對於保持代碼的清晰性和可讀性非常重要。
>
> 如果你還有任何問題或需要進一步的說明，請隨時告訴我！

　　Story 型別定義其實就是那句「type Story = StoryObj<typeof meta>;」，透過 Storybook 提供的泛型類別，把第一步驟所設定的 meta 類型組合，變成一種新的型別，能在後續在進行「Story 的定義」時確保型別正確。繼續來看如何定義 Story。

Story 的定義

 請針對 story 的定義 進行詳細介紹與教學

 當然，讓我針對 Story 的定義進行詳細介紹與教學。

在 Storybook 中，'Story' 是一個物件，它描述了一個特定場景下元件的呈現方式。每個 Story 包含了一個或多個故事（stories），用於測試和展示你的元件。

讓我分步進行說明：

1. Story 的定義

```
export const Primary: Story = {
  args: {
    primary: true,
    label:'Button',
  },
};
```

- 'export const Primary：Story = {...}'：這表示定義了一個名為 'Primary' 的 Story。這裡的 'Primary' 是 story 的名稱，你可以自由命名。

2. Story 物件屬性

在上述的 Story 定義中，有一個 'args' 屬性：

- 'args'：這是一個物件，其中包含了 story 中所需的參數（args）以及它們的值。在這個例子中，'primary' 被設置為 'true'，'label' 被設置為 'Button'。

教學總結：

這個 Story 的定義告訴了 Storybook 如何呈現名為 'Primary' 的 story。它將 'primary' 設置為 'true'，並將 'label' 設置為 'Button'。

為什麼要定義 Story？這是因為通過定義不同的 stories，你可以在 Storybook 中測試你的元件在不同情況下的表現，並且可以在開發過程中輕鬆地檢視和驗證元件的外觀和功能。

如果你有任何進一步的問題，或者需要更多的說明，請隨時告訴我！

基於 meta 定義出來的 Story 型別物件，在 UI 的介面呈現上，就是左邊這一列在 Docs 以下的展示選項。也就是直接將元件參數組合，創建含有各種不同參數組合的元件，成為一個又一個的「Story」。

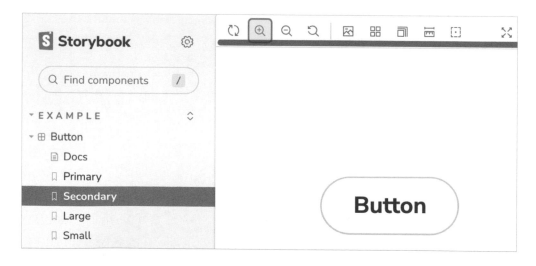

在單一個 Story 物件中，屬性有哪些可以填寫？

請針對各屬性解釋

在單一 Story 物件中，可以填寫的主要屬性包括 'name'、'args'、'argTypes'、'parameters'、'decorators' 等。讓我針對這些屬性進行解釋：

1. name：Story 的名稱

- 功能：指定 Story 的名稱，用來識別和展示這個 Story。

- 範例：name：'Primary Button'

2. args：Story 中的參數（args）

- 功能：'args' 是一個物件，它包含了 Story 中所需的參數以及它們的值。這允許你在 Story 中設置元件的不同屬性，以測試不同的場景。

- 範例：

```
args: {
  primary: true,
  label:'Button',
}
```

3. argTypes：Story 中參數的類型定義

- 功能：'argTypes' 允許你定義 Story 中參數（args）的類型，以及它們的控制方式。這有助於 Storybook 生成相應的控制項。

- 範例：

```
argTypes: {
  primary: { control:'boolean'},
  label: { control:'text'},
}
```

4. parameters：Story 的參數

- 功能：'parameters' 允許你設置 Story 的參數，例如畫布的排版方式、自動生成文檔等。

- 範例：

```
parameters: {
 layout:'fullscreen',
 docs: {
   description: {
     story:'A primary button',
   },
 },
}
```

這些屬性允許你配置和自訂 Story 的各個方面，以確保 Storybook 可以準確展示和測試你的元件。你可以根據你的需求在 Story 物件中填寫這些屬性，以達到你的測試和展示目標。

如果你需要進一步的解釋或有其他問題，請隨時告訴我！

綜合以上，可以知道 Storybook 就是針對 component 的展示與測試，展示該 component 所傳入的 props 不同，而有不同變化的樣子。不但能元件的使用示範，也測試了在各種參數下的樣貌是否符合預期。

展示元件這件事情，在多人團隊合作時，如果團隊有共用的元件庫，就能更友好地達到合作共用，透過 Storybook 達到寫 component 文件的效果。

實際演練

接下來一段將示範自己組合的 Component，是否能夠直接將元件程式碼丟給 ChatGPT，讓 ChatGPT 直接幫我們撰寫簡易的 Stroybook 程式碼。

首先要先安裝 react-bootstrap

```
npm install react-bootstrap
```

然後對 bootstrap 的 tooltip 進行了包裝，變成以下的元件：

```
import'bootstrap/dist/css/bootstrap.min.css'
import React, { CSSProperties } from "react"
```

```
import { Button, OverlayTrigger, Tooltip } from "react-bootstrap";
import { OverlayTriggerType } from "react-bootstrap/esm/OverlayTrigger";
import { Placement } from "react-bootstrap/esm/types";

export interface TooltipButtonProps {
      placement?: Placement;
      tooltipText: string;
      style?: CSSProperties;
      buttonStyle?: CSSProperties;
      onClick?(event: React.MouseEvent): void;
      id: string;
      buttonText: string | JSX.Element;
      variant?: string;
      disabled? : boolean,
      trigger?: OverlayTriggerType | OverlayTriggerType[],
      show?: boolean
}

export function TooltipButton(props:TooltipButtonProps): JSX.Element {
      const defaultStyle: CSSProperties = {
              cursor:'pointer',
              display:'inline-block',
              background:'transparent',
              border:'none'
      }
    return (
              <OverlayTrigger
                 trigger={props.trigger || ['focus','hover']}
                 placement={props.placement}
                 overlay={
                      <Tooltip id={props.id}>
                              {props.tooltipText}
                      </Tooltip>
                 }
                 show={props.show}
              >
              { (props.variant)?
               <Button
                 variant={props.variant}
```

```tsx
                style={props.buttonStyle}
                disabled={props.disabled}
                onClick={props.onClick}
              >
                    {props.buttonText}
              </Button> :
              <button
                style={{...defaultStyle,...props.buttonStyle}}
                disabled={props.disabled}
                onClick={props.onClick}
              >
                {props.buttonText}
              </button>
            }
        </OverlayTrigger>
    )
}
```

接著來問看看 ChatGPT 是否能直接幫我們生成相關程式碼。

我有一段 tsx 的元件程式碼

請用和我提供的範例一樣的寫法，幫我的元件撰寫 story

其中要包含　tags：['autodocs'], 還有使用 StoryObj

variant 可以輸入 bootstrap 的 variant 或不輸入

（以下程式碼部分省略）

以下是根據你提供的元件程式碼撰寫的 Storybook Story，並包含了 'tags：['autodocs']' 和 'StoryObj' 的寫法。這個 Story 允許你測試 'TooltipButton' 元件的不同場景。

```
import React from "react";
import { Meta, StoryObj } from'@storybook/react';
import { TooltipButton, TooltipButtonProps } from'./TooltipButton';

const meta: Meta = {
  title:'Example/TooltipButton',
  component: TooltipButton,
```

```
    parameters: {
      layout:'centered',
    },
    tags: ['autodocs'],
};

export default meta;

type Story = StoryObj<typeof meta>;

export const Default: Story = {
  args: {
    tooltipText:'This is a tooltip',
    buttonText:'Button',
    id:'example-tooltip',
  },
};

export const WithVariant: Story = {
  args: {
    tooltipText:'This is a tooltip',
    buttonText:'Primary Button',
    id:'example-tooltip',
    variant:'primary',
  },
};

export const Disabled: Story = {
  args: {
    tooltipText:'This button is disabled',
    buttonText:'Disabled Button',
    id:'example-tooltip',
    disabled: true,
  },
};

export const CustomStyle: Story = {
  args: {
    tooltipText:'Custom style for the button',
```

```
      buttonText:'Styled Button',
      id:'example-tooltip',
      buttonStyle: {
        background:'red',
        color:'white',
      },
    },
  };
```

這個 Story 定義了幾個不同的場景：

1. Default：使用預設參數呈現 'TooltipButton'。

2. WithVariant：使用 'variant' 參數設置為 'primary'。

3. Disabled：使用 'disabled' 參數設置為 'true'。

4. CustomStyle：使用自訂的 'buttonStyle'。

這些 Story 可以用來測試和展示你的 'TooltipButton' 元件在不同情況下的表現。

希望這對你有所幫助！如果你有任何其他問題或需要進一步的說明，請隨時告訴我。

ChatGPT 按照要求直接生成了可以運行、概括了幾種選項的 Stroybook 程式碼。讓我們非常簡易就能建立元件的 Story ！

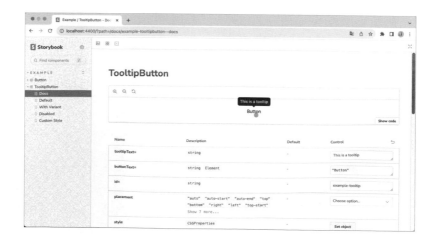

ChatGPT 小節統整

 綜合以上內容，條列重點並給一段結語

 好的，讓我綜合以上的內容，為你列出 Storybook 中撰寫 Story 的重點：

1. Story 的基本結構：

- Story 是一個描述元件在特定場景下呈現方式的物件。

- 每個 Story 包含了一個或多個故事，用於測試和展示你的元件。

2. Story 的定義：

- Story 是以一個物件形式存在的，其中包含了多個屬性，如 'name'、'args'、'argTypes'、'parameters'、'decorators' 等。

3. 常用屬性的解釋：

- name：指定 Story 的名稱，用來識別和展示這個 Story。

- args：包含了 Story 中所需的參數以及它們的值，用於測試不同場景。

- argTypes：定義 Story 中參數（args）的類型以及它們的控制方式，有助於 Storybook 生成相應的控制項。

- parameters：用於設置 Story 的參數，如畫布的排版方式、自動生成文檔等。

- decorators：允許你在 Story 的呈現過程中進行裝飾，如添加外框、風格等。

4. Story 的型別定義：

- Storybook 中使用 'StoryObj' 進行 Story 的型別定義，以提供更好的開發體驗和類型安全。

> 結語：
>
> 撰寫 Story 是開發元件時的重要一環，它讓你可以輕鬆地測試和展示
> 你的元件在不同場景下的表現。透過合理利用 Story 的屬性，你可以
> 更有效地進行元件的開發和測試工作，並且在團隊協作時提供清晰的
> 文檔和範例。
>
> 希望以上的資訊對你有所幫助，如果你有任何進一步的問題，請隨時
> 向我詢問！

　　以上，就是請 ChatGPT 講解 Storybook 的樣子。不過其實因為 ChatGPT 所知的版本，與現行版本仍有些許差異，如果單純請 ChatGPT 提供 Storybook 範例程式碼，ChatGPT 會使用到比較舊的語法，導致跑起來可能有一點問題，像這樣：

　　所以只好有一點偷吃步的，拿官方的範例請 ChatGPT 按照這份範例來講解並提供新的程式碼。

　　像這樣套件類型的工具更新得太快了，個人認為讓 ChatGPT-3.5 來教學仍然是有風險存在的，在使用上請務必小心。

6
結語

大家好，我是一宵三筵。

首先，就是真的很感謝購買本書，並看到最後的各位讀者。一起從 JS 相關的語法基礎，到 React 的使用、Redux 的學習，以及延伸到 Next&Nx 框架，再涵括到測試。

盼望本書可以在學習使用 ChatGPT 的同時，既能充實前端能力，又同時驗證藉由 ChatGPT 來學習是真的可行的。

雖然我個人覺得在學習的時候，會建議要跟網路上的各種教學文章相輔相成比較好。

教學文章可以一口氣幫你照亮學習地圖，可以輕鬆地取得每個筆者覺得「該要知道」的內容，但對應的缺點就是學到的不一定是馬上要用到的，或是知識建立的順序不一定是自身想知道的順序。

而 ChatGPT 的話比較是私人家教，所有不熟悉的、不明白的、想知道的都可以問 ChatGPT，並用各種方式問，去取得範例、取得解法、確認自己理解是否正確，可以最直接直搗你想要知道的內容。但對應的缺點就是在你不熟悉關鍵字、不知道哪些是「該要知道」的時候，或許就有一點要碰碰運氣，看 ChatGPT 在概述的時候有沒有提到。

所以，最好還是搭配著各式豐富的課程，一邊學習一邊讓 ChatGPT 擔任專屬家教，用這樣的方式來降低學習或是自學上的門檻高度，讓學習程式這件事情變得更輕鬆。

我身邊也多少有一些朋友，看到強大的 AI 問世，瞬間覺得很恐慌，焦慮得無所適從以及顯得絕望。

我覺得去熟悉、去了解如何使用工具，多少能消彌那種「我是不是要被 AI 取代掉」的恐懼。白話來說，就是打不贏就加入。何況我們也不是要打贏 AI。

目前 AI 扮演的角色是協助人類生產、協助人類學習，省去繁瑣重複的雜物，讓人類的精力專注在分配、指揮、組織這件事情上，或是降低學習門檻等等。

實際的嘗試使用 AI 去學習新知識、試圖透過 AI 來完成工作，也許會發現 AI 還沒有萬能到可以直接取代你，但會使用 AI 的人可能就可以。

　　再談論到本書為何選用 GPT-3.5，而非功能更強大的 GPT-4。

　　我也清楚 GPT-4 的功能更為強大，可以處理圖像，可以更好的處理推理，還可以跟據繪製的版本草圖去直接生成程式碼，還有很多除了 ChatGPT 以外的 AI 在急速地發展，在各領域的 AI 都正在快速蓬勃發展。

　　不過我的目的是希望可以更推廣這個 AI 工具。多數人要開始接觸的時候，大多會從免費版本開始，因此我就想挑戰看看，也親自演示光是免費版的 ChatGPT 就能做到什麼程度，而最後的成果我也覺得很驚艷、讚嘆。

　　最後，謝謝各位跟我一起點亮前端技能樹！

　　感謝各位支持，我是一宵三筵，我們有期再會！

深智數位
股份有限公司